多媒体通信技术

李晓辉　方红雨　王轶冰　编著

科学出版社

北　京

内 容 简 介

本书系统介绍了多媒体通信技术的基本知识、基本理论、关键技术及典型应用，详细介绍了多媒体通信系统的组成和原理。全书共分为 8 章，内容包括多媒体通信概述、数据压缩基本技术、音频数据压缩编码技术、图像数据压缩编码技术、多媒体通信中的关键技术、多媒体通信网络技术、多媒体通信协议与系统、多媒体通信应用系统等。

本书可作为高等院校电子信息类各专业、计算机类各专业和部分非电类专业本科生的教材或研究生的教学参考书，也可供从事多媒体通信技术研究和开发的工程技术人员参考使用。

图书在版编目（CIP）数据

多媒体通信技术/李晓辉，方红雨，王铁冰编著. —北京：科学出版社，2014.6

ISBN 978-7-03-040412-1

Ⅰ. ①多… Ⅱ. ①李… ②方… ③王… Ⅲ. ①多媒体—计算机通信—通信技术—高等学校—教材 Ⅳ. ①TN919.85

中国版本图书馆 CIP 数据核字（2014）第 074026 号

责任编辑：潘斯斯 张丽花 / 责任校对：彭立军
责任印制：赵 博 / 封面设计：迷底书装

科学出版社出版
北京东黄城根北街 16 号
邮政编码：100717
http://www.sciencep.com
涿州市般润文化传播有限公司印刷
科学出版社发行 各地新华书店经销

*

2014 年 6 月第 一 版 开本：787×1092 1/16
2023 年12月第六次印刷 印张：16
字数：376 000

定价：69.00元

前　言

多媒体通信技术是多媒体技术与通信技术有机结合的产物，它集计算机的交互性、多媒体的复合性、通信网的分布性，以及广播电视的真实性于一体，打破了传统的单一媒体通信方式和单一电信业务的通信系统格局，向用户提供综合的信息服务，并成为通信技术今后发展的主要方向之一。随着通信技术、多媒体技术和计算机技术的飞速发展，多媒体通信这一集诸多优势于一身的技术正在成为当前世界科技领域中最具活力、发展最快的高新技术，它在改变人们生活方式的同时，也为通信行业、计算机行业和广播电视行业的发展带来巨大变革。

为了适应现代通信技术的发展，本书正确处理了基础理论与实际应用的关系、先进性和适用性的关系，重点讲授了多媒体通信技术的基本知识、基本理论、关键技术及典型应用。在介绍基础知识的同时，精选了代表当前多媒体通信技术发展水平的新技术和新方法作为教学内容，力求做到基本概念清晰，内容全面，有较强的可读性。

本书在介绍多媒体通信技术相关概念的基础上，重点对多媒体通信中的压缩编码、通信系统、通信网络、通信协议与系统等内容进行了较为系统的阐述，对典型的多媒体通信应用系统进行了分析与介绍。在关注基础理论的同时，注重关键技术与应用的讲述，同时也对相关标准和前沿技术进行了介绍。

多媒体通信中的恒比特率的传输、变比特率的传输、服务质量、同步技术、多播技术、多媒体信源模型、多媒体数据库系统及流媒体等关键技术是多媒体通信技术课程的核心内容。为了学习多媒体通信系统分析和设计方法，必须掌握多媒体信息处理的基本知识。因此，本书将音频数据压缩编码方法和图像数据压缩编码方法列为最基本的教学内容。

本书注重与其他课程之间的衔接，既要避免与其太多重复，又要保持学科与课程的完整性。在简要地复习了数据压缩编码理论的同时，密切联系当前在数据压缩编码技术应用中存在的一些重要问题并展开讨论，从而及时反映通信与信息领域的新技术。

本书的第 1 章、第 8 章由李晓辉编写，第 5 章、第 6 和第 7 章由方红雨编写，第 2 章、第 3 章和第 4 章由王轶冰编写，全书由李晓辉定稿。

本书为安徽省普通高等院校“十二五”规划教材，在编写本书的过程中，科学出版社的编辑及相关院校的老师和同学们给予了大力支持，在此谨向他们表示衷心的感谢，并恳请读者给予批评指正。

编　者

2013 年 12 月

目　　录

第 1 章　多媒体通信概述

1.1　概　　述

随着社会的进步与发展，人与人之间沟通的个性化、多样化与便捷性越来越受到人们的重视，传统的通信手段已经无法满足现代人的需要。利用多媒体通信，用户不仅能图文并茂地交流信息，而且对通信的全过程具有完备的交互控制能力。

多媒体通信打破了传统的单一媒体通信方式和单一电信业务的通信格局，开辟了当今世界计算机和通信产业的新领域，广泛影响着人类的生活和工作。多媒体通信将是未来通信发展的方向之一，具有广泛的发展空间。

1.2　多媒体通信的基本概念

1.2.1　媒体

媒体是信息的载体，是指信息传递和存储的最基本技术和手段。根据国际电报咨询委员会(Consultative Committee of International Telegraph and Telephone，CCITT)的定义，媒体可划分为五大类。

1)感觉媒体

感觉媒体是指人类通过其感觉器官，如听觉、视觉、嗅觉、味觉和触觉等器官直接产生感觉的一类媒体，包括声音、文字、图像、气味等。

2)表示媒体

表示媒体是指用于数据交换的编码表示形式，包括图像编码、文本编码、声音编码等。其目的是有效地加工、处理、存储和传输感觉媒体。

3)显示媒体

显示媒体指用于信息输入和输出的媒体。输入媒体包括键盘、鼠标、摄像头、传声器(俗称话筒)、扫描仪、触摸屏等。输出媒体包括显示屏、打印机和扬声器等。

4)存储媒体

存储媒体指用于信息存储的媒体。通常包括硬盘、光盘、磁带、只读存储器(read only memory，ROM)、随机存储器(random access memory，RAM)等。

5)传输媒体

传输媒体是指承载信息、将信息进行传输的媒体。这类媒体包括双绞线、同轴电缆、光缆和无线链路等。

1.2.2　多媒体

多媒体通常是指感觉媒体的组合，即声音、文字、图像、数据等多种媒体的组合，融合了两种或者两种以上媒体的信息交流和传播。多媒体元素指多媒体应用中可显示给用户的媒体组成，主要包括文本、图形、图像、声音、动画和视频图像等媒体元素。多媒体具有如下三个主要特点。

1）信息量巨大

信息量巨大表现在信息的存储量及传输量上。例如，640×480像素、256色彩色照片的存储量为0.3MB；光盘（compact disc，CD）双声道的声音每秒存储量为1.4MB；广播质量的数字视频码率约为216Mb/s；高清晰度电视的数字视频码率在1.2Gb/s以上。

2）数据类型的多样性与复合性

多媒体数据包括文本、图形、图像、声音和动画等，而且还具有不同的格式、色彩、质量等。

复合性指媒体信息的多样性或多维化，即不仅仅局限于文本、话音、图像等视听领域的信息，还扩展到嗅觉、味觉、触觉等领域，以便更好地丰富和表现信息。

3）数据类型间的区别大

不同媒体间的存储量差别较大。不同媒体间的内容与格式不同，相应地内容管理、处理方法和解释方法也不同。

1.2.3　多媒体技术

多媒体技术定义为采用计算机综合处理多媒体信息，主要包括文本、图形、图像和声音，使多种信息建立逻辑连接，集成为一个系统并具有交互性。简单地说，多媒体技术是对多媒体信息进行数字化采集、压缩/解压缩、编辑、存储等加工处理，再以单独或合成形式表现出来的一体化技术。多媒体技术体现了信息载体的多样化。

多媒体技术最简单的表现形式是多媒体计算机。多媒体计算机相对于普通计算机的根本不同点在于，多媒体计算机中增加了对活动图像（包括伴音）处理、存储和显示的能力。其主要特征体现在它能够有效地对电视图像数据进行实时的压缩和解压缩，并能够使在时间上具有相关性的多媒体保持同步。

1.2.4　多媒体通信

多媒体信息的获取、存储、处理、交换和传输，即多媒体通信。多媒体通信是多媒体信息处理技术和组网技术的融合，其中包含各种信息的处理技术和组网技术的应用。

1.2.5　多媒体通信系统

多媒体通信技术是多媒体技术、计算机技术、通信技术和网络技术相互结合和发展的产物，涉及多个相关的领域。从物理结构上看，由若干个多媒体通信终端和多媒体服务器经过通信网络连接在一起构成的系统，就是多媒体通信系统。

1. 多媒体通信网络

多媒体通信网络是多媒体信息传输的载体，多媒体通信对信息的传输和交换都提出了更高的要求，网络的带宽、交换方式及通信协议都将直接影响多媒体通信业务的质量。

多媒体通信网络要求对业务的传输速率、传输延迟、延迟抖动和差错率等提供保障，同时能够提供多播和缓冲功能。其性能主要体现在：能够同时支持音频、视频和数据传输；交换节点的高吞吐量；有足够的可靠带宽；具有良好的传输性能，如同步、时延、差错率等必须满足要求；具有呼叫连接控制、拥塞控制、服务质量(quality of serrice，QoS)控制和网络管理功能。

2. 多媒体通信网络设备

多媒体通信网络设备除网络交换和传输的必要设备外，主要包括提供多媒体业务的多媒体应用设备或服务器，如多点控制单元(multipoint control unit，MCU)、流媒体服务器、应用共享服务器等。

3. 多媒体通信终端设备

多媒体终端是用户实现多媒体通信业务的设备。多媒体通信终端具有集成性、交互性、同步性和实时性等特征，包括交互式输入和输出、完成各种媒体数据的同步、编辑、存储、控制和处理，以及适配和复用接口等功能。目前多媒体终端有 H.320 终端、H.323 终端、会话发起协议(session initiation protocol，SIP)终端，以及基于个人计算机(personal computer，PC)的软终端等。

在计算机领域，人们也将此系统称为分布式多媒体系统。多媒体通信系统必须同时兼有多媒体的集成性、计算机的交互性、通信的同步性和信息传输的实时性。

1)集成性

多媒体的集成性包括两个方面：一方面是多种信息媒体的集成，另一方面是处理这些媒体的设备和系统的集成。在多媒体系统中，各种信息媒体不再采用单一的方式进行采集和处理，而是由多个通道同时统一采集、存储和加工处理，并强调各种媒体之间的协同关系。此外，多媒体系统应该包括能处理多媒体信息的高速及并行的中央处理器(central process unit，CPU)、多通道的输入/输出接口及外设、宽带通信网络接口及大容量的存储器，并将这些硬件设备集成为统一的系统。在软件方面，有多媒体操作系统、满足多媒体信息管理的软件系统、高效的多媒体应用软件和创作工具等。这些多媒体系统的硬件和软件在网络的支持下，集合成为处理各种复合信息媒体的信息系统。

2)交互性

多媒体通信终端的用户在与系统通信的全过程中具有完备的交互控制能力，使用户能够按照自己的思维习惯和意愿主动地选择和接收信息，更加有效地控制和使用信息。

交互性包含两方面的内容：一是人机接口，即要求终端向用户提供的操作界面能够满足多媒体通信系统复杂的交互操作需要；二是用户终端与系统之间的应用层通信协议。在多媒体通信中，需要存储、传输、处理、显示多种表示媒体，强调媒体元素之间的协同关系。各媒体之间存在复杂的同步关系，不同的媒体分别采用串行或并行的方式传送，但在终端需按照同步关系还原出多媒体信息。因此，在多媒体通信协议中，除了需要建立一条主信道来支持系统的核心交互能力外，还需要建立若干辅助信道来提供并发的信息发送，以实现完善的多媒体通信交互过程。交互性是多媒体通信系统的重要特征，也是区别多媒体通信系统与非多媒体通信系统的主要准则。例如，在数字电视广播系统中，数字电视机能够处理与传输多种表示媒体，也能够显示多种感觉媒体，但用户只能通过切换频道来选择节目，不能对播放的全过程进行有效的选择控制，因此数字电视广播系统不是多媒体通信系统。而在视频点播(video on demand，VOD)中，用户可以根据需要收看节目，可以对播放的全过程进行控制，所以视频点播属于多媒体通信系统。

3)同步性

同步性是指多媒体通信终端所显示的文字、声音和图像，是以在时空上同步方式工作的。同步性是判断系统是否为多媒体系统的重要因素之一。多媒体通信中需要满足各媒体元素的集成性、复合性和协同性的要求，因此需要支持同步性。接收端接收到的各种信息媒体在时间上必须同步，其中声音和活动图像必须严格同步，因此要求实时性，甚至强实时性。例如，电视会议系统的声音和图像必须严格同步，包括唇音同步，否则传输的声音和图像就失去了意义。

在多媒体通信中，终端接收的信息可以来自不同的信息源，可以通过不同的传输途径，但终端用户接收到的必须是完全同步的多媒体信息。

多媒体通信系统中的同步性是多媒体通信系统最主要的特征之一。对于资源受限的通信系统来说，要实现严格意义上的同步是非常复杂和困难的。在多媒体通信中，为了获得真实临场感，通常要求通信网络对声音和图像的传输时延都应小于 0.25s，静止图像应小于 1s。同步性也是在多媒体通信系统中最难解决的技术问题之一。

4)实时性和等时性

实时性和等时性既是多媒体通信的基本特点，也是实现多媒体通信的关键问题。实时性要求网络能够及时传输数据量巨大的视频、声音、图像、文本等媒体信息；等时性则要求多媒体数据以稳定的速度均匀、平滑地传输，从而保持媒体的时基特性。

多媒体通信的上述特性不仅要求网络具有足够的带宽或传输率，而且还要求具有支持和保证多媒体同步通信的协议。

1.3　多媒体通信中的相关技术

多媒体通信作为一门跨学科的交叉技术，涉及多种相关技术。

1. 多媒体数据的压缩编码技术

多媒体通信中需要对多媒体数据进行捕获、存储、传输和播放等相关处理，由于多媒体数据量巨大，必须对多媒体数据进行压缩编码处理。多媒体压缩编码可实现较低的时延和较高的压缩比，为多媒体技术能够真正应用提供条件。

多媒体信息数字化后的数据量非常大，尤其是视频信号。一路以分量编码的数字电视信号，数据速率可达 216Mb/s，存储 1h 数字电视节目需要近 80GB 的存储空间，而要实现实用意义上的传送，则需要占用 108～216MHz 的信道带宽。这对现有的传输信道和存储媒体来说成本十分昂贵。因此，为了节省存储空间和充分利用有限的信道容量传输更多的信息，须对多媒体数据进行压缩。多媒体数据的压缩包括视频数据和音频数据的压缩，二者采用的压缩技术基本相同，只是视频信息在信息交流过程中起着重要的作用，视频信号的数据量比音频信号的数据量大得多，因而压缩难度更大。

图像压缩编码的发展过程，可以分为三个阶段。第一代图像压缩编码方法以香农信息论为基础，考虑图像信源的统计特性，采用预测编码、变换编码、矢量量化编码、子带编码、小波变换编码及神经网络编码等方法。第一代图像压缩编码技术可以得到 8～48kb/s 的信息速率。第二代图像压缩编码方法充分考虑了人眼的视觉特性，采用基于方向滤波的图像编码方法和基于图像轮廓-纹理的编码方法，此方法可以获得极低码率的图像数据。第三代图像压缩编码方法考虑到了图像传递的景物特征，采用分形编码方法和基于模型的编码方法，代表了新一代的压缩编码发展的方向。

目前，由于计算机处理能力和图像压缩算法的改善，在图像压缩处理方面已经取得较大的进展。图像处理的编码标准包括国际电信联盟远程通信标准化组织(ITU-T for ITU Telecommunication Standardization Sector)建议的 H.26×系列电视会议的编码标准及国际标准化组织(International Organization for Standards，ISO)定义的用于较高质量的图像编码标准 MPEG(Moving Pictures Experts Group)系列标准等。JPEG 标准是由 ISO 联合摄影专家组(Joint Picture Expert Group)于 1991 年提出的用于压缩单帧彩色图像的静止图像压缩编码标准。

在多媒体通信业务中传送的语音为数字化的音频信号，有关音频信号的压缩编码技术与图像压缩编码技术基本相同，不同之处在于图像信号是二维信号，而音频信号是一维信号。音频信号的压缩编码也有许多国际标准，如 ITU-T 建议的 G.711、G.722、G.723 和 G.729 标准，以及 MPEG1(MPEG 组织制定的第一个视频和音频有损压缩标准)、MPEG2(是 MPEG 在 1994 年 11 月为数字电视而提出来的)和 AC3(Audio Coding3)音频编码标准。在语音处理技术中除了语音压缩处理技术外，还需要考虑多方会议中的混合语音和多方语音处理等技术。在检索类的应用中，还需要解决人和机器的语音通信问题。在不同的通信质量情况下，需要采用不同的压缩编码方法。

2. 多媒体传输与协同处理技术

在满足带宽要求的前提下，多媒体通信技术还应该解决多媒体分组传输、同步性、实时性、协同工作、QoS 保障，以及高性能和高可靠性等问题。

3. 多媒体通信网络技术

任何通信都离不开网络的支撑，电话业务的普及得益于程控交换技术的成熟和使用的方便，数据通信的快速发展则受益于互联网技术的出现。同样，多媒体通信的普及和发展应有其相适应的网络技术。

能够满足多媒体应用需要的通信网络必须具有高带宽、可提供 QoS 保证、实现媒体同步等特点。首先，网络必须有足够的带宽以满足多媒体通信中的海量数据传输，能够确保用户与网络之间交互的实时性；其次，网络应提供 QoS 保证，目的是能够满足多媒体通信的实时性和可靠性要求；最后，网络必须满足媒体同步的要求，包括媒体间同步和媒体内同步。

在多媒体通信发展初期，人们尝试采用已有的各种通信网络，包括公用交换电话网(public switched telephone network，PSTN)、综合业务数字网(integrated services digital network，ISDN)、宽带综合业务数字网(broadband integrated services digital network，

B-ISDN)、有线电视(community antenna television，CATV)和互联网作为多媒体通信的支撑网络。上述网络均是为传递特定的媒体而设定的，在提供多媒体通信业务时具有不同特点，同时也存在一些问题。随着大量的数据业务和视频业务的涌现，面对丰富多彩的通信业务，单一业务的电话通信网、计算机网路和 CATV 网络显然无法满足人们的需求。为了满足人们对多媒体通信业务不断发展的要求，世界各国均在研究如何建立一种适合多媒体通信的综合网络，以及如何从现有的网络演进，实现多业务的网络。多业务网络从窄带综合业务数字网(narrowband integrated services digital network，N-ISDN)、B-ISDN 和异步传输模式(asynchronous transfer mode，ATM)发展到下一代网络(next generation network，NGN)，NGN 具有提供包括语言、数据和多媒体等各种业务的综合开放的网络结构，涉及的内容十分广泛，几乎涵盖了所有新一代的网络技术，形成了基于统一协议并由业务驱动的分组网络。电信网络向 NGN 演进将成为必然趋势。

4. 多媒体存储技术

多媒体信息经过压缩处理后，数据量仍然很大，需要相当大的存储空间和实时处理能力。在多媒体信息传输时，为保证其传输质量，必须对其实时性提出较高的要求，同时还需要保持媒体间的同步关系。所有这些特点对多媒体系统的存储设备提出了很高的要求，既要保证存储设备的存储容量足够大，还要保证存储设备的速度足够快，带宽足够宽。随着技术的进步，存储设备的存储容量也有较大的增加，相继出现了只读光盘(compact disc read-only memory，CD-ROM)、高存储密度的磁盘、数字多功能光盘(digital versatile disc，DVD)、活动式的激光驱动器、磁盘阵列等大容量的存储设备。

5. 多媒体数据库技术

由于多媒体数据类型多样，表示方法各不相同，因而其存储结构和存取方式具有多样性。多媒体数据库应能描述多媒体数据对象的结构和模型，有效实现多媒体数据的存储、读取、检索等功能，同时提供处理不同对象的方法库。多媒体数据库与方法库紧密相关，以便进行多媒体数据对象的组合、分解和变换等操作。另外，多媒体数据库对具有时空关系的数据进行同步和管理也提出了很高的要求。

6. 多媒体数据的分布式处理技术

随着多媒体应用在互联网上的广泛开展，其应用环境由原来的单机系统变为地理上和功能上分散的系统，因此需要由网络将它们互联起来，以共同完成对数据的相应处理，从而构成了分布式多媒体系统。分布式多媒体系统涉及计算机领域和通信领域的多种技术，包括数据压缩技术、通信网络技术及多媒体同步技术等，还要考虑如何实现分布式多媒体系统的 QoS 保证，在分布式环境下的操作系统如何处理多媒体数据，媒体服务器如何存储、捕获并发布多媒体信息等。

适用于分布式多媒体系统的业务多种多样，不同业务所用的多媒体终端也各不相同。目前常用的多媒体终端有多媒体计算机终端，以及针对某种特定应用的专用设备，如机顶盒、可视电话等。

流媒体技术也是一种分布式多媒体技术，它主要解决在多媒体数据流传输过程中所占带宽资源过多、用户下载数据等待时间长等问题。为了提高流媒体系统的效率，采用了流媒体的调度技术、拥塞控制技术、代理服务器技术及缓存技术等。

1.4　多媒体通信的应用

多媒体通信系统的应用非常广泛，且业务繁多，是未来通信业务发展的主流。目前较具代表性的应用有以下几种。

(1)可视电话系统。可视电话系统是较早提出的一种多媒体通信系统，其目的是使电话网络能够传送视频信号，使用户在通话的同时能够看到对方的图像。与传统电话系统相比，可视电话系统除了具有语音处理部分外，还应包括图像的输入/输出部分，以及对图像信号的处理部分。可视电话的推广和应用给家庭生活带来诸多方便和乐趣。

(2)视频会议系统。视频会议又称会议电视，是一种实时、点到多点的多媒体通信系统。基于计算机网络，人们可以在不同地点的多个会场召开视频会议，从而减少出差经费开支。在召开会议时，不同会场的与会者既可以听到对方的声音，又可以看到对方的形象，以及对方展示的文件、实物等，同时还能看到对方所处的环境，使与会者具有身临其境的感觉。

互联网的迅猛发展使得互联网协议网络(Internet Protocol，IP)几乎遍及世界的每一个角落。IP 视频会议已成为视频会议发展的主流。

为了保证音视频数据在互联网上的实时传输，下一代互联网采用了若干协议，如互联网协议第 6 版(Internet Protocol version 6，IPV6)、实时传输协议(real-time transport protocol，RTP)、资源预留协议(resource reservation protocol，RSVP)等。应用网络面向的人群逐渐向个人化方向延伸，最终发展到家庭。功能也不仅限于单纯的会议功能，而是向远程教学系统、远程监控系统方面发展。

(3)多媒体电子邮件。多媒体电子邮件不同于目前使用的 E-mail。E-mail 只有文字，而多媒体电子邮件除了包含文字之外，还有音频和视频文件。多媒体电子邮件系统是一种非实时的存储转发系统，系统对传输信息要求不高，可以采用较低的速率发送，并等待信道空闲才进行传送。

(4)视频点播系统。传统的有线电视为电视台单向播放节目，用户被动接收电视节目。视频点播系统则可以为用户提供不受时空限制的交互点播，使用户能够随时点播自己喜欢的节目。该系统将节目内容存储在视频服务器中，可以随时根据用户的点播要求，取出相应的节目传送给用户。

(5)远程教育系统。利用远程教育系统，学生可以通过网络实时或非实时地接收教师上课的内容，包括老师的声音、图像及电子教案。如果是实时的远程教学，学生还可以随时向教师提出疑问，教师可以立即回答。根据需要，教师也可以接收学生的图像和声音，从而模拟课堂授课方式。对于非实时的教学，教师可以将自己授课的内容制作成课件传送到网络上，学生可以在自己希望的任何时间和地点按照自己的学习速度和方式来学习。

(6)虚拟现实。虚拟现实也称为虚拟环境，是由计算机模拟的一种三维环境。利用虚拟现实技术，能够使介入其中的人产生身临其境的感觉，给人以各种感观刺激，如视觉、听觉、触觉等。通过计算机与先进的外设相结合，虚拟现实技术可以模拟生活中的场景，包括过去发生的事件、正在发生的事件或将要发生的事件。虚拟现实是一种新的人机交互系统，可以应用于驾车模拟训练、军事演习、航天仿真、教育娱乐等领域。

1.5　多媒体通信发展的趋势

多媒体通信技术将随着通信技术、电视技术、计算机技术等相关技术的进步而不断发展，网络技术、终端技术、信息处理技术是其发展的关键所在。

1. 多媒体通信的网络技术

多媒体通信网络技术的发展趋势是信息传输的超高速和网络功能的高度智能化。随着网络体系结构的演变和宽带技术的发展，基于软交换的传统话音业务和多媒体业务的商业应用已逐步出现。随着网络应用加速向IP汇聚，多媒体通信网络正逐渐向着对于IP业务最佳的分组化网，特别是IP网的方向演进和整合，融合将成为未来网络技术发展的主流。从技术层面上看，融合将体现在话音技术与数据技术的融合、电路交换与分组交换的融合、传输与交换的融合、电与光的融合；从网络角度看，结合信令网关、媒体网关、分组网，以软交换为核心，融合将体现在网络的统一管理和业务层的融合。这种融合不仅使话音、数据和图像三大基本业务的界限逐渐消失，也使网络层和业务层的界限在网络边缘处变得模糊。网络边缘的各种业务层和网络层正走向功能乃至物理上的融合，整个网络也正在向下一代融合网络演进，最终将带来传统的电信网、计算机网、有线电视网在技术、业务、市场、终端、网络，乃至行业管制和政策方面的融合。

2. 多媒体通信的信息处理技术

信息处理包括数据的压缩处理和分布处理。在图像信息处理方面，人们正在研究和开发新一代图像压缩编码算法，如神经网络、模糊集合、分形理论等算法，并力图将这些算法在硬件上予以实现，以期在保持一定图像质量的前提下获得更大的压缩比。

3. 多媒体通信的终端技术

随着半导体集成技术的发展，处理器处理多媒体信息的能力不断增强，使多媒体通信终端体积越来越小，性能却越来越强，小型化且使用简单是多媒体通信终端发展的趋势。

此外，为了满足多媒体网络化环境的要求，多媒体通信终端在硬件结构不断优化的同时，还需对软件进行进一步的开发和研究，使多媒体通信终端向部件化、智能化、嵌入化的方向发展，如增加对汉语语音的识别和输入、自然语言理解和机器翻译、图形的识别和理解、机器人视觉和计算机视觉等智能功能。

随着网络技术的发展，用户对网络所提供的多媒体通信业务的要求越来越多，也越来越高。因此，多媒体通信终端的发展必须融合传统电视和个人计算机的功能，使其能够支持各种多媒体业务，如会议电视、远程教学、家庭办公、交互游戏、实时广播、点播业务等，同时还必须支持多种接入方式，如IP接入、ISDN接入、专线接入等。

习　　题

1-1　多媒体通信的主要特征有哪些？

1-2　多媒体通信系统的关键技术有哪些？

1-3　衡量通信系统性能的参数指标有哪些？

1-4　数字技术的发展对多媒体通信技术的推广有何作用？

第 2 章　数据压缩基本技术

2.1　概　　述

数据压缩技术是多媒体技术中最重要的组成部分之一。多媒体技术使计算机具备综合处理文字、声音、图形、图像、视频等信息的能力，而这些信息具有数据海量性的特点，为了存储和传输，需要较大的容量和带宽。但是在多数情况下，多媒体通信中的各种媒体信息所需要的带宽要比现有提供相关业务的通信网络的带宽都要大。因此，在几乎所有的多媒体通信中，必须在传输之前对信源信息进行压缩，以便有效地降低信息对于传输带宽的要求，以压缩的方式存储和传输数字化的多媒体信息是解决这些问题的主要途径。

2.2　数据压缩的理论依据

数据压缩技术的研究已有几十年的历史。从基本原理看，压缩技术可以分为两类。第一类方法为基于香农(Shannon)理论的压缩方法。在这类方法中，视频图像序列利用在时间和空间上采样得到的一组像素值来表示(声音则利用在时间上对波形采样的一系列样值来表示)；压缩的方法则是采用一般信号分析的方法来消除数据的冗余，最终使得用来表示图像的一组数据互不相关。这类方法主要是分析信源的统计特性，而不考虑图像的具体内容、也不考虑人的视觉特性。因此，这类方法称为基于像素(或基于波形)的压缩方法，也称为第一代图像压缩编码方法。

第一代图像压缩编码方法在 20 世纪 80 年代已趋于成熟，众多优秀成果已被吸收进有关图像和视频数据压缩的国际标准中，如 JPEG、MPEG 和 H.26×等。由于采用单一的压缩方法往往不能得到很好的压缩效果，因此，各种国际标准都综合利用了多种基本压缩方法来达到满意的压缩比。但当需要进行极低码率的图像数据压缩时，第一代技术往往不能提供令人满意的重构图像。

第二类方法出现于 20 世纪 80 年代，称为第二代图像压缩编码方法。这类方法在很大程度上依赖于人类视觉特性的研究，其核心思想是力图发现人眼是根据哪些关键特征来识别图像或图像序列的，然后根据这些特征来构造图像模型。第二代技术尚未达到成熟的阶段，在有关图像和视频压缩编码的国际标准中也未见大量应用。

2.2.1　数据压缩的必要性

数字化后的音频和视频等多媒体信息具有数据海量的特点，需要较大的存储空间和传输带宽，但目前硬件技术所能提供的存储资源和网络带宽都与实际要求相差甚远。这给多媒体信息的存储和传输带来很大的困难，并已成为有效获取和使用多媒体信息的瓶颈。下面举例加以说明。

1. 文本

设屏幕的分辨率为1280×768，字符大小为8×8点阵，每个字符用2字节表示，则满屏字符的数量为

$$(1280/8)\times(768/8)=15360(个)$$

存储空间为

$$15360\times2=30(\text{KB})$$

2. 数字音频信号

采样频率为44.1kHz、采样精度为16位的立体声数字音频，其1min的数据量为

$$44.1\times1000\times16\times2\times60\approx10(\text{MB})$$

那么，一张普通的CD-ROM光盘(650MB)只能保存约1h的音乐，如果使用48kHz的采样频率，一张光盘能保存的音乐就更少了。

3. 图像信号

一幅1024×768的真彩色图像，每像素用24bit表示，其数据量为

$$1024\times768\times24=2.25(\text{MB})$$

上述彩色图像若按NTSC制，每秒传送30帧，则每秒的数据量为

$$2.25\times30=67.5(\text{MB})$$

则650MB的光盘可以存储的图像为

$$650/67.5\approx10(\text{s})$$

由上例可以看出，数字化后信息的数据量十分庞大，这无疑给存储器、通信线路的信道传输率及计算机的速度都施加了极大的压力。通过数据压缩技术可以大大降低数据量，以压缩的形式存储和传输数据，既节省了存储空间，又提高了传输速率，同时也使计算机得以实时处理音频信息、视频信息，从而保证了高质量的音频和视频节目的播放。

2.2.2 数据压缩的可行性

数据能够被压缩的主要原因在于媒体数据中存在数据的信息冗余，即数据的信息量不等于其数据量，且信息量小于数据量。将这些冗余的信息去掉，就可以实现压缩。

一般而言，图像、音频及视频数据中存在的冗余类型主要有以下几种。

(1)空间冗余。这是一种在图像数据中经常存在的冗余。例如，一幅图像通常存在由许多灰度和颜色都相同或相近像素组成的区域，它们形成了一个性质相同的集合块，这样在图像中就表现为空间冗余。对空间冗余的压缩方法就是将这种集合块当作一个整体，用极少的信息来表示它，从而节省存储空间。

(2)时间冗余。这是一种在音频、序列图像(动画、电视图像)中经常存在的冗余。例如图，像序列中相邻的图像具有很大的相关性，即后一帧的数据与前一帧的数据有许多共同的地方，如背景等元素不变，这显然是一种冗余。同样在语音或者音乐中也经常存在相邻声音的相似性。

(3)结构冗余。有些图像具有很强的纹理区或者分布模式，纹理通常具有较为规律的

结构，就会造成结构冗余，如草席图像、方格状的地板图案等。如果已知分布模式，就可以通过某一过程生成图像。

(4) 知识冗余。对有些多媒体信息的理解与人们大脑中已有的某些经验知识有很大的相关性。例如，人脸的图像有相同的结构：嘴的上方是鼻子、鼻子上方是眼睛、鼻子在人脸的中线位置上等，这些规律性可由先验知识和背景知识得到，称为知识冗余。

(5) 视听冗余。事实表明，人的视觉系统对图像的敏感性是非均匀的。在记录原始的图像数据时，对人眼看不见或不能分辨的部分进行记录显然是不必要的，这种冗余称为视觉冗余。例如，研究发现，人类视觉系统的一般分辨能力为 2^6 灰度等级，而一般图像的量化采用的是 2^8 灰度等级，即存在视觉冗余。同样，类似的听觉冗余也存在于音频中。

(6) 信息熵冗余。冗余度表示由于每种字符出现的概率不同而使信息熵减少的程度。显然，由于信息熵的减少，为了表示相同的内容、相同的信息量，对应的字符数就会多些，信息熵的冗余也会造成信息量的加大。

2.2.3 数据压缩的理论基础

1948 年，美国工程师香农在《贝尔系统技术杂志》上发表了《通信的数学理论》一文。在这篇开创性的文章中，香农给出了信息度量的数学公式，标志着信息论的正式创立，信息论是数据压缩技术的理论基础。

1. 信息的度量

根据信息论的基础知识，一个事件出现的可能性越小，其包含的信息量越多；反之，一个事件出现的可能性越大，其信息量越小。在数学上，所传输消息包含的信息是其出现概率的单调下降函数。这个理论符合实际生活中人们对信息的理解：如果一个事件能够提供许多原来不知道的新内容，则可以认为这个事件提供了许多信息；反之，如果一个事件是众所周知的必然事件，则可以认为这个事件没有提供任何信息。

信息量是指信源中某种事件的信息度量或含量。对事件赋予符号来表示，如符号 x_i，则该事件的信息量可以表示为

$$I(x_i)=-\log_2 p(x_i) \tag{2-1}$$

式中，$p(x_i)$ 是符号 x_i 出现的概率 $(0\leqslant p(x_i)\leqslant 1)$。当 $p(x_i)=1$ 时，$I(x_i)=0$，表示如果符号 x_i 肯定出现，则不包含任何信息；相反，当 $p(x_i)\to 0$ 时，$I(x_i)\to\infty$，表示小概率事件包含着丰富的信息。

设从 N 个数中选定任一个数 x_i 的概率为 $p(x_i)$，假定选定任意一个数的概率都相等，即 $p(x_i)=1/N$，则

$$I(x_i)=\log_2 N=-\log_2\frac{1}{N} \tag{2-2}$$

一个信源包括的所有数据称为数据量，但数据量中包含有冗余信息。冗余量的存在是数据压缩的主要依据之一。因此，信源携带的信息量与数据量之间的关系表示为

$$信息量=数据量-冗余量 \tag{2-3}$$

2. 信息熵

能够产生信息的事物称为信源。信息熵是信源中所有可能事件信息量的平均，也是表

示信息中各个元素比特数的统计平均值。

如果信源所发出的符号均取自某一个离散集合，则该信源称为离散信源。假设信源 $X=\{x_i(i=1,2,\cdots,N)\}$，其中各个符号出现的概率为 $p(x_i)$，将所有符号的平均信息量定义为熵，则信源的熵为

$$H(X)=E\{I(x_i)\}=-\sum_{i=1}^{N}p(x_i)\log_2 p(x_i) \tag{2-4}$$

由式(2-4)可以得出，符号的概率分布越不对称，信源的熵就越小；符号平坦分布时，即所有符号都具有相同概率密度分布时，信源的熵最大。

假设信源中有 N 个事件，所有事件具有相同的概率，由式(2-4)得到此时的信息熵为

$$H(X)=-\sum_{j=1}^{N}\frac{1}{N}\log_2\frac{1}{N}=\log_2 N \tag{2-5}$$

当 $p(x_1)=1$ 时，$p(x_2)=p(x_3)=K=p(x_i)=0$，由式(2-4)得此时的熵为

$$H(X)=-p(x_1)\log_2 p(x_1)=0 \tag{2-6}$$

因此可得到熵的范围为

$$0\leqslant H(X)\leqslant\log_2 N \tag{2-7}$$

举例说明：以灰度图像为例，像素灰度为 8 位，则对应的信源符号集 A 为［0,255］，因此一幅图像的熵为

$$H(X)=-\sum_{i=0}^{255}p(x_i)\log_2 p(x_i) \tag{2-8}$$

如果图像为单一灰度，其熵为 0；当图像层次感较强时，灰度级别就会相对较多、分布较均匀，这时它的熵比较大，表示图像的信息较大。

3. 信源的相关性与序列熵的关系

前面假定信源是离散信源并由此给出其信息量和熵。以上讨论仅针对一个信源符号而言，实际上离散信源输出的不只是一个符号，而是一个随机符号序列。若序列中各符号间相互独立，即前一个符号的出现不影响以后任何一个符号出现的概率，则该序列是无记忆的。

假设离散无记忆信源产生的随机序列包含两个符号 X 和 Y，且 X 和 Y 各取值分别为

$$X=\begin{Bmatrix} x_1 & x_2 & \cdots & x_n \\ p(x_1) & p(x_2) & \cdots & p(x_n)\end{Bmatrix} \qquad Y=\begin{Bmatrix} y_1 & y_2 & \cdots & y_m \\ p(y_1) & p(y_2) & \cdots & p(y_m)\end{Bmatrix}$$

则将联合熵，即接收到该序列后所获得的平均信息量定义为

$$H(XY)=-\sum_i\sum_j r_{ij}\log_2 r_{ij} \tag{2-9}$$

式中，r_{ij} 为符号 x_i 和 y_j 同时发生时的联合概率。由于 X 和 Y 彼此独立，故 $r_{ij}=p(x_i)p(y_j)$ 则式(2-9)可以改写成

$$H(XY)=H(X)+H(Y) \tag{2-10}$$

由此可见，离散无记忆信源符号所产生的符号序列的熵等于各符号熵的总和。但是很多信源都是可记忆的，其前后出现的信源符号常常具有一定的相关性，即前一个符号直接对后面出现的符号构成影响，或者说后面的符号由前面几个出现的符号决定。

假设离散信源为有记忆信源，为了分析方便，这里仅考虑相邻两个符号 X 和 Y 相关的

情况。由于其相关性，联合概率为

$$p(x_i, y_j)=p(x_i)P_{ji}=p(y_j)P_{ij}$$

式中，$P_{ji}=P(y_j \mid x_i)$、$P_{ij}=P(x_i \mid y_j)$为条件概率。

在给定X的条件下，Y所具有的熵称为条件熵，即

$$H(Y \mid X)=-\log_2 P_{ji}=-\sum_{i=1}^{n}\sum_{j=1}^{m} p(x_i, y_j)\log_2 \frac{p(x_i, y_j)}{p(x_i)} \tag{2-11}$$

式中，在对$(-\log_2 P_{ji})$进行统计平均时，由于要对y_j和x_i进行两次平均，所以采用的是联合概率$p(x_i, y_j)$。利用式(2-9)和式(2-11)及联合概率与条件概率之间的关系，可以证明联合熵与条件熵之间存在下述关系

$$H(XY)=H(X)+H(Y \mid X)=H(Y)+H(X \mid Y) \tag{2-12}$$

式(2-12)表明，如果X和Y之间存在某种关系，那么当X发生时，在解除X的不确定性的同时，也解除了一部分Y的不确定性，但此时Y还保留着部分的不确定性，这就是式(2-12)中$H(Y \mid X)$的含义。显然两个事件的相关性越小，保留的不确定性就越大。当两个事件相互独立时，X的出现不会减少Y的不确定性。在这种情况下，联合熵变为两个独立熵之和，如式(2-10)所示，从而达到它的最大值。

由式(2-10)和式(2-12)可以得到

$$H(XY)=H(X)+H(Y \mid X)\leqslant H(X)+H(Y) \tag{2-13}$$

对于信源输出序列中有多个符号相关的情况，也可以得到类似的结果。序列熵与其可能达到的最大值之间的差值反映了该信源所包含的冗余度。信源的冗余度越小，即每个符号所独立携带的信息量越大，则传送相同的信息量所需要的序列长度就越短，即所包含的比特数越少。因此，数据压缩的一个基本思想就是去除信源产生的符号之间的相关性，尽可能地使序列成为无记忆的。而对于无记忆信源而言，如式(2-5)所示，在等概率条件下，离散无记忆信源单个符号的熵具有最大值。因此，数据压缩的另一个基本思想是改变离散无记忆信源的概率分布，使其尽可能达到等概率分布。

4. 无失真压缩编码

当信源中事件符号在系统中传输、存储并处理时，必须将信源事件转换为系统能够接收的符号集。假设信源$X=\{x_i(i=1,2,\cdots)\}$，系统能够接收的符号集为$B=\{b_1,b_2,\cdots,b_n\}$，对于信源中事件x_i，需要从符号集B中选择若干个符号来表示。

$$x_i \to b_1^i b_2^i \cdots b_n^i \tag{2-14}$$

式(2-14)所示的过程为编码，编码后得到的符号序列称为事件的码字，所有的码字称为码字集。B中的元素构成码字的基本符号称为码元，按照集合中基本元素的个数可以称为n元码。编码是从信源事件到码字集的一种映射，码字的长度N称为码长，反应了表示一个事件所需要的数据量。

无失真编码是指编码后信息不会损失，即重构的数据无任何失真。在这种情况下，对于编码码长有理论上的限制，详细说明如下。

对于一个具有四个符号的信源X

$$X=\begin{Bmatrix} x_1 & x_2 & x_3 & x_4 \\ 1/2 & 1/4 & 1/8 & 1/8 \end{Bmatrix}$$

由式(2-4)可以计算得出此信源的熵为 $H(X)=1.75$ bit。如果用表2-1所示的A编码方式来代表这4个符号，可以看到每个符号所给予的码长相同，平均码长 $\overline{L}=2$ bit。如果用表中B编码方式对其编码，则每个符号所对应的码长都不同，这种方式称为可变长编码。设符号 x_i 所对应的码长为 $n(x_i)$，则平均码长为

$$\overline{L}=\sum_i p(x_i)n(x_i) \tag{2-15}$$

表2-1　两种编码方式

符号	x_1	x_2	x_3	x_4
出现的概率	1/2	1/4	1/8	1/8
编码方式A	00	01	10	11
编码方式B	0	10	110	111

将B编码方式中各个符号的码长及其概率代入式(2-15)，计算出 $\overline{L}$ 等于1.75bit，恰好为熵的大小。显然B方式比A方式具有更好的压缩效果，并已达到极限。

无失真编码定理：设信源 $X=\{x_i(i=1,2,\cdots)\}$，熵为 $H(X)$，各事件符号对应概率为 p_i，编码的码元集为 $B=\{b_1,b_2,\cdots,b_n\}$，则经编码后可能达到的最大熵值为 $\log_2 n$。若原信源的熵为 $H(X)$，经编码后的平均码长为 $\overline{L}$，显然平均码长必须满足

$$\overline{L}\geqslant\frac{H(X)}{\log_2 n} \tag{2-16}$$

将编码效率 η 定义为

$$\eta=\frac{H(X)}{\overline{L}} \tag{2-17}$$

若信源的平均码长为 $\overline{L}$，熵为 $H(X)$，定义信源的冗余度 γ 为

$$\gamma=\frac{\overline{L}}{H(X)}-1 \tag{2-18}$$

由式(2-17)可以看出，对于多媒体信源而言，其无失真编码平均码长的下限就是该信源所对应的信息熵。在 $\overline{L}\geqslant H(X)$ 条件下总可以设计出某种无失真编码方法，若编码结果使 $\overline{L}$ 远大于 $H(X)$，则表明这种编码方法的效率很低，占用比特数过多；若编码结果使 $\overline{L}$ 等于或接近于 $H(X)$，则这种编码方法称为最佳编码。若要求 $\overline{L}<H(X)$，则必然存在信息失真，就不再属于无失真编码。

5. 限失真压缩编码

由信息论基础知识可知，信源冗余来自信源本身的相关性和信源概率分布的不均性。因此，通过去除信源的相关性及改变信源概率分布模型，可以达到压缩数据量的目的。限失真压缩编码即在允许解码后信息有一定失真的情况下，通过去除信源的自相关来达到压缩数据的目的。

由前面分析可知，无失真编码的平均码长存在一个下限，这个下限就是信息熵。无失

真压缩编码的压缩效率越高，编码的平均码长越接近于信源的熵，因此无失真压缩编码的压缩比不可能很高。而在限失真编码中，由于允许一定的失真，因而可以大大提高压缩比。压缩比越大，引入的失真也就越大。但同样提出了一个新的问题，这就是在失真不超过某限值的情况下，所允许的编码比特率是受限的，那么这个下限究竟是多少呢？这个下限由率失真函数来定义。

实际信道是存在错误的，在传输过程中存在误码，即接收方信号与发送方信号之间存在失真现象。在信息论中，将在传输中使信号的失真小于或等于某一值 D 所必需的信道容量的最小值 $R(D)$ 称为信息速率-失真函数，或率失真函数。对连续信源的编码和传输，可以用失真度 $d(x,y)$ 和失真函数 $D(x,y)$ 表示，即

$$D(x,y)=\iint p(x,y)d(x,y)\mathrm{d}x\mathrm{d}y \tag{2-19}$$

式中，x 表示信源发出的信号；y 表示解码后或通过有噪声信道后收到的信号；$p(x,y)$ 表示发出 x 信号，而接收 y 信号的联合概率密度。

通常采用以下几种失真度量方法。

(1) 均匀误差：

$$d(x,y)=\frac{1}{T}\int_0^T[x(t)-y(t)]^2\mathrm{d}t \tag{2-20}$$

式中，T 为从统计上考虑足够大的时间间隔。

(2) 绝对误差：

$$d(x,y)=\frac{1}{T}\int_0^T|x(t)-y(t)|\mathrm{d}t \tag{2-21}$$

(3) 频域加权误差。由于人耳对语音信号和人眼对图像信号中不同频率的敏感程度不同，通常对高频部分不敏感，因此采用加权技术可使误差的高频部分获得较小的权重，从而满足听觉和视觉特性的要求。这相当于将差值 $e(t)=x(t)-y(t)$ 通过一个成形滤波器，设该滤波器的响应函数为 $k(t)$，则滤波器的输出为 $f(t)=\int_{-\infty}^{\infty}e(\tau)k(t-\tau)\mathrm{d}(\tau)$，误差函数为

$$d(x,y)=\frac{1}{T}\int_0^T f(t)\mathrm{d}t=\frac{1}{T}\int_0^T[\int_0^{\infty}e(\tau)k(t-\tau)\mathrm{d}\tau]^2\mathrm{d}t \tag{2-22}$$

失真度量的方法还有很多种，目前在图像压缩领域通常使用均方误差作为图像失真的度量标准。

图 2-1 给出了率失真函数 $R(D)$ 与失真 D 的关系曲线。对于离散信号，当 $D=0$，即无失真情况下，所需的比特率为 $R(0)$；当 D 逐渐增大时，所需的率失真函数将随之下降。

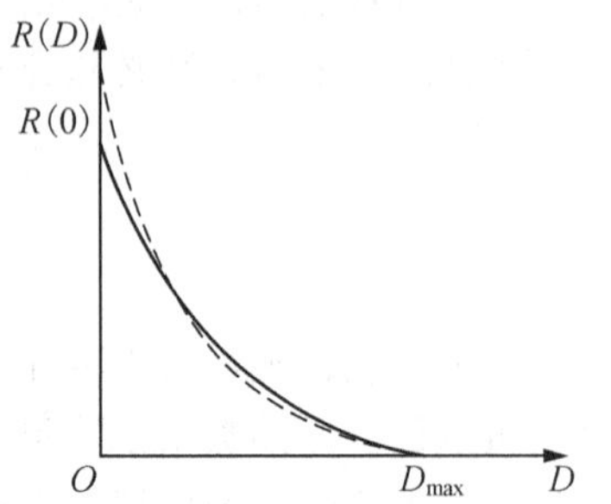

图 2-1　率失真函数 $R/(D)$ 与失真 D 的关系曲线

由于信道存在一定的噪声，因此 $R(D)$ 为有限值。当 $D<0$ 时，不存在 $R(D)$；当 $D\geqslant D_{\max}$（$D_{\max}$ 为正值，其数值等于信号方差 δ^2）时，$R(D)=0$，表示此时所传输的数据信息没有意义。当 $0<D<D_{\max}$ 时，$R(D)$ 是一个下凸形连续函数。

由上面的分析可以看出，率失真函数是在允许失真 D 的前提下，给出了信源编码的平均信息量的下限，即信源编码所能达到的极限

压缩码率。但对实际信源而言，计算 $R(D)$ 是一项非常困难的工作，这是因为很难确定信源符号的概率分布。另外，即使已知概率分布，求解 $R(D)$ 的过程也相当复杂，因此实际应用中采用与编码相反的思路，即首先给定信息速率 R，然后通过改变编码方案，寻找尽可能小的平均失真 D。据资料显示，率失真函数与失真度量标准及信源统计特性有着十分密切的关系。根据信息论的结论，正态分布信源的率失真函数为

$$R(D)=\begin{cases}\dfrac{1}{2}\log_2\dfrac{\delta^2}{D} & 0\leqslant D\leqslant\delta^2\\ 0 & D>\delta^2\end{cases} \tag{2-23}$$

式中，D 为允许的均方误差失真；δ^2 为信号的方差。

由式(2-23)可以看出，如果 $D>\delta^2$，即所允许的失真大于输入信号的方差，则 $R(D)=0$，因此信息传输已无任何意义；如果均方误差的大小在 $[0,\delta^2]$ 内，则所需传输信号的方差越小，系统允许引入的失真越大，此时传输速率越低。

2.2.4 数据压缩的分类

自 1948 年奥利夫(Oliver)提出脉冲编码调制(pulse code modulation，PCM)编码理论后，人们已经研究了各种各样的方法压缩多媒体数据。若对数据压缩方法分类，从不同的角度有不同的分类结果，如图 2-2 所示。

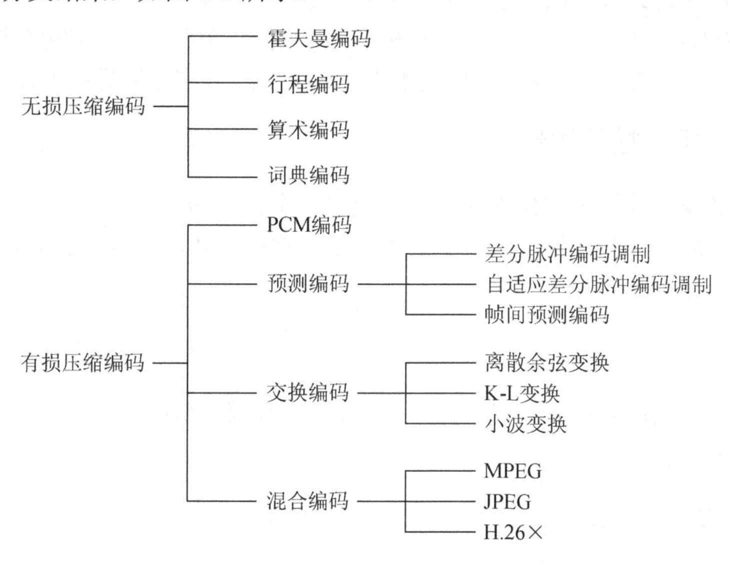

图 2-2　压缩编码的分类

(1)按信息压缩前后是否有损失，数据压缩可以分为无损压缩和有损压缩。总的来说，以这种分类方法最为常见。

① 无损压缩。也称为可逆压缩，是指利用压缩后的数据进行重构，重构后的数据与原始数据完全相同。无损压缩适用于要求重构的信号与原始信号完全一致的场合。常用的无损压缩有霍夫曼(Huffman)编码、行程编码和词典编码等。

② 有损压缩。又称为不可逆压缩，是指利用压缩后的数据进行重构，重构后的数据与原始数据有所不同，但并不影响人们对原始资料表达的信息的理解。有损压缩适用于重

构信号不必与原始信号完全相同的场合。常见的有损压缩有预测编码、变换编码等。

(2) 按数据压缩编码的原理和方法进行划分，数据压缩可以分为以下几种。

① 统计编码。主要针对无记忆信源，根据信息码字出现概率的分布特征而进行压缩编码，寻找概率与码字长度间的最优匹配。常见的编码方法有 Huffman 编码、香农编码、算术编码、行程编码和词典编码等。

② 预测编码。主要利用空间中相邻数据的相关性进行数据压缩。常用的方法有脉冲编码调制、差分脉冲编码调制(differential pulse code modulation，DPCM)等。这些编码主要用于声音的编码。

③ 变换编码。该方法将图像时域信号转换为频域信号进行处理。这种转换的特点是将在时域空间具有强相关的信号转换到频域上时，在某些特定的区域内能量常常集中在一起，数据处理时可以将主要的注意力集中在相对较小的区域，从而实现压缩。通常采用离散余弦变换(discrete cosine transform，DCT)、离散傅里叶变换(discrete Fourier transform，DFT)等。

④ 分析-合成编码。指通过对源数据的分析，将其分解成一系列更适合于表示的基元，或从中提取若干更具本质意义的参数，编码仅对这些基本单元或特征参数进行。解码时则借助于一定的规则或模型，按一定的算法将这些基元或参数综合成源数据的一个逼近。这种压缩方法有可能得到极高的压缩比，主要有小波变换、分形编码、子带编码等。

(3) 按照媒体的类型进行压缩，并进行标准化，数据压缩分类可以划分为图像压缩标准、声音压缩标准、运动图像压缩标准。常见的有 JPEG 系列、MPEG 系列和 H.26×系列等。

2.2.5　数据压缩的性能评价

评价一种多媒体数据压缩技术的性能主要有三个关键的指标：压缩比、重现质量、压缩与解压缩的速度。除此之外，压缩算法所需要的软硬件环境、算法的复杂性、延时等也是应当考虑的因素。

1. 压缩比

压缩性能通常用压缩比来定义，即压缩前、后的总数据量之比。压缩比越大，说明数据压缩的程度越高。

2. 重现质量

重现质量是指将重现时图像、声音信号与原始信号进行比较，看它们之间存在多少失真。通常，失真与压缩类型有关。压缩方法通常可以分为有损压缩和无损压缩。对有损压缩来说，由于在压缩时丢失了部分数据，因此压缩质量就成为人们关心的一个问题。人们普遍希望在得到较高压缩比的同时，也能确保质量，即具有较好的恢复效果，使压缩后的数据与原始数据无太大差别。而对无损压缩而言，则不存在质量问题。

3. 压缩与解压缩的速度

数据的压缩处理通常有两个过程：将原始数据压缩，以便存储、传输；将压缩后的数据进行解压缩以还原成原始数据，以便使用。实现压缩的算法要求简单，压缩和解压缩的速度越快越好。

此外，还要考虑软件、硬件的开销。有些数据的压缩和解压缩可以在标准的计算机硬件上用软件实现，有些则因为算法太复杂或者质量要求太高而必须采用专门的硬件。

2.3　预 测 编 码

音频、视频信号不同于文本，它们是持续变化的模拟信号，由 2.2.2 节可知，音、视频信号间存在大量的冗余信息，预测编码就是根据信号之间存在着一定相关性这一特点，利用前面的一个或多个信号对下一个信号进行预测，然后对实际值和预测值之间的差别(预测误差)进行编码。如果预测比较准确，则误差就会很小。这样，在同等精度要求的条件下，就可以用较少的位进行编码，从而达到数据压缩的目的。由于预测编码对预测误差进行了量化，因此一定会损失一些信息，它是一种有损压缩。

既然是预测，那么预测值与已知的信号值之间应该存在一定的函数关系，可以用一个数学模型来表示。但实际上，这样的函数关系或数学模型是很难准确找到的。因此，只能采取一个预测器来近似地预测下一个样值，允许有某些误差。

由于多媒体信源模型非常复杂且具有时变特性，在大多数情况下准确预测几乎不可能实现，因此预测器一般设计为利用前面已知的离散信号序列中的若干个信号作为依据，来预测下一个信号样值。

预测编码可分为帧内预测和帧间预测两种方法。常用的帧内预测编码有差分脉冲编码调制和自适应差分脉冲编码调制(adaptive differential pulse code modulation，ADPCM)，帧间预测编码有运动补偿的帧间预测和帧间内插法。它们比较适合用于声音和图像数据的压缩。因为这些数据均由采样得到，相邻样值之间的差别不会太大，所以可以用较少的位来表示差值。以上这些编码方法将在 4.7.1 节中详细介绍。

2.4　变 换 编 码

预测编码技术是对图像中的像素进行操作，因此是一种空域的方法。但是预测编码的压缩能力是有限的，以 DPCM 为例，一般每个样值只能压缩到 2～4bit，而变换编码的压缩效率更高。变换编码与预测编码一样，都是通过消除信源序列中的相关性来达到数据压缩的目的，它们之间的区别在于预测编码是在空间域(或时间域)内进行的，变换编码则是在变换域(或频率域)内进行的。

变换编码是对信号进行变换后，再进行编码。例如，将原来在空域中描述的图像信号通过一种数学变换(如傅里叶变换等)变换到变换域中，用变换系数表示原始图像。由于声音、图像的大部分信号都是低频信号，在频域中信号的能量较集中，通过变换编码将信号从空域(时域)变换到频域，再对变换系数进行采样、编码，就可以达到压缩数据的目的。

例如，有相邻两个采样值 x_1 和 x_2，每个样值采用 3bit 编码(每个采样值有 8 个幅度等级)，则两个采样值的联合事件共有 8×8 种可能性，可用图 2-3 所示的平面坐标表示。图中坐标轴 x_1 和 x_2 分别表示两个样本可能的 8 种幅度等级。由于信号变化是缓慢的，x_1 和 x_2 同时出现相近的幅度等级的可能性较大。因此联合事件可能性往往落在图中的虚线圈以内。如果将该坐标系旋转 45°，变为 y_1y_2 系，则它们的合成可能区域就落在 y_1 坐标轴附近。可以看出，不管幅度 y_1 在 0～7 的可能等级内如何变化，y_2 始终只在很小的范围内变化。这就表明 y_1 和 y_2 的相关性减少了，独立性增多了。因此通过这种坐标变换，可得到另一组输出样值，这种输出值去除了部分相关性。

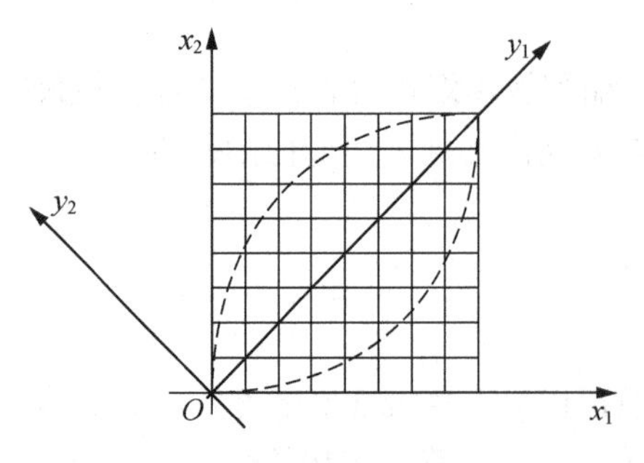

图 2-3　通过坐标变换去除相关性

2.4.1　正交变换的性质

变换编码中的关键技术是正交变换，正交变换之所以能用于数据压缩，主要是因为正交变换具有如下性质。

(1) 熵保持性。正交变换前后不会丢失信息。就图像信号而言，使用图像各像素灰度存储或传送和使用变换系数存储或传送一样。

(2) 能量保持性。频域系数的均方误差平均值和对应的空域样值均方误差平均值相等，即正交变换能够保持能量守恒。

(3) 重新分配能量。常用的正交变换有傅里叶变换，其能量集中在低频区，在低频区变换系数能量大，而高频区系数能量小得多。这样可用熵编码中的变长码来分配码长，能量大的系数分配较少的比特数，从而达到压缩的目的。同理也可用零代替能量较小的变换系数，以达到压缩目的。

(4) 去相关性。正交变换将空域中高度相关的像素灰度值变换成为相关很弱或不相关的频率域系数。显然去除了冗余度。

总之，正交变换可将空间域相关的图像像素变为能量保持且能量集中于弱相关或不相关的变换域系数中。

2.4.2　正交变换的原理和方法

变换编码系统的工作原理框图如图 2-4 所示。

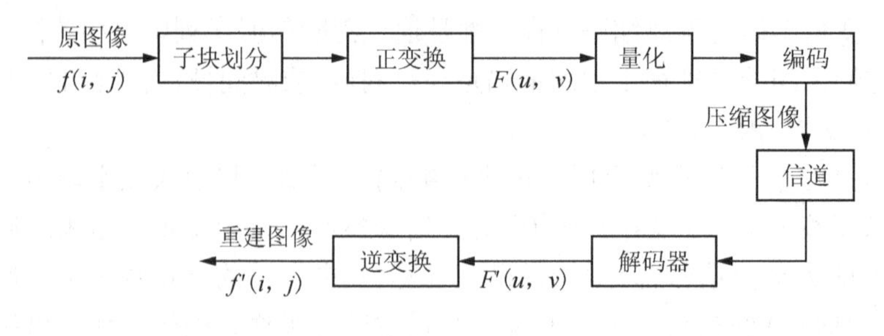

图 2-4　变换编码原理框图

由图 (2-4) 可以看出，变换编码利用正交变换实现信号压缩。具体来说就是将原空间域

中的信号 $f(i,j)$ 变换到另一个正交矢量空间域(即变换域) $F(u,v)$ 中。当需要进行数据恢复时，只需进行上述过程的逆变换，即将变换域中所描述的信号再转换到原来的空间域。总之，与空间域相比，变换域中对信号的描述要简单些，而且变换域中各变换系数之间的相关性明显下降，能量主要集中在低频部分。因而在进行编码时，可忽略某些能量很小的高频分量，或在量化时对方差较小的分量分配较少的比特数，从而实现数据压缩。

由于经过量化、编码，解码器输出的 $F'(u,v)$ 与 $F(u,v)$ 之间存在失真，经过逆变换后重建的信号 $f'(i,j)$ 也存在一定的失真，所以变换编码是一种有损压缩编码。

人们通过对大量自然景物图像的统计分析发现，绝大部分图像在空间域中像素之间的相关性是很大的。它们经过正交变换以后，其能量主要集中在低频部分，而且经过正交变换后的变换系数之间的相关性大大降低。变换编码的基本思路就是利用上述特点，在编码时忽略某些能量很小的高频分量，或在量化时对方差较小的分量分配较少的比特数，以降低码率。另外，变换编码还可以根据人眼对不同频率分量的敏感程度而对不同系数采用不同的量化阶，以进一步提高压缩比。

变换编码的系统性能取决于子图像的大小、正交变换的类型和量化器的设计等。

1. 子块划分

在变换编码系统中，首先要将原始图像分割为若干个子图像块。子图像块大小的选择尤为重要，这是因为大量的图像统计结果显示，大多数图像仅在约 20 个相邻像素间存在较大的相关性，而且一般当子图像的尺寸超过 16 像素时，其性能已经改善不大。同时，子图像过大，其包含的像素点就会越多，变换时所需的计算量也就越大，因此一般子图像块的尺寸选择在 8×8 或 16×16。

对图像进行子块划分的另一个优点为，它可以将传输误差所造成的图像损伤限制在子图像块的范围之内，避免了误码的扩散。

2. 正交变换的类型

变换编码的具体方法很多，如离散傅里叶变换、离散余弦变换、K-L(Karhunen-Loeve)变换、小波变换等。

正交变换的类型有多种，从数学上可以证明，各种正交变换都在不同程度上达到减小相关性的目的，而且信号经过大多数正交变换后，能量会相对集中在少数变换系数上。试验表明，只用那些能量相对集中的少数系数进行图像恢复，不会引起明显的失真。因此多数正交变换，如 K-L 变换、离散余弦变换、离散傅里叶变换等均得到不同程度的应用。但从均方误差最小准则和主观图像质量两个方面看，最优变换类型是离散 K-L 变换。

经过分析发现，如果输入图像序列是广义平稳的，则经过离散 K-L 变换后的各变换系数互不相关，而且能量主要集中在少数系数中。但这种变换方法的计算量过大，因此只适合作为理论分析和试验。

在数字信号处理中，傅里叶变换是应用最为广泛的一类正交变换。分析表明，经傅里叶变换后图像子块的能量集中在低频区域，因此同样可以选择数值较大的变换系数进行编码，以达到压缩的目的。但当它应用于图像编码时有两个明显的弱点：一是傅里叶变换的计算过程中涉及复数运算，计算量大；二是收敛速度较慢，因此在图像压缩中极少采用。在实际的各类数据压缩标准中广泛使用的是离散余弦变换。

2.4.3　离散余弦变换

如果已知一维实数信号序列 $f(i)$，$i=0,1,\cdots,n$，则其一维 DCT 的正变换为

$$F(u)=\sqrt{\frac{2}{N}}C(u)\sum_{i=0}^{N-1}f(i)\cos\frac{(2i+1)u\pi}{2N} \tag{2-24}$$

DCT 逆变换为

$$f(i)=\sqrt{\frac{2}{N}}\sum_{u=0}^{N-1}C(u)F(u)\cos\frac{(2i+1)u\pi}{2N} \tag{2-25}$$

式中，

$$C(n)=\begin{cases}\dfrac{1}{\sqrt{2}} & n=0\\ 1 & n>0\end{cases} \tag{2-26}$$

分块 DCT 变换被广泛用于图像处理和压缩应用中，如 8×8 块的 DCT 变换已被 JPEG 和 MPEG 系列的压缩标准所采用。详细内容将在第 4 章介绍。

2.5　子 带 编 码

2.5.1　子带编码的基本概念

与变换编码一样，子带编码(subband coding，SBC)也是一种在频率域中进行数据压缩的方法。子带编码理论最早于 1976 年提出，首先在语音编码中得到应用，由于其压缩编码的优越性，使它后来在图像压缩编码中也得到了很好的应用。其设计思路是首先在发送端用一组带通滤波器将信号在频率域上分成若干子带，然后分别对这些子带信号进行频带搬移并转变为基带信号，再根据奈奎斯特定理对各基带信号进行采样、量化、编码，最后合并成为一个数据流进行传送。

接收端首先将接收的数据流分成与原来各子带相应的子带码流，然后进行解码，将频谱搬移到原子带所在的位置，最后经过带通滤波器和相加器，获取重建的信号。其工作原理如图 2-5 所示。

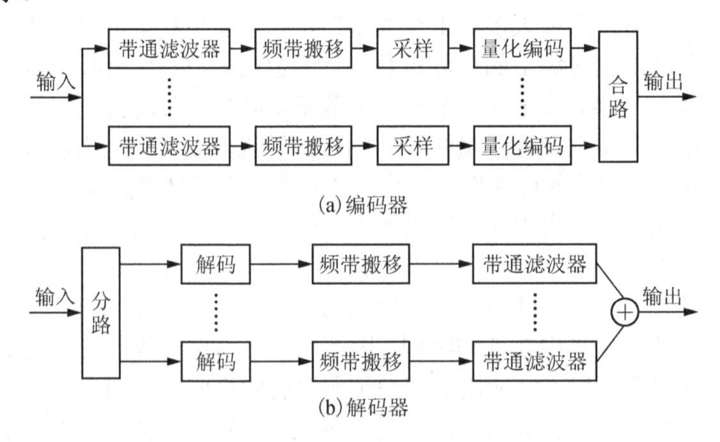

图 2-5　子带编码原理图

在子带编码中，若各子带的带宽 Δw_k 都是相同的，则称为等带宽子带编码；若 Δw_k 是互不相同的，则称为变带宽子带编码。

2.5.2　子带编码的优点

子带编码具有以下三个突出的优点。

(1) 可以利用人耳(或眼)对不同频率信号感知灵敏度不同的特性，在人的听觉(或视觉)不敏感的频段采用较粗糙的量化，以达到数据压缩的目的。

(2) 在子带编码中，由于编码、传输和解码都是以一个子带为基础进行的，因此在此过程中产生的量化噪声在解码后仍被限制在该子带内，不会扩展到其他子带。这样，即使有的子带信号较弱，也不会被其他子带的噪声所掩盖。

(3) 通过频带分裂，各个子带的采样频率可以成倍下降。例如，若分成频谱面积相同的 N 个子带，则每个子带的采样频率可以降为原始信号采样频率的 $1/N$，因而可以减少硬件实现的难度，并且便于并行处理。

2.6　熵　编　码

预测编码和变换编码都是基于消除样值间的相关性而达到数据压缩的目的的。如果信源已经是无记忆的，即各样值间已经没有相关性或相关性很小，这时只要各事件出现的概率不相同，该信源就仍然有冗余存在，就还有进一步压缩的可能性。如 2.2.3 节所述，无失真压缩编码的基本原理就是消除信源中各符号概率分布的不均匀性，使编码后的数据接近其信息熵而不产生失真，因此这种编码方法又称为熵编码。由于这种编码完全基于数据的统计特性，因此也称为统计编码。

常用的无失真压缩编码有很多种，如基于信源中各符号概率分布特性的Huffman编码、算术编码和基于相关性的行程编码。在实际应用中，常常将行程编码与 Huffman 编码结合起来使用，如在 H.261、JPEG、MPEG 等国际标准中都采用这种编码技术。

2.6.1　霍夫曼编码

Huffman 于 1952 年提出了统计独立信源达到最小平均码长的编码方法，又称最佳码。从理论上可以证明，这种编码具有唯一可译性。Huffman 编码是一种代码长度不均匀的编码，它的基本原理是按信源符号出现的概率大小进行排序，出现概率大的分配短码；出现概率小的则分配长码。其编码过程如下。

(1) 将信源符号按概率递减顺序排列。

(2) 将两个最小的概率相加，作为新符号的概率。

(3) 重复(1)和(2)，直到概率和达到 1 为止。

(4) 在每次合并消息时，将被合并的消息赋以二进制数：概率大的赋予 0、概率小的赋予 1；也可以对概率大的赋予 1、概率小的赋予 0。但在编码过程中，赋值原则必须相同。

(5) 寻找从每一个信源符号到概率为 1 处的路径，记录路径上的 1 和 0。

(6) 从码树的根到终节点，对每一符号写出 1、0 序列。

例 2-1　假设某符号集 X 中包含 6 个符号：s_1，s_2，s_3，…，s_6，它们各自出现的概率为

$$X=\begin{Bmatrix} s_1 & s_2 & s_3 & s_4 & s_5 & s_6 \\ 0.2 & 0.19 & 0.18 & 0.17 & 0.15 & 0.11 \end{Bmatrix}$$

试求其 Huffman 编码结果及其编码效率。

解：(1) Huffman 编码。图 2-6 中给出了 Huffman 编码过程，将概率大的记为 1，概率小的记为 0，则编码结果如表 2-2 所示。

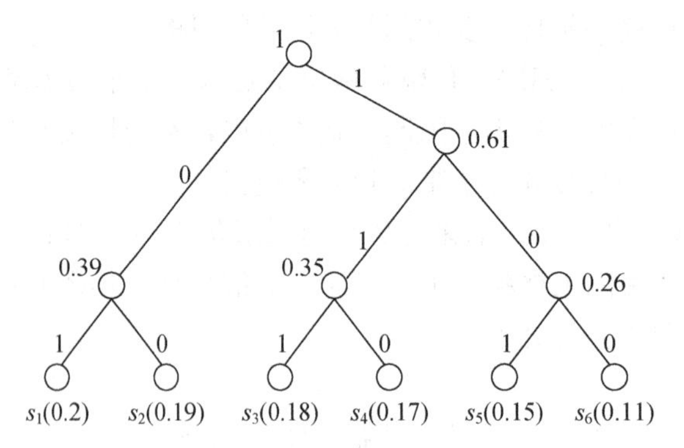

图 2-6　构建的 Huffman 树

表 2-2　Huffman 编码

原始符号	各符号出现概率	组成的二进制码	码长
s_1	0.2	01	2
s_2	0.19	00	2
s_3	0.18	111	3
s_4	0.17	110	3
s_5	0.15	101	3
s_6	0.11	100	3

(2) 编码效率。由式 (2-4) 可得出熵

$$\begin{aligned} H(X) &= -\sum_{i=1}^{6} p(s_i)\log_2 p(s_i) \\ &= -(0.2\log_2 0.2+0.19\log_2 0.19+0.18\log_2 0.18 \\ &\quad +0.17\log_2 0.17+0.15\log_2 0.15+0.11\log_2 0.11)=2.56 \end{aligned}$$

利用式 (2-15) 可求出平均码长

$$\bar{L}=-\sum_{i=1}^{6} l(s_i)p(s_i)=0.2\times2+0.19\times2+0.18\times3+0.17\times3+0.15\times3+0.11\times3=2.61$$

利用式 (2-17) 可求出编码效率

$$\eta=\frac{H(X)}{\bar{L}}=98.08\%$$

需要说明以下几点。

(1) Huffman 编码结果并不是唯一的。因为 1 和 0 可以任意调换，而且当信源符号概率相等时，选择哪两个符号合并是任意的。

(2) Huffman 编码对每个符号都给定了一个码字，形成一个编码表，接收端要有同样的编码表，在解码时须参照它才能正确解码。Huffman 编码对于不同的信源其编码效率是不同的，当信源概率分布很不均匀时，Huffman 编码才会有显著的效果。

(3) Huffman 编码依赖于信源的统计特性，必须先统计信源的概率特性才能编码，这就限制了实际的应用。Huffman 编码缺乏构造性，即它不能用某种数学方法建立起消息和码字之间的一一对应关系，而只能通过某种查表的方法建立起它们的对应关系。如果消息数目众多，那么所需存储的码表也会很大，这将影响系统的编、解码速度。

(4) 在 Huffman 编码的存储和传输过程中，一旦出现误码，则容易引起误码的连续传播。

2.6.2　行程编码

行程编码(run length encoding，RLE)，又称为游程编码，是一种使用广泛、算法简单的熵编码。它被用于 JPEG、MPEG 等编码中。其工作原理是将连续相同的数据序列用一个重复次数和单个数值来表示。行程编码常用的格式是由一个控制符、一个重复次数和一个被重复的字符构成。

例如，一个原始数据字符串为 RTTTTTTTTAB，采用行程编码后的字符串为 R#8TAB，这里用#8T 代替 TTTTTTTT，符号“#”是特殊标识符，用于表示行程编码。如果原始数据字符串中也包含了“#”符号，则必须用两个“#”符号替换掉原始字符串中的“#”符号。

对比以上 RLE 前后的代码数可以发现，RLE 所获得的压缩比有多大主要取决于数据本身的特点。图像数据(如人工图形)中具有相同颜色的图像块越大越多时，采用行程编码所获得的压缩比就越高；反之，压缩比就越小。因此，对于一些色彩丰富、颜色层次较多的自然图片，通常采用 RLE 和 Huffman 编码结合的方式进行压缩编码。

RLE 解码采用与编码相同的规则，还原后得到的数据与压缩前的数据完全相同。因此，RLE 是一种无损压缩技术。

2.6.3　算术编码

理论上，采用 Huffman 算法对信源数据进行编码，可以达到最佳编码效果，即出现概率高的信源符号分配的码长较短；概率低的分配码长较长，使得平均码长最短。算术编码(Arithmetic Coding)和 Huffman 编码一样，是最优变码长的熵编码。但是按理论计算，最佳码长往往不是整数位，如果用整数位表示，则在一些情况下，会使得实际压缩效果与理论压缩比的极限相差甚远。例如，在 Huffman 编码中，本来只需要 0.1 位就可以表示的符号，却必须用 1 位来表示，结果造成 10 倍的浪费。

算术编码采用的解决方法为不用二进制代码来表示符号，而改用 [0,1) 中的一个宽度等于其出现概率的实数区间来表示一个符号，符号表中的所有符号刚好布满整个 [0,1) 区间(概率之和为 1)。将输入数据流映射成 [0,1) 区间中的一个实数值。

在信源概率分布比较均匀的情况下，采用算术编码的编码效率要高于 Huffman 编码，因此在 JPEG 扩展系统中以算术编码代替 Huffman 编码。同时，算术编码又无须像变换编码那样要求对数据进行分块，也无须像 Huffman 编码的那样需要传送 Huffman 表，它还具有自适应能力，是一种很有前途的编码方法。

1. 码区间的分割

首先假设一个信源的概率模型，然后用这些概率来缩小表示信源集的区间。对二进制编码来说，信源符号只有两个，即 0 和 1。因此，在算术编码的初始阶段，可预置两个参数 P 和 Q，分别代表大概率和小概率。Q 从 0 算起，而 $P=1-Q$，初始区间为 [0,1)，然后对被编码的比特流符号进行判断。随着被编码数据流符号的输入，子区间逐渐缩小。

信源所发出的某个符号对应的区间可以记为 $[C(S),C(S)+L(S))$，式中，$L(S)$ 代表子区间的宽度，$C(S)$ 是该半开区间中的最小数，算术编码的过程实际上就是根据符号出现的概率进行区间分割的过程，如图 2-7 所示。

图中假设“0”码的出现概率为 $2/3$，“1”码的出现概率为 $1/3$，所有 $L(0)=2/3$，$L(1)=1/3$。如果“0”码后面出现的仍是“0”，则“00”出现的概率为 $2/3\times2/3=4/9$，即 $L(00)=4/9$，并位于图 2-7 所示的区域。同理，如果第三位仍是“0”码，则“000”出现的概率为 $2/3\times2/3\times2/3=8/27$，该区间范围是 [0,8/27)。

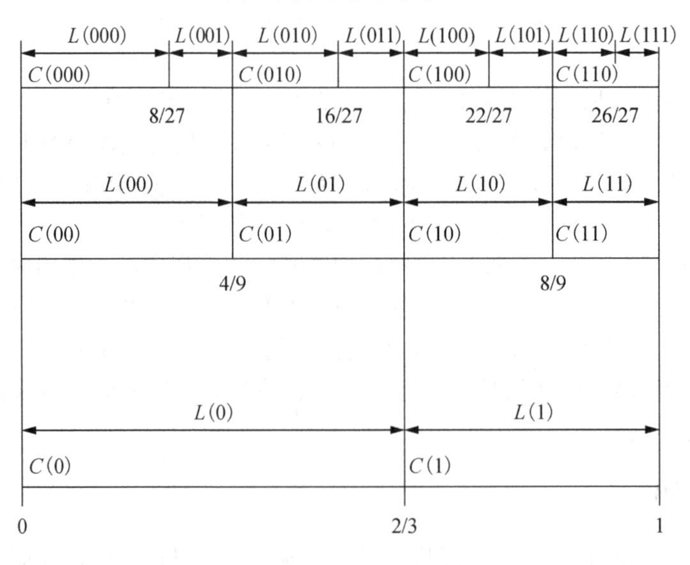

图 2-7 码区间分割

2. 算术编码的规则

算术编码的子区间定义如下。

(1) 新子区间的起始位置＝前子区间的起始位置＋当前符号的区间左端×前子区间长度。

(2) 新子区间的长度＝前子区间的长度×当前符号的概率(等价于范围长度)。

(3) 最后得到的新子区间的长度决定了表示该区域内的某一个数所需要的位数。

例 2-2　举例说明算术编码的编码过程。

已知二进制信源分布$\begin{Bmatrix} 0 & 1 \\ 1/4 & 3/4 \end{Bmatrix}$，如果要传输的数据序列为 1011，试写出其算术编码过程。

解：(1) 已知小概率事件 $Q=1/4$，大概率事件 $P=3/4$。

(2) 设 C 为子区间左端起点，L 为子区间的长度。

根据题意可得，符号“0”的子区间为 $[0,1/4)$，因此 $C=0,L=1/4$；符号“1”的子区间为 $[1/4,1)$。因此 $C=1/4,L=3/4$。

(3) 编码计算过程如下：

步骤	符号	C	L
①	1	$\frac{1}{4}$	$\frac{3}{4}$
②	0	$\frac{1}{4}+0\times\frac{3}{4}=\frac{1}{4}$	$\frac{3}{4}\times\frac{1}{4}=\frac{3}{16}$
③	1	$\frac{1}{4}+\frac{1}{4}\times\frac{3}{16}=\frac{19}{64}$	$\frac{3}{16}\times\frac{3}{4}=\frac{9}{64}$
④	1	$\frac{19}{64}+\frac{1}{4}\times\frac{9}{64}=\frac{85}{256}$	$\frac{9}{64}\times\frac{3}{4}=\frac{27}{256}$

子区间左起端点

$$C=\left(\frac{85}{256}\right)_{D}=(0.01010101)_{B}$$

子区间长度

$$L=\left(\frac{27}{256}\right)_{D}=(0.00011011)_{B}$$

子区间右端

$$M=\left(\frac{85}{256}+\frac{27}{256}\right)_{D}=\left(\frac{7}{16}\right)_{D}=(0.0111)_{B}$$

子区间为 $[0.01010101,0.0111)$。

编码结果应位于区间头尾之间的取值 0.011。由此可知，算术编码结果为 011，占 3 位。而原码为 1011，占 4 位，实现了压缩。

3. 几点说明

(1) 在算术编码中需要注意以下两个问题：

① 算术编码器对整个消息只产生一个码字，这个码字是在 $[0,1)$ 之间的一个实数，因此解码器在接收到表示这个实数的所有位之前不能进行解码。

② 算术编码是一种对错误极敏感的编码方法，即如果有一位发生错误就会导致整个字符序列被译错。

(2) 算术编码可以是静态的或自适应的。在静态算术编码中，信源符号的概率是固定值，即在各符号的概率分布比较均匀的情况下，算术编码的编码效率要高于 Huffman 编码。

在自适应算术编码中，信源符号的概率根据编码时符号出现的频繁程度动态地进行修改。需要开发动态算术编码的原因，主要是很难事先知道信源的精确概率分布，而且不切实际。当压缩数据时，我们不能期待一个算术编码器获得最大的效率，所能做到的最有效的方法是在编码过程中估算概率，它成为估算编码器编码效率的关键。

(3) 硬件实现时复杂程度高。在进行算术编码时，需要设置两个存储器，起始时一个为 0，一个为 1。随后每输入一个信源符号，更新一次，同时也获得相应的码区间，按前面所述的方法求出最后的码区间。解码过程也是逐位进行的，可见其计算过程要比 Huffman 编码复杂，所以硬件实现电路也较为复杂。

2.7 其他编码

2.7.1 词典编码

词典编码 (dictionary encoding) 是根据数据 (字符串) 本身包含有重复代码块 (词汇) 这个特性进行编码的。词典编码的种类很多，可以分为两大类。

第一类词典编码的基本思想是试图查找正在压缩的字符序列 (词汇) 是否在以前输入的数据中出现过，然后用已经出现过的字符串替代重复的部分，它的输出仅仅是指向早期出现过的字符串 (词汇) 的指针，如图 2-8 所示。

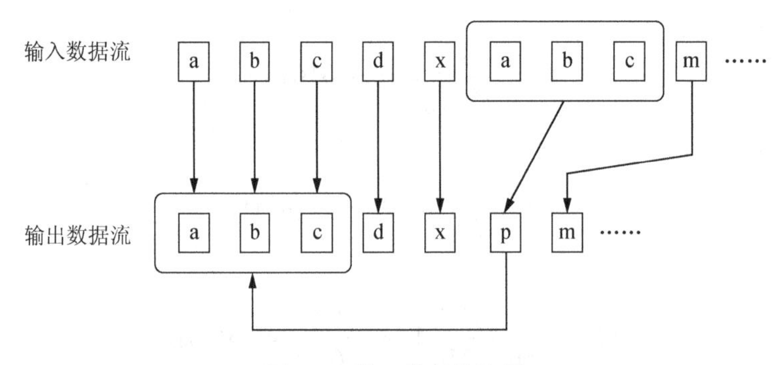

图 2-8　第一类词典编码

这里所说的词典是指用以前处理过的数据来表示编码过程中遇到的重复部分。这类编码中的所有算法都以莱姆培尔 (Lempel) 和兹夫 (Ziv) 在 1977 年提出的 LZ77 算法为基础，该算法的一个改进算法是 1982 年由斯托尔 (Storer) 和舍曼斯基 (Szymanski) 开发的 LZSS 算法。

第二类词典编码的基本思想是试图从输入的数据中创建一个短语词典，这种短语未必具有一定的含义，它可以是任意字符的组合。在编码数据的过程中，当遇到已经在词典中出现的短语时，编码器就输出这个词典中短语的索引号，而不是短语本身，如图 2-9 所示。

Ziv 和 Lempel 在 1978 年首次发表了介绍这种编码算法的文章。在他们的研究基础上，韦尔奇 (Welch) 在 1984 年发表了改进这种编码算法的文章，因此将这种编码方法称为 LZW (Lempel-Ziv Welch) 压缩算法，并首先在高速硬盘控制器上成功地应用了这种算法。

LZW 编码技术在文本压缩和程序数据压缩技术中得到了广泛应用，目前很多广泛应用的压缩软件均采用了这种算法。原因之一就是它的高压缩比，并且可以做到无损压缩。在压缩数据时，LZW 花费的时间比其他方式要少。例如，在 Huffman 编码中，首先要对压缩对象的数据进行扫描，然后才能进行压缩处理，而 LZW 编码则不需要扫描数据。

LZW 编码算法基于一个转换表或字符串表。该表中含有两列，一列是字符串，记录的是要处理的字符串中所有的前缀字符串；而另一列是每个前缀字符串对应输出的码字。这个字符串表中任何一个字符串的前缀字符串都在表中。换言之，若由某个单字符 K 所组成的字符串 wK 在表中，那么 w 也必在表中。这里 w 就称为 K 的前缀字符串，K 则称为 w 的扩展字符。表中，每行由一个字符串和它对应的码字组成，一个码字就是一个代码，代码值一般就是这个行的行号。LZW 编码算法将输入(即未压缩处理)的字符串映射到一个由可变长代码组成的编码中，其中每个代码的最大长度为 12 位。这就意味着，字符串表的最大空间为 4096 项。如果输入的字符串长度很长，而一个串表的长度有限，就要将输入字符串进行分组，形成所谓的条纹，使得每个条纹都能单独对应一个串表进行压缩编码。

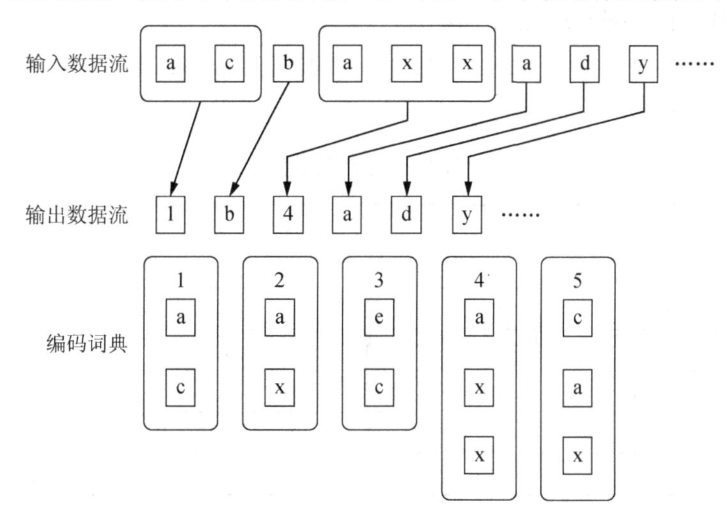

图 2-9　第二类词典编码

LZW 编码的基本思想：首先初始化字符串表，使得串表中包含所有可能出现的单个字符串；然后，对要输入的字符串依次读入，每次读入的字符串是输入字符串的最大子串。所谓最大子串，是指读入的字符串与已经在串表中的最大字符串相匹配。若匹配，则输出对应的码字，并将下一个字符作为该字符串的扩展字符加入到串表中；否则，就说明当前读入的字符串的长度过大(即串表中不存在这样的最大字符串)，需要调整读入的字符串长度再进行匹配。如此反复读入，直至输入字符串全部读入为止。这样，每次读入所输出的码字就组成了一个编码，这个编码就是输入字符串的 LZW 压缩编码。

概括起来，LZW 编码的具体算法步骤如下：

(1)先初始化串表，将所有可能出现的单字符串放入表中。

(2)读入输入字符串的第一个字符，作为前缀串 w。

(3)读入下一个字符 K。

(4)判断 K 是否为输入字符串的结束符。如果是，则表示输入字符串读入完毕，并将 w 对应的码字输出，算法结束。

(5)如果 K 不是结束符，则在串表中查找是否存在 wK 字符串。如果存在，则将 wK 作为新的前缀串 w，算法转移到步骤(3)继续进行。

(6) 如果 wK 在串表中不存在，则将前缀串 w 对应的码字输出，然后将 wK 字符串加入到串表中，并将 K 作为新的前缀串 w，算法转移到步骤(3)继续进行。

例 2-3　假设有一个由三个字符 a、b、c 组成的字符串“ababcbababaaaaaaa”，对该串进行 LZW 编码。

解：根据 LZW 算法，先初始化串表。将 a、b、c 三个字符放入表中，分别赋予三个码值，如表 2-3 前三行所示。然后读入第一个字符 a 作为 w，接着读入 b 作为 K。按照上述算法，对 ab 进行匹配分析。由于串表中没有比 a 更长的匹配字符串，所以输出码字 1 代表字符串 a，并将它的扩展串 ab 加入表中，赋予对应的码字 4 来表示。接下来，将 b 作为 w，读入下一个字符 a 作为 K，再对 ba 进行匹配分析。由于 ba 不在表中，因此输出码字 2 代表字符串 b，并将 ba 加入表中，赋予码字 5。又将 a 作为 w，进行下一次匹配……直至读完字符串。整个编码过程如下所示：

输入符号	a	b	a b	c	b a	b a b	a	a a	a a a	a
输出码字	1	2	4	3	5	8	1	10	11	1

表 2-3　LZW 串表

字符串	码字	字符串	码字
a	1	cb	7
b	2	bab	8
c	3	baba	9
ab	4	aa	10
ba	5	aaa	11
abc	6	aaaa	12

由此可以看出，字符串“ababcbababaaaaaaa”经 LZW 编码后，输出的代码串为“1 2 4 3 5 8 1 10 11 1”。我们知道，输入字符串中的每个字符的 ASCII 码是 8 位，而输出的每个代码则用不了 8 位。若用 3 位二进制表示 1～8，用 4 位二进制表示 10～11，则输出的代码长度就比输入的字符串长度要小，这样就达到了压缩的目的。

另外，由上述 LZW 编码过程还可以看出，同一份串表不仅可以用于编码，还可以用作解码，即以与编码类似的方法对压缩的数据进行重构，可恢复原来输入的字符串。

2.7.2　小波变换

传统的信号分析理论建立在傅里叶分析的基础上，傅里叶变换作为一种全局性的变化，可以较好地描述信号的频域特性，但它几乎不提供信号在时域上的任何局部信息，有一定的局限性。在实际应用中，人们开始对傅里叶变换进行各种改进，并由此产生了小波分析。

顾名思义，小波就是小区域、长度有限、均值为 0 的波形。所谓小是指它具有衰减性；而称之为波则是指它的波动性，其振幅正负相间的震荡形式。与傅里叶变换相比，小波变换(wavelet transform，WT)是时间(空间)频率的局部化分析。它通过伸缩、平移等运算对信号(函数)逐步进行多尺度细化，最终达到高频处时间细分，低频处频率细分，能自动适应时频信号分析的要求，从而可聚焦到信号的任意细节，解决了傅里叶变换不能解决的许多困难问题。小波变换采用多分辨率或多尺度的方式分析信号，将原始信号分解成不同的频率区域，然后对不同的频率区域采用不同的编码方法，从而减少信号的数据量，达到压缩的目的。

小波分析是当前应用数学中一个迅速发展的新领域。小波变换在信号分析、语音合成、图像识别、计算机视觉、数据压缩、地震勘探、分形力学、天体力学等方面都已取得了具有科学意义和应用价值的重要成果。凡是能用傅里叶分析的地方都可以使用小波分析，甚至能获得更好的效果。

为了更好地理解小波变换的实质，下面简单地介绍从傅里叶变换、Gabor 变换到小波变换的过程。

1. 傅里叶变换

傅里叶变换是一种描述函数空间、求解微分方程、进行数值计算的数学工具。它将许多常见的微分、积分、卷积运算简化为代数运算，从物理意义上说，一个周期振动信号可看成是具有简单频率的简谐振动的叠加。也就是说，傅里叶变换建立了时域信号 $f(t)$ 和其频域函数 $F(\omega)$ 之间的关系，表示为

$$F(\omega)=\int_{-\infty}^{\infty} f(t)\mathrm{e}^{-\mathrm{j}\omega t}\mathrm{d}t \tag{2-27}$$

$$f(t)=\frac{1}{2\pi}\int_{-\infty}^{\infty} F(\omega)\mathrm{e}^{\mathrm{j}\omega t}\mathrm{d}\omega \tag{2-28}$$

由此，时域中难以掌握的现象均可以用其频域规律来描述。由式(2-27)和式(2-28)可以看出，$f(t)$ 与 $F(\omega)$ 都从整体来描述，即 $F(\omega)$ 的任意一点由时间过程 $f(t)$ 在整个时间域 $(-\infty,\infty)$ 上的贡献来决定。因此傅里叶变换的积分对非平稳过程的突变成分起到平滑的作用，无法反映各自局部区域上的特征。

在实际过程中存在很多时变信号，如语音信号、地震信号、雷达回波等。在对这些信号的分析中，希望知道信号在突变时刻的频率成分，显然利用傅里叶变换的积分作用，可以平滑掉这些非平稳的突变成分。由于 $\left|\mathrm{e}^{\pm\mathrm{j}\omega t}\right|=1$，因此频谱 $F(\omega)$ 的任一频率成分的值由时域过程 $f(t)$ 在 $(-\infty,\infty)$ 上的贡献决定，而过程 $f(t)$ 在任一时刻的状态也由 $F(\omega)$ 在整个频域 $(-\infty,\infty)$ 的贡献决定。该性质可由 $\delta(t)$ 函数来理解，即时域上的一个冲激脉冲在频域中具有无限伸展的均匀频谱。$f(t)$ 和 $F(\omega)$ 间彼此的整体刻画，不能反映各自在局部区域上的特征。因此，不能用于局部分析。在实际应用中，也不乏不同的时间过程却对应着相同的频谱的例子。

2. Gabor 变换

为了解决局部特征分析的问题，1946 年伽柏(Gabor)提出了窗口傅里叶变换，简称为 Gabor 变换。其具体方法是，在信号 $f(t)$ 的基础上乘以一个窗口函数 $g(t-\tau)$，不同的 τ 值代表在不同局部区域进行开窗，然后再经过傅里叶变换后，可得

$$G_f(\omega,\tau)=\int_{-\infty}^{\infty} g(t-\tau)\mathrm{e}^{-\mathrm{j}\omega t}\mathrm{d}t \tag{2-29}$$

由式(2-29)可以看出，$f(t)$ 的 Gabor 变换能够精确地反映窗口内 $f(t)$ 的频谱特性。这样，当 τ 在整个时间轴上平移时，便可完整地获得 $f(t)$ 傅里叶变换特征。Gabor 变换的反变换为

$$f(t)=\frac{1}{2\pi}\int_{-\infty}^{\infty}\int_{-\infty}^{\infty}G_f(\omega,\tau)g(t-\tau)e^{j\omega t}d\omega d\tau \tag{2-30}$$

显然，Gabor 变换窗口的形状、大小与频率无关，但实际中一般高频信号的分辨率要高于低频信号的分辨率。因此，当对实际信号进行分析时，变换窗口的大小应随频率的变化而变化，而且频率越高，窗口应越小。更重要的是，Gabor 变换不能提供一组正交基，因而限制了它的应用。

Gabor 变换的时-频窗口固定不变，窗口没有自适应性，不适于分析多尺度信号过程和突变过程，而且其离散形式没有正交展开，难以实现高效算法。

3. 小波变换

小波变换是 1980 年由法国数学家梅乐（Morlet）提出来的。小波变换可以分为连续小波变换和离散小波变换两类。

1）连续小波变换

（1）连续小波基函数。

小波函数的数学定义：假设 $h(t)$ 是一平方可积函数，即 $h(x)\in L^2(R)$，若其傅里叶变换 $\psi(\omega)$ 满足条件

$$\int_R \frac{|\psi(\omega)|^2}{\omega}d\omega<\infty \tag{2-31}$$

则称 $h(t)$ 是一个基本小波或小波母函数，并称式（2-31）为小波函数的可容许条件。

（2）连续小波变换。小波可由基本小波来构造，它是一个定义在有限区间的函数。一组小波基函数 $\{h_{a,b}(x)\}$，可通过缩放和平移基本小波 $h(x)$ 来生成

$$h_{a,b}(x)=\left|\frac{1}{\sqrt{a}}\right|h\left(\frac{x-b}{a}\right)\qquad a,b\in R, a\neq 0 \tag{2-32}$$

式中，a 为进行缩放的缩放参数，反映特定基函数的宽度（或称为尺度）；b 为进行平移的平移参数，指定沿 x 轴平移的位置。

函数 $f(x)$ 以小波 $h(x)$ 为基的连续小波变换定义为函数 $f(x)$ 与 $h_{a,b}(x)$ 的内积。

$$W_{a,b}(x)=\langle f,h_{a,b}\rangle\int_{-\infty}^{\infty}h_{a,b}(x)f(x)dx \tag{2-33}$$

则由 $W_{a,b}(x)$ 重建的 $f(x)$ 小波逆变换定义为

$$f(x)=\frac{1}{W_h}\int_{-\infty}^{\infty}\int_{-\infty}^{\infty}W_{a,b}(x)dadb \tag{2-34}$$

式中，W_h 为基本小波 $h(x)$ 的可容许条件。

常见的几种小波如下：

① Harr 小波：

$$h(x)=\begin{cases}1 & 0\leqslant x<\frac{1}{2}\\ -1 & \frac{1}{2}<x\leqslant 1\\ 0 & x\notin[0,\frac{1}{2})\cup(\frac{1}{2},1]\end{cases}$$

② 高斯小波：

$$h(x)=\mathrm{e}^{\mathrm{j}\omega x}\mathrm{e}^{-\frac{x^2}{2}}$$

③ 墨西哥帽状小波：

$$h(x)=\frac{1}{\sqrt{2\pi}}\mathrm{e}^{-\frac{x^2}{2}}$$

2) 离散小波变换

在以上描述中，参数 a 的缩放和参数 b 的平移都是连续的取值，因此对应的变换为连续小波变换，主要用于理论分析方面。在实际应用中，往往需要对式(2-32)中的缩放因子 a 和平移因子 b 进行离散化处理，以减少计算量。可取 $a=a_0^m$，$b=nb_0a_0^m$（式中，a_0 为大于 1 的固定伸缩步长，$b_0>0$，m,n 均为整数)，则有

$$h_{m,n}(x)=a^{\frac{-m}{2}}h(a_0^{-m}x-nb_0) \tag{2-35}$$

这种离散化的基本思想体现了小波变换数学显微镜的主要功能。选择适当的放大倍数 a_0^{-m}，在一个特定的位置研究一个函数或信号过程，然后再平移到另一位置继续研究。如果放大倍数过大，也就是尺度太小，就可按小步长移动一个距离，反之亦然。这一点通过选择递增步长反比于放大倍数，即与尺度 a_0^m 成反比，很容易实现。而该放大倍数的离散化，则由上述平移因子 b 的离散化方法实现。相应的离散小波变换定义为

$$DW_{m,n}(x)=\int_{-\infty}^{\infty}f(x)h_{m,n}(x)\mathrm{d}x=\langle f(x),h_{m,n}(x)\rangle \tag{2-36}$$

由式(2-36)可以看出，离散小波变换是一种时频分析，它从集中在某个区间上的基本函数开始，以规定步长向左或向右移动基本波形，并用标度因子 a_0 扩张或压缩来构造其函数系，一系列的小波即由此产生。式(2-36)中 m 、n 分别称为频率范围指数和时间步长变化指数。由于 $h_{m,n}(x)$ 正比于 a_0^{-m}，所以在高频时(对应于小的 m 值) $h_{m,n}(x)$ 高度集中，反之亦然。另外，步长的变化与 n 成正比。

为了从离散小波变换式出发重构函数或信号 $f(x)$，算子 $DW_{m,n}$：$L^2(R)\to l^2(Z^2)$ 必须有一个有界的可逆算子，即对于某个 $A>0$，$B<\infty$，有

$$A\,\|f\|^2<\sum_{m,n\in z}\left|\langle f(x),h_{m,n}(x)\rangle\right|^2<B\,\|f\|^2 \tag{2-37}$$

式(2-37)对一切 $f(x)\in L^2(R)$ 均成立。其中 $l^2(Z^2)$ 就是二元可和序列 $h_{m,n}(x)$ 的矢量空间，且范数为 $\|f\|^2=\int_{-\infty}^{\infty}|f(x)|^2\mathrm{d}x$。

4. 小波变换的优越性

(1) 小波变换是满足能量守恒方程的线性变换，能将一个信号分解为空间和尺度(时间与频率)的分量，而不丢失原信号的信息。

(2) 小波分析相当于一个具有放大、缩小和平移等功能的数学显微镜，通过检查不同放大倍数下信号的变化来研究其动态特性。

(3) 小波变换不一定要求正交，小波基也并不唯一。小波函数系数的时宽-带宽积很小，且能量在时间轴和频率轴上较为集中。

(4) 小波变换利用时间、频率分辨率的分布的非均匀性，较好地解决了时间和频率分辨率的矛盾，即在低频段用高的频率分辨率和低的时间分辨率(宽的分析窗口)，而在高频段用低的频率分辨率和高的时间分辨率(窄的分析窗口)，这种变焦特性与时变信号的特性一致。

(5) 小波变换将信号分解为在对数坐标中具有相同大小频带的集合，以非线性的对数方式对时变信号的频率进行处理，这种方法明显优于线性方式。

(6) 小波变换可以找到正交基，从而方便地实现无冗余的信号分解。

(7) 小波变换具有基于卷积和正交镜像滤波器组(quadrature mirror filter，QMF)的塔形快速算法，它相当于经典傅里叶分析法中快速傅里叶变换(fast Fourier transform，FFT)的地位。

由以上分析可知，小波变换可提供一个更合理的分析框架，特别是在图像编码领域中的应用，完全可以取代傅里叶分析法。目前小波变换已广泛用于音频和图像编码领域。

习　题

2-1 在多媒体通信中，为什么要进行数据压缩？

2-2 在什么情况下使用定长编码的压缩效率最高？

2-3 假设一个离散信源中包含两个符号的序列，这两个符号从符号集 $A=\{0,1\}$ 中随机的抽取，且 $p(0)=0.2, p(1)=0.8$ 。

(1) 如果该信源是无记忆信源，求该信源的熵。

(2) 如果该信源是有记忆信源，且这两个符号的条件概率为 $p(0|1)=0.1, p(1|0)=0.4$ ，求该信源的熵，并与(1)的结果进行比较。

2-4 简述预测编码的基本原理。

2-5 设有一信源矩阵 $\boldsymbol{X}$ 如下所示：

$$\begin{bmatrix} 5 & 11 & 8 & 10 \\ 9 & 8 & 4 & 12 \\ 1 & 10 & 11 & 4 \\ 19 & 6 & 15 & 7 \end{bmatrix}$$

(1) 使用下述正交矩阵对其进行变换，这种变换称为哈达玛变换。求信源矩阵 $\boldsymbol{X}$ 的变换系数矩阵 $\boldsymbol{Y}$：

$$\boldsymbol{Y}=\frac{1}{2}\begin{bmatrix} 1 & 1 & 1 & 1 \\ 1 & 1 & -1 & -1 \\ 1 & -1 & -1 & 1 \\ 1 & -1 & 1 & -1 \end{bmatrix} \cdot \boldsymbol{X} \cdot \begin{bmatrix} 1 & 1 & 1 & 1 \\ 1 & 1 & -1 & -1 \\ 1 & -1 & -1 & 1 \\ 1 & -1 & 1 & -1 \end{bmatrix}$$

(2) 根据以上计算结果说明哈达玛变换是否具有能量集中特性，能否用于数据压缩。

2-6 简述变换编码的基本原理，并分析其解码后误差的主要来源。

2-7 简述子带编码的主要思路，并说明其特点。

2-8 已知一个离散无记忆信源中各符号及其概率分布如下：

符号	a_1	a_2	a_3	a_4	a_5	a_6
概率	0.3	0.2	0.2	0.1	0.1	0.1

(1) 计算该信源的熵。

(2) 为该信源构造 Huffman 码，并计算平均码长及编码效率。

(3) 说明为什么该码的编码效果小于 1，并试简述在什么情况下，Huffman 编码的编码效率能达到 1。

2-9 使用算术编码方法对输入序列 x_n：a_1，a_2，a_3，a_4 进行编码。该序列四个符号的概率如下所示：

符号	a_1	a_2	a_3	a_4
概率	0.5	0.25	0.125	0.125

2-10 简述小波变换的优点。

第 3 章　音频数据压缩编码技术

3.1　概　　述

声音是人类最熟悉的一种传递消息方式。据统计，人类从外界获得的信息大约有 16% 是从耳朵得到的。如第 2 章所述，对音频信号进行压缩可降低对存储容量和传输带宽的要求，ITU-T 为此已制定并且继续制定一系列音频信息编解码标准，包括 G.711、G.723、G.729 等。在多媒体通信中，音频信息占有很重要的地位。了解音频的基础知识对人们更进一步掌握多媒体技术是非常重要的。

3.2　声学基础知识

声音是听觉器官对声波的感知，而声波是通过空气或其他媒体传播的连续振动。声音用电信号表示时，声音信号在时间和幅度上都是连续的模拟信号。

声音的种类繁多，如话音、乐器声、动物发出的声音、机器发出的声音、自然界的雷声、风声等。从物理学的角度来看，声音由许多频率不同的信号组成。

3.2.1　声音信号特性

声音的强弱体现在声波压力的大小上，音调的高低体现在声音的频率上。在多媒体通信技术中，常用声波频率、声压、声强等参数来描述声音。

1. *声波频率*

信号的频率指信号每秒变化的次数，用 Hz 表示。例如，大气压的变化周期很长，以小时或天数计算，一般人不容易感到这种气压信号的变化，更听不到这种变化。人们将频率小于 20Hz 的信号称为亚声信号，或称为次声信号。将信号频率为 20Hz～20kHz 的信号称为声音信号，并将该范围内的频率统称为(声)音频(率)，这就是音频的来历。将信号频率高于 20kHz 的信号称为超声信号，或称为超声波，这种信号具有很强的方向性，而且可以形成波束。超声波在工业上得到了广泛的应用，如超声波探测仪、超声波焊接设备等就是利用了这种信号。

人们是否能听到声音信号，主要取决于各个人的年龄和耳朵的特性。一般来说，人类听觉器官能感知的声音频率为 20Hz～20kHz，在这种频率范围内感知的声音幅度为 0～120 分贝(dB)。

综上所述，常用的声音的频率范围归纳如下。

(1)高保真声音：10Hz～20kHz。

(2)声音：20Hz～20kHz。

(3)话音：300～3400Hz。

(4)亚声：＜20Hz。
(5)超声：＞20kHz。

2. 声压和声压级

声压和声压级(sound pressure level，SPL)是常用的声音描述参量，用来说明人耳对声音强弱的感觉。简单地说，声压就是声音的压力。当声压太小时，人耳是感觉不到的。能引起人耳听到声音的声压称为听阈(可闻阈)，频率 1kHz 时的听阈为 2×10^{-5} Pa；将引起人耳疼痛的声压称为痛阈，约为 20Pa。

声压级是为了描述人耳对声音的感觉所使用的物理量。它是用来说明当声音的强弱出现线性变化时，人耳的感觉是否也呈线性。实际上，人耳对声音强弱的变化感觉并不是线性的。通常，人耳对声音强弱的感觉与声压有效值的对数成比例。为适应人耳这一特性，对声压有效值取对数，如下式所示：

$$L_{\mathrm{P}}=20\lg\frac{P}{P_{\mathrm{r}}}(\mathrm{dB}) \tag{3-1}$$

这种表示声音强弱的对数值称为声压级，单位为 dB。式中，P 表示声压；P_{r} 为参考声压，规定取 1kHz 的可闻阈声压，即 $P_{\mathrm{r}}=2\times10^{-5}$ Pa。

由式(3-1)可见，人耳对声音强弱的感觉不与声压成正比，而与声压级成正比关系。例如，当声压增大到原来的 10 倍时，人耳感觉到声音的强弱程度只增加为原来的 2 倍。

人耳的听阈和痛阈分别对应的声压级为 0dB(1kHz)和 120dB。

3. 声强

声强是指单位时间内通过垂直于声波传播方向上单位面积的声能，即穿过指定方向上单位面积的声功率，单位为瓦/米^2(W/m^2)，用符号 I 来表示，它是一个向量。

3.2.2 人耳听觉特性

从声音的产生到被人耳接收的全过程来看，声音的产生和传播是物理现象，而人感受到声音的过程却是生理-心理的活动。对物理现象可以用频率、幅度等物理量来度量；而人对声音的主观感觉则是用响度、音调及音色这三个参数来描述的。一般来说，客观物理量的声压或声强、频率、波形(频谱结构)与主观感觉的响度、音调、音色相对应。

1. 人耳对响度的感知

响度是人耳对声音强弱的度量。它主要与引起听觉的声压有关，也与声音的频率和波形有关。在物理上，声音的响度使用客观测量单位来度量，即达因/厘米^2(dyn/cm^2，1dyn $=10^{-5}$N)(声压)或瓦特/厘米^2(W/cm^2)(声强)。在心理上，主观感觉的声音强弱使用响度级方(phon)或宋(son)来度量。这两种感知声音强弱的计量单位是完全不同的两种概念，但是它们之间又有一定的联系。

描述响度、声压(级)和频率之间关系的曲线称为等响曲线，如图 3-1 所示。等响曲线是由对人耳实际的测量中得出的，显然它与人的年龄和耳朵的结构有关。

响度级一共分为 13 个等级，单位为方。当声音弱到人耳刚刚可以听见时的主观响度级曲线定义为零方。如图 3-1 中最下面的一根曲线所示，该曲线称为零方等响度级曲线，也称为绝对听阈曲线。另一种极端的情况是声音强到人耳感到疼痛，对不同的频率进行测量，可以得到图 3-1 中最上面的一根曲线，这条曲线称为 120 方等响度级曲线。图 3-1 中同一条曲线上的各点，虽然它们代表着不同的频率和声压级，但其响度是相同的。例如，200Hz、30dB 的声音和 1 Hz、10dB 的声音在人耳听起来具有相同的响度。

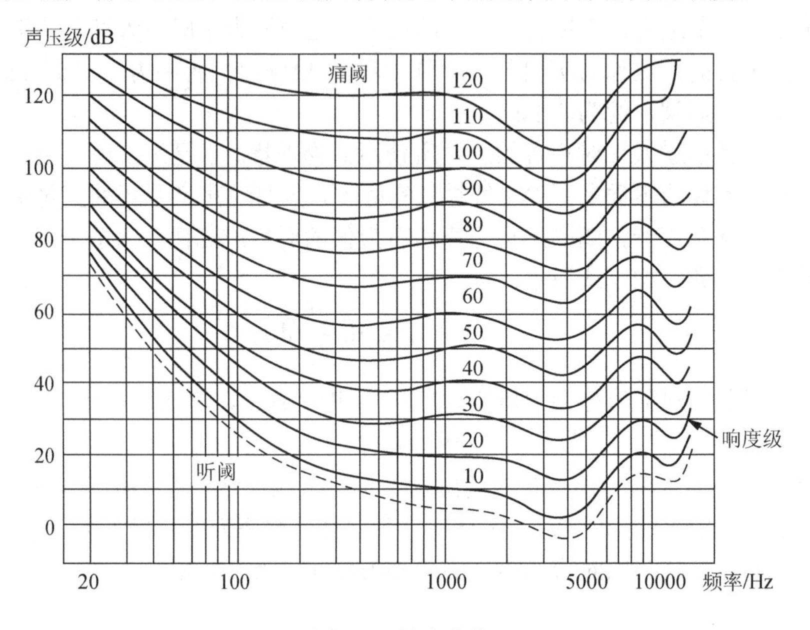

图 3-1　等响曲线

2. 听觉的非线性

当将人类的听觉系统看成是一个传输系统时，该系统是一个非线性系统。例如，当人们在适当的声压级同时听到两个频率相近的纯音时，在这两个纯音之外都还会感到有一个声音存在，该声音的频率就是它们的差额。

人类听觉的这种非线性在音乐中的影响广泛存在。例如，当同时演奏两个不同音高的音时，听觉非线性产生的多余分量若引起人的悦感，则称这两个音为协和音；反之，则称为不协和音。当同时演奏三个以上不同音时，则会构成各种不同感受的和弦。

在某些特定的场合中，人们对声音信号的非线性失真会有很大的容忍度。例如，在语音通信中，如果对通话者的声音是否像本人不作过高要求，只追求声音的可懂度，则对信号的非线性失真要求可以很低。利用听觉系统非线性的特点，可以达到减少数据量的目的。

3. 掩蔽效应

人们在现实生活中会发现，当人耳听到两个频率的声音时，其中一个频率的声音很响，而另一个却很弱。例如，听音乐时，忽然鞭炮响了，尽管从声强来说两个声音都超过了听阈，但此时，人们只能听到很响的那个频率的声音(鞭炮声)，不太响的(音乐)是听不到的，也就是说弱声被强声掩蔽掉了。

当人耳听到复合声音的时候，若复音中有响度较高的声音频率分量，则人耳对那些响度低的频率分量是不易察觉到的，这种生理现象称为掩蔽效应。掩蔽效应的实质是掩蔽声的出现使人耳听觉的等响曲线的最小可闻阈得到提高。由于掩蔽声的存在，要听到被掩蔽的声音，被掩蔽声的听阈必须提高一定的分贝数，这个提高的分贝数就称为一个声音对另一个声音的掩蔽值。提高后的听阈称为掩蔽阈。

掩蔽效应是一个较为复杂的生理-心理现象，掩蔽值的大小与许多因素(如两个声音的声压级、它们的频谱分布、相对方向，以及持续时间等)有关。不同声音之间的掩蔽及有无噪声时的掩蔽，影响是不一样的。下面通过图 3-2 来说明纯音之间的掩蔽效应。

图 3-2 中的曲线 a 、b 分别是对应声音频率为 f_1、f_2 的最小可闻阈。声音频率 f_2 的可闻阈大于 f_1 的可闻阈，人耳感觉不到 f_1 声音的存在。称淹没掉的声音频率 f_1 为被掩蔽声，而起掩蔽作用的频率为 f_2 的声音为掩蔽声。此时，要想听到频率 f_1 的声音，其声压级要增加 20dB 以上。人们称增加的声压级数量为掩蔽声掩蔽被掩蔽声的掩蔽量。掩蔽效应用掩蔽量与频率之间的纯音掩蔽谱来表示。图 3-3 所示为中心频率为 1200Hz 的窄带噪声的掩蔽谱，其中掩蔽量表示需要在等响曲线上 0 方响度线上增加的声压级，这时人耳才能够听到。

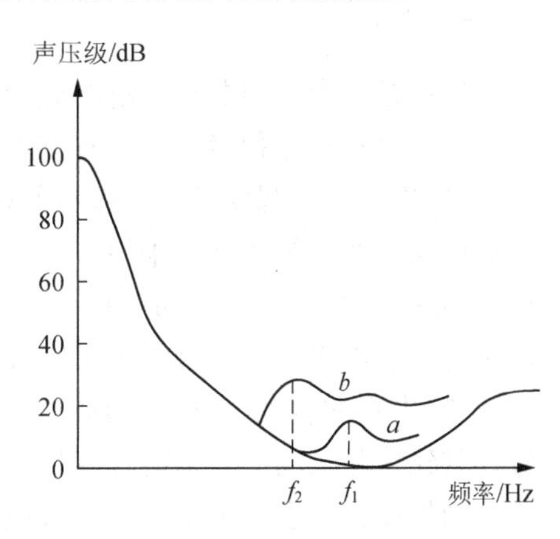

图 3-2　两个纯音的掩蔽效应

由图 3-3 可见，一个单一频率的纯音与一个以该纯音频率为中心的窄带噪声相比，即使它们有相同的声压级，窄带噪声的掩蔽效应也要比纯音明显。此外，在较低的声压级时，窄带噪声的掩蔽区域限于中心频率附近比较窄的范围内，随着声压级的升高，掩蔽区域的范围变得比较宽。

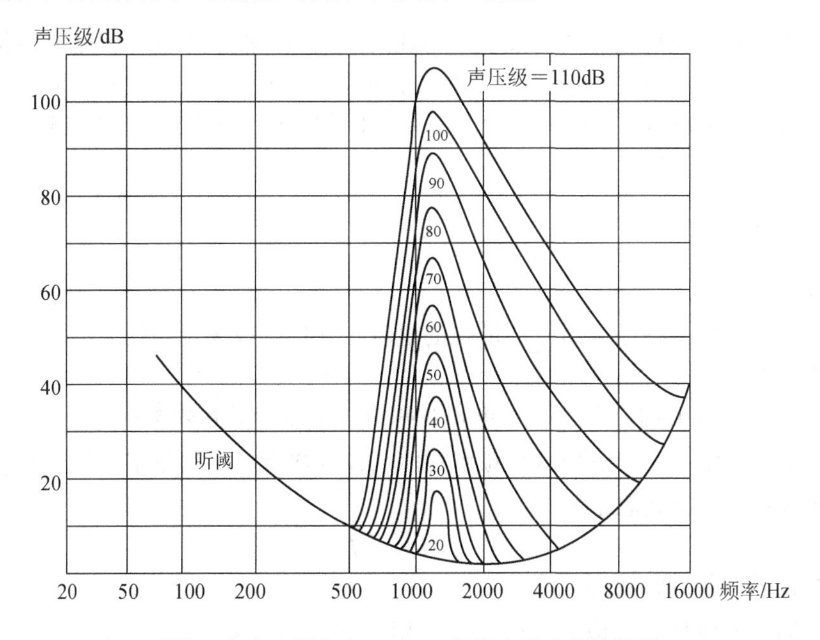

图 3-3　中心频率为 1200Hz 的带有噪声的掩蔽谱

研究发现，在声压相同的条件下，频率低的声音比较容易掩蔽频率高的声音；而高频声音对低频声音的掩蔽作用不大。

利用人耳对声音的掩蔽效应，可以采用有用的声音信号去掩蔽无用的声音。由以上描述可知，只需要将没用声音的声压级降低到掩蔽阈以下就可以了。这些频率成分不用编码和传输，从而减少数据量，节省网络带宽。在音频编码技术中，MPEG 音频编码就是利用人耳听觉系统的掩蔽效应来实现高效率的数据压缩。

4. 失真

失真是一个使用非常广泛的概念，在这里主要用来描述重建声音和原始声音的相差程度。表示这种相差程度的方法有以下两种。

(1) 失真的主观度量。失真的主观评价指标为主观平均分(mean opinion score，MOS)。听众根据系统质量的优劣采用 N 分制来给系统打分。一方面，MOS 确实是度量音频重建质量的最低限度；另一方面，度量的结果随听众、测试位置和原材料的不同而不同。因此，很难将一组结果与另一组结果相比较。

(2) 失真的客观度量。失真的客观度量是一种可以校准和重现的测试，它可对原始信号和重建信号之间的差别进行度量。需要注意的是，失真的绝对大小也许和失真声音使人厌烦的程度没有多大关系。例如，如果一个纯音(正弦波)通过一个动态范围不足的放大器，放大器则有可能会将该正弦波的波峰和波谷拉平，这样就产生了一组奇谐波。对于这种类型的失真，原始信号与失真之间存在某种一致的对应关系。因此，这种失真并不一定使人感到烦躁。

3.2.3 音频信号的数字化

模拟音频信号是一种在时间和幅度上都连续的信号。数字化过程就是将模拟信号转换为有限个数字表示的离散序列(数字音频序列)的过程。在这一处理过程中涉及模拟音频信号的采样、量化和编码。对同一音频信号采用不同的采样、量化和编码方式就可以形成多种不同形式的数字化音频。

1. 数字化的过程

1) 采样

采样就是在时间上将连续信号离散化的过程，采样一般按均匀的时间间隔进行，这种采样称为均匀采样。

采样频率 f_s 的高低由奈奎斯特理论和音频信号本身的最高频率决定。奈奎斯特理论指出，采样频率不应低于音频信号最高频率的两倍，这样就能将以数字表达的声音还原成原始声音。采样定律用公式表示为

$$f_s \geqslant 2f \tag{3-2}$$

式中，f 为被采样信号的最高频率。

根据不同的音频信源和应用目的，可采用不同的采样频率，如 8kHz、11.025 kHz、22.05 kHz、16 kHz、44.1 kHz、48 kHz 等都是典型的采样频率值。

2) 量化

连续时间的离散化通过采样实现，而连续幅度的离散化则通过量化来实现，即将信号的强度划分成段，如果幅度的划分为等间隔，称为线性量化，否则称为非线性量化。图 3-4 表示了声音采样和量化的概念。

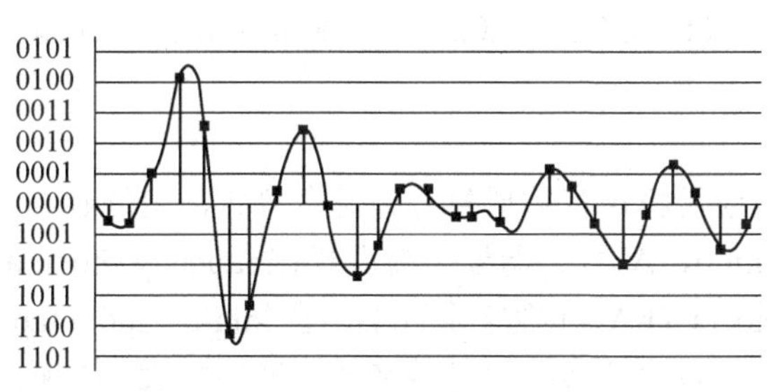

图 3-4　声音的采样和量化

量化位数反映了度量声音波形幅度的精度。量化位数的大小影响到声音的质量，位数越多，声音质量越高，但所需的存储空间就会越多；反之，位数越少，声音质量就越低，所需空间就越少。例如，若每个声音样本用 16 位表示，则测得的声音样本值为在[0,65536]范围内的数，它的精度就是输入信号的 1/65536。精度是在模拟信号数字化过程中度量模拟信号的最小单位，因此也称为量化阶。例如，将 0～1V 的电压用 256 个数表示时，它的量化阶等于 1/256。

精度的另一种表示方法为信号噪声比，简称为信噪比(signal-to-noise ratio，SNR)，并用下式计算

$$\mathrm{SNR}=10\lg\left[\frac{(V_{\mathrm{signal}})^2}{(V_{\mathrm{noise}})^2}\right]=20\lg\left(\frac{V_{\mathrm{signal}}}{V_{\mathrm{noise}}}\right) \tag{3-3}$$

式中，V_{signal} 表示信号电压，V_{noise} 表示量化噪声电压，即模拟信号的采样值和与它最接近的数字数值之间的差值。SNR 的单位为 dB。

例如，假设信号电压 $V_{\mathrm{signal}}=0.7\mathrm{V}$，如果采样精度用 16 位表示，则最大的量化噪声电压 $V_{\mathrm{noise}}=0.7\times[1/(2^{16})]\mathrm{V}$，代入式(3-3)计算得到的信噪比 $\mathrm{SNR}\approx 96\mathrm{dB}$。

假设量化位数为 n 位，则信噪比可写成

$$\mathrm{SNR}=20\lg\left(\frac{V_{\mathrm{signal}}}{V_{\mathrm{noise}}}\right)=20\lg\left(\frac{V_{\mathrm{signal}}}{V_{\mathrm{signal}}(1/2^n)}\right)=20\lg(2^n)\approx 6.02n$$

同样，如果量化位数为 8，则信噪比 $\mathrm{SNR}\approx 48\mathrm{dB}$。因此可以这样说，量化位数每增加 1 位，信噪比就增加 6dB。

3) 编码

编码指用二进制数来表示每个采样的量化值。如果量化是均匀的，又采用二进制数来表示，这种编码方法就是脉冲编码调制(PCM)，这是一种最简单、最方便的编码方法。

2. 数字音频的存储容量

音频信号数字化后所产生的数据速率相当大，采用下式计算：

$$\text{数据速率}=\text{采样频率}\times\text{采样精度}\times\text{声道数 (b/s)} \tag{3-4}$$

而存储一段时间(单位为 s)的数字音频信息所需的存储容量为

$$\text{存储容量}=\frac{\text{数据速率}\times\text{声音持续时间}}{8}\text{(B)} \tag{3-5}$$

例如，1min 的立体声，采样频率为 11.025kHz，8bit 量化，其存储容量为 1.323MB。

3. *声音质量*

根据声音的频带，通常将声音的质量分为五个等级，由低到高分别是电话、调幅广播声音(amplitude modulation，AM)、调频广播声音(frequency modulation，FM)、激光唱盘声音(compact disk-audio，CD-A)和数字录音带声音(digital audio tape，DAT)。在这五个等级中，使用的采样频率、量化位数、通道数和数据速率如表 3-1 所示。

表 3-1　音频质量五个等级的相关参数

	质量	采样频率/kHz	量化位数/bit	单声道/立体声	数据率/(kb/s)(未压缩)	频率范围/Hz
质量等级由低到高 ↓	电话	8	8	单声道	64.0	200～3400
	AM	11.025	8	单声道	88.2	20～15000
	FM	22.050	16	立体声	705.6	50～7000
	CD-A	44.1	16	立体声	1411.2	20～20000
	DAT	48	16	立体声	1536.0	20～20000

3.2.4　声音质量的 MOS 评分标准

评价声音质量是一件困难的事情。其度量一般有两种基本方法：一种是客观质量度量；另一种是主观质量度量。评价音频质量时，有时以主观质量度量为主，有时则同时采用两种方法进行评估。

1. *客观度量*

声音客观质量的度量主要采用信噪比。对于采样量化后的数字信号，可以用如下特征量来表示。设有一个有限长度序列信号 $\{x(n),\ n=0,1,\ \cdots,\ N-1\}$，在 $n=0\sim(N-1)$ 的区间内，其平均值 $\bar{x}$ 和方差 σ_x^2 (σ_x 为均方差) 分别为

$$\bar{x}=\frac{1}{N}\sum_{n=0}^{N-1}x(n) \tag{3-6}$$

$$\sigma_x^2=\frac{1}{N}\sum_{n=0}^{N-1}[x(n)-\bar{x}]^2 \tag{3-7}$$

将重构信号的误差 $r(n)$ 定义为输入信号 $x(n)$ 与编码后的输出信号 $y(n)$ 的差

$$r(n)=x(n)-y(n) \tag{3-8}$$

假设它的方差为 σ_r^2，则信噪比定义为

$$\text{SNR}=10\lg\left(\frac{\sigma_x^2}{\sigma_r^2}\right)=20\lg\left(\frac{\sigma_x}{\sigma_r}\right)\text{dB} \tag{3-9}$$

在设计编码系统时，一般都是使σ_r^2最小，而得到尽可能大的 SNR。

2. 主观度量

与 SNR 客观质量度量相比，人的听觉更具决定意义。感觉、主观上的测试应该成为评价音频质量不可缺少的部分。有些学者认为，采用主观质量度量比客观质量度量更加恰当，更有意义。然而，可靠的主观度量值比较难获得，所获得的也是一个相对值。

主观度量声音质量的方法类似于在电视节目播出的歌手比赛中，由评委对每位选手的表现进行评分，然后求得平均值。对声音质量的主观度量也可使用类似的方法，召集若干实验者，由他们对声音质量的好坏进行评分，求出平均值作为对声音质量的评价。这种方法称为主观平均判分法，所得的分数称为主观平均分(MOS)。

目前，对声音主观质量的度量比较通用的标准是 5 分制，各档次的评分标准如表 3-2 所示。

表 3-2　音频质量 MOS 评分标准

分数	质量级别	失真级别
5	优	无察觉
4	良	(刚)察觉但不讨厌
3	中	(察觉)有点讨厌
2	差	讨厌但不反感
1	劣	极讨厌(令人反感)

3.3　音频信息编码分类

对数字音频的压缩主要是依据音频信息自身的相关性及人耳对音频信息的听觉冗余度来实现的。从 1948 年 Oliver 提出了第一个编码理论——脉冲编码调制(PCM)到目前为止，已出现许多音频压缩编码方法，主要可以分为三类：波形编码、参数编码和混合编码。

3.3.1　波形编码

波形编码是在时域上对音频信号进行处理，利用采样和量化过程来表示音频信号的波形，使编码后的音频信号与原始信号的波形尽可能相匹配。PCM 中，一路模拟话音信号经过采样、量化和编码后转变为数字信号。在通信系统中如采用 PCM 编码，采样频率为 8kHz，每个样值编 8 位码，则一路模拟话音信号经数字化处理后的速率为 64kb/s。

波形编码具有适应能力强、语音质量好等优点，在较高码率的条件下可以获得高质量的音频信号，缺点是压缩比偏低。

波形编码的比特率一般为 16～64kb/s，它具有较好的话音质量和成熟的技术实现方法。该类编码技术主要有非线性量化技术、自适应差分编码、自适应量化技术。非线性量化技术利用语音信号小幅度出现的概率大，而大幅度出现的概率小的特点，通过给小信号分配小的量化阶、给大信号分配大的量化阶来减少总量化误差。G.711 标准采用的就是这种技术。自适应差分编码是利用过去的语音来预测当前的语音，并只对它们的差进行编码，从而大大减少了编码数据的动态范围，同时降低了码率。自适应量化技术是根据量化数据的动态范围来动态调整量化阶，使得量化阶与量化数据相匹配。G.722 和 G.726 标准中就应用了这两项技术。

常见的波形压缩编码方法有脉冲编码调制、差分脉冲编码调制、自适应差分脉冲编码调制、子带编码等。

3.3.2 参数编码

参数编码又称声源编码，它将音频信号表示成某种模型的输出，在发送端利用特征提取方法从模拟语音信号中抽取必要的模型参数和激励信号的信息，并对这些信息进行量化编码，最后在接收端按照模型参数重构原始音频信号。它只能收敛到模型约束的最好质量上，力图使重构信号具有尽可能高的可懂性，而重构信号的波形与原始语音信号的波形相比可能会有相当大的差别。

这种编码技术的优点是语音编码速率较低，一般为 2～9.6kb/s，可见其压缩比高。但它也有缺点，首先是重建语音质量较差，往往清晰度满足要求，而自然度不好，难以辨认说话者是谁；其次是电路实现的复杂度较高。

参数编码的典型代表是线性预测编码(linear predictive coding，LPC)。目前，编码速率小于 16kb/s 的低比特话音编码大多采用参数编码，如军事通信、航空通信、IP 网络电话等。美国的军方标准 LPC-10，就是从语音信号中提取出来反射系数、增益、基音周期、清/浊音标志等参数进行编码。MPEG-4 标准中的 HVXC 声码器(harmonic vector excitation coding，HVXC)采用的也是参数编码技术，当它在无声信号片段时，激励信号通过一个码本索引和通过幅度信息描述；在发声信号片段时则应用了谐波综合，将基音和谐音的正弦振荡按照传输的基频进行综合。

3.3.3 混合编码

由以上分析可知，波形编码和参数编码各有特点：波形编码保真度高、计算量小，但编码后的速率较高；参数编码的速率较低、保真度不高、计算复杂。混合编码将两者结合起来，力图保持波形编码话音的高质量和参数编码的低速率。混合编码信号中既包含若干语音特征参量，又包含部分波形编码信息。

采用混合编码的编码器有多脉冲激励线性预测编码器(multi-pulse excited-linear predictive coding，MPE-LPC)、规则脉冲激励线性预测编码器(regular pulse excited-linear predictive coding，RPE-LPC)、码激励线性预测编码器(code excited linear prediction，CELP)、矢量和激励线性预测编码器(vector sum excited linear prediction，VSELP)和多带激励线性预测编码器。

通过设计不同的码本和码本搜索技术，产生了一大批编码标准。目前通信中用到的大多数语音编码器都采用了混合编码技术，如互联网上的 G.723.1 和 G.729 标准、全球移动通信系统(global system for mobile communications，GSM)中的增强型全速率编码(enhanced full rate，EFR)、半速率编码(Half Rate，HR)标准、第三代合作伙伴计划(the 3rd generation partner project，3GPP)中的自适应多速率编码(adaptive multi-rate，AMR)标准等。

研究者经过几十年的努力，研究出许多音频信息编码方法，也形成了相应的标准体系。音频信息压缩编码的主要方法如表 3-3 所示。下面将介绍数字音频压缩常用的算法。

表 3-3　音频数字压缩编码算法和对应标准

编码方式	算法	名称	数据率/(kb/s)	标准	应用	质量 MOS
波形编码	PCM	脉冲编码调制	64	G.711	PSTN ISDN 配音	4.0～4.5
	APCM	自适应脉冲编码调制				
	DPCM	差分脉冲编码调制				
	ADPCM	自适应差分脉冲编码调制	32	G.721		
			64/45/48	G722		
	SB-ADPCM	子带 ADPCM	5.3/6.3	G.723		
参数编码	LPC	线性预测编码	2.4		保密语音	2.5～3.5
混合编码	CELPC	码激励 LPC	4.8		移动通信 语音邮件	3.7～4.0
	VSELPC	矢量和码激励 LPC	8	GIA		
	RPE-LTP	长时预测规则码激励	13.2	GSM	ISDN	
	LD-CELP	低延时码激励 LPC	16	G.728	IP 电话 卫星通信	
	CS-ACELP	共轭结构 ACELP	8	G.729		
	MPEG	多子带感知编码	128	MPEG	CD	5.0
	AC-3	感知编码			音响	5.0

3.4　音频信息常用编码方法

3.4.1　增量调制与自适应增量调制

由于增量调制(delta modulation，DM)编码的简单性，它已成为数字通信和压缩存储的一种重要方法，人们对 DM 系统进行了大量的改进和提高工作。自适应增量调制(adaptive delta modulation，ADM)系统采用简单的算法就能实现 32～48kb/s 的数据率，而且可提供高质量的重构话音，它的 MOS 评分可达 4.3。

1. 增量调制

增量调制也称 Δ 调制，它是一种预测编码技术。它由前一个信号的编码值得到下一个信号的预测值，然后对实际值与预测值之差的极性进行编码，将极性变成 0 和 1 这两种可能的取值之一。如果极性为正，则编码输出为 1；反之则为 0。这样，在增量调制的输出端可以得到一串 1 位编码的 DM 码。DM 编码过程示意图如图 3-5 所示。

图 3-5 中，纵坐标表示模拟信号输入幅度，横坐标表示编码输出。用 i 表示采样点的位置，$x[i]$ 表示在 i 点的编码输出。输入信号的实际值用 y_i 表示，输入信号的预测值用 $y[i+1]=y[i]\pm\varDelta$ 表示。假设采用均匀量化，量化阶的大小为 $\varDelta$，在开始位置的输入信号 $y_0=0$，预测值 $y[0]=0$，编码输出 $x[0]=1$。

现在来看几个采样点的输出。在采样点 $i=1$ 处，预测值 $y[1]=\varDelta$，由于实际输入信号大于预测值，因此 $x[1]=1$；……；在采样点 $i=4$ 处，预测值 $y[4]=\varDelta$，同样由于实际输入信号大于预测值，因此 $x[4]=1$；其他情况以此类推。

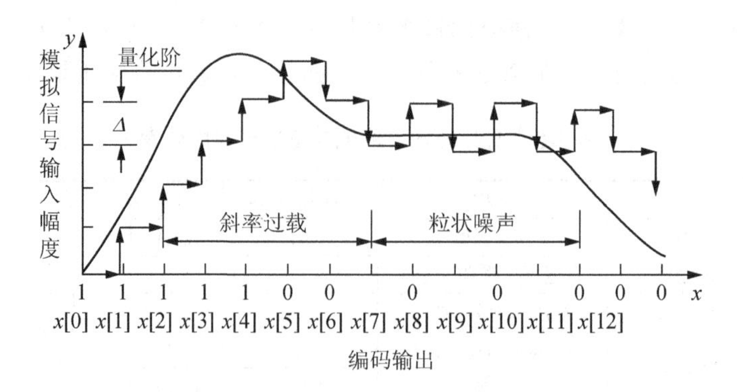

图 3-5　DM 波形编码示意图

由图 3-5 可以看到，在开始阶段增量调制器的输出不能保持跟踪输入信号的快速变化，这种现象就称为增量调制器的斜率过载。一般情况下，当输入信号的变化速度超过反馈回路输出信号的最大变化速度时，就会出现斜率过载。之所以会出现这种现象，主要是反馈回路输出信号的最大变化速率受到量化阶大小的限制，因为量化阶的大小是固定的。

由图 3-5 还可以看到，在输入信号缓慢变化部分，即输入信号与预测信号的差值接近零的区域，增量调制器的输出出现随机交变的 0 和 1，这种现象称为增量调制器的粒状噪声，这种噪声是不可能消除的。

在输入信号变化快的区域，斜率过载是人们关注的焦点；而在输入信号变化慢的区域，关注的焦点是粒状噪声。为了尽可能避免出现斜率过载，就要加大量化阶Δ，但这样又会加大粒状噪声；相反，如果要减小粒状噪声，就要减小量化阶Δ，这又会使斜率过载更加严重。这就促进了人们对自适应增量调制的研究。

2. 自适应增量调制

为了使增量调制的量化阶Δ能够自适应调整，即根据输入信号斜率的变化自动调整量化阶Δ的大小，以使斜率过载和粒状噪声都减至最小。人们研究了多种方法，几乎所有的方法都是在检测到斜率过载时开始增大量化阶Δ，而在输入信号的斜率减小时降低量化阶Δ。

在自适应增量调制中，常用的规则以下有两种：

一种是控制可变因子M，使量化阶在一定范围内变化。对于每一个新的采样点，其量化阶为其前面数值的M倍，M的值则由输入信号的变化率来决定。如果出现连续相同的编码，则说明有发生过载的危险，这时就要加大M；当 0 和 1 信号交替出现时，说明信号变化很慢，会产生粒状噪声，这时就要减小M。其典型的规则为

$$M=\begin{cases}2 & y(k)=y(k-1)\\ \dfrac{1}{2} & y(k)\neq y(k-1)\end{cases} \tag{3-10}$$

另一种使用较多的自适应增量调制器是由 Greefkes 在 1970 年提出的，称为连续可变斜率增量调制(Continuously Variable Slope Delta Modulation，CVSD)。其基本方法是，如果连续可变斜率增量调制器的输出连续出现 3 个相同的值，量化阶就加上一个大的增量。也就是说，3 个连续相同的码表示有过载发生。反之，量化阶就加一个小的增量。CVSD 的自适应规则为

$$\Delta(k)=\begin{cases}\beta\Delta(k-1)+P & y(k)=y(k-1)=y(k-2)\\ \beta\Delta(k-1)+Q & \text{其他}\end{cases} \tag{3-11}$$

式中，β 可为 0～1 之间取值。可以看到，β 的大小可以通过调节增量调制来适应输入信号变化所需的时间的长短。P 和 Q 为增量，且 $P \geqslant Q$。

3.4.2 自适应差分脉冲编码调制

如果使用 A 律或μ律 PCM 方法对采样频率为 8kHz 的音频信号进行压缩，压缩后的数据率为 64kb/s。为了充分利用线路资源，而又不希望明显降低音频信号的质量，就要对它进行进一步的压缩，方法之一就是采用自适应差分脉码调制。

1. 自适应脉冲编码调制

自适应脉冲编码调制是根据输入信号幅度大小来改变量化阶大小的一种波形编码技术。这种自适应可以是瞬时自适应，即量化阶的大小每隔几个样本就改变；也可以是音节自适应，即量化阶的大小在较长时间周期里发生变化。

改变量化阶大小的方法有以下两种。

(1) 前向自适应(forward adaptation)，根据未量化样本值的方均根值估算输入信号的电平，以此来确定量化阶的大小，并将编码后的电平信号作为边信息(side information)传送到接收端。

(2) 后向自适应(backward adaptation)，从量化器刚输出的过去样本中提取量化阶信息。由于后向自适应能在发收两端自动生成量化阶，所以它不需要传送边信息。前向自适应和后向自适应脉冲编码调制的基本概念如图 3-6 所示。图中的 $S(k)$ 是发送端编码器的输入信号，$S_r(k)$ 是接收端解码器输出的信号。

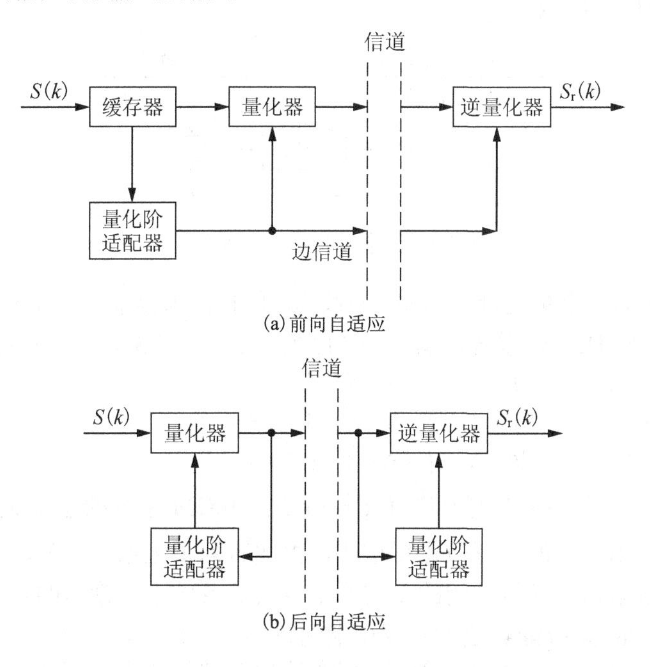

图 3-6　APCM 框图

2. 差分脉冲编码调制

音频信号经过采样得到样值信号序列，其相邻样值间一般都比较接近，具有较强的相关性。差分脉冲编码调制就是利用这种相关性来进行编码的一种数据压缩技术，它是预测编码的一种基本方式。

DPCM 对实际值与预测值之间的差值(预测误差)进行编码，从而实现数据的压缩。预测值可由前面若干个采样值得到。设样值序列为 x_1，x_2，…，x_{n-1}，x_n（x_n 为当前值)，则对 x_n 的预测表达式为

$$\hat{x}_n = a_1x_1 + a_2x_2 + \cdots + a_{n-1}x_{n-1} = \sum_{i=1}^{n-1} a_i x_i \tag{3-12}$$

式中，$\hat{x}_n$ 为当前值 x_n 的预测值，a_i 为预测系数。预测误差为

$$d_n = x_n - \hat{x}_n \tag{3-13}$$

DPCM 编码、解码的原理框图如图 3-7 所示。

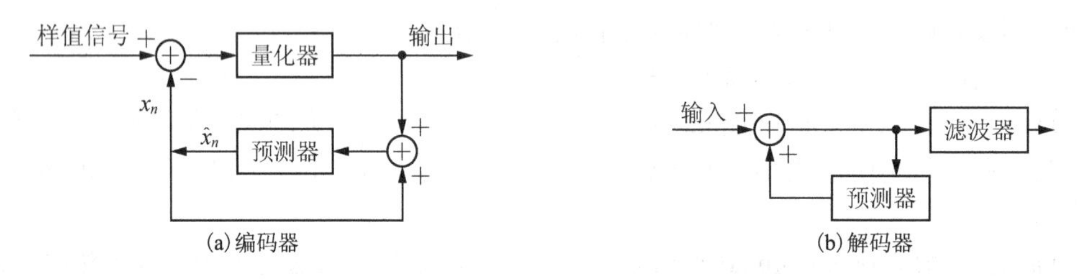

图 3-7 DPCM 原理框图

下面以一个简单的例子来说明 DPCM 的基本工作原理。这是一个单位延时的 DPCM 系统，其系统框图如图 3-8 所示。

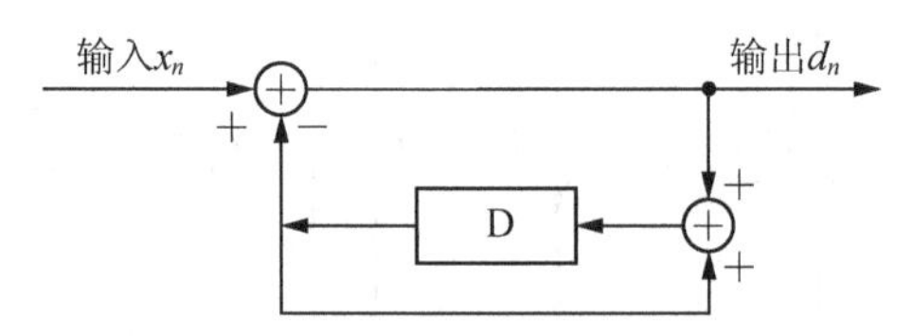

图 3-8 单位延时的 DPCM 系统

预测器被设定为一个单位延迟器 D，即预测器的预测值是前一个采样值。若假定系统中差值不需要量化，则 DPCM 系统在输入一个序列{0 1 2 1 1 2 3 3 4 4 …}时，编码过程如下：

$x(n)$	0	1	2	1	1	2	3	3	4	4	…
$\hat{x}(n)$	0	0	1	2	1	1	2	3	3	4	…
$d(n)$	0	1	1	−1	0	1	1	0	1	0	…

在以上过程中，对 $x(n)$ 和 $d(n)$ 进行比较可知，DPCM 系统的输出 $d(n)$ 的幅度变小了，这就意味着可以使用较少的比特数进行编码，由此压缩了数据。另外，分析以上结果还可以看出，在输入数据相邻样值之间的差别不是很大的条件下，输出的数据幅度变小了，说明单位延时的 DPCM 系统能够达到数据压缩的目的。

由 DPCM 原理框图可以看出，这种编码方法的关键是求出预测值 $\hat{x}_n$，而准确得到 $\hat{x}_n$ 的

关键是确定预测系数 a_i。从理论上讲，预测系数的求法是预测估值的均方差为最小的预测系数 a_i。估值的均方差(mean squared error，MSE)计算公式如下：

$$\mathrm{MSE}=E[(x_n-\hat{x}_n)^2]=E\left\{\left[x_n-(a_1x_1+a_2x_2+L+a_{n-1}x_{n-1})\right]^2\right\} \tag{3-14}$$

显然，MSE 越小，预测越准确，即 $\hat{x}_n$ 越接近实际值 x_n，此时的预测器称为最小均方误差意义下的最佳预测器。为了求出最小的 MSE，需计算偏导数，并令偏导数为零，即令

$$\frac{\partial E[(x_n-\hat{x}_n)^2]}{\partial a_i}=0 \tag{3-15}$$

假定已事先对需要压缩的某类数据的自相关函数进行测量，将自相关函数代入式(3-15)，可以得到

$$R(i)=\sum_{k=1}^{n-1}a_kR(i-k) \tag{3-16}$$

从中可以求出预测系数 a_i。通常一阶预测系数的取值范围为 0.8～1。

3. 自适应差分脉冲编码调制

自适应差分脉冲编码调制指 DPCM 系统中量化或预测的方法是自适应的，其简化的原理框图如图 3-9 所示。图中，自适应量化器首先检测差分信号的变化率和差分信号的幅度大小，然后决定量化器的量化阶。自适应预测器能够更好地跟踪语音信号的变化。因此，将两种技术结合起来使用，可以提高系统的性能。

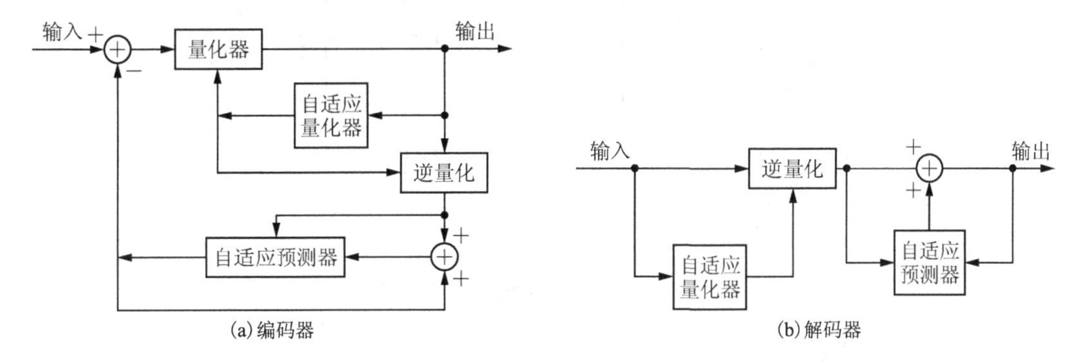

图 3-9　ADPCM 原理框图

实现自适应量化的最常用方法是根据信号分布不均匀的特点，自适应地改变量化器输出动态范围及量化器步长。实现自适应预测的方法则比较复杂，通常是先根据信源特性求得多组预测参数，然后将信源数据分区间编码。编码时自动选择一组预测参数，使该区间实际值与预测值的均方误差最小，并随着编码区间的不同自适应地选择预测参数，以求尽可能地达到最佳预测。

3.4.3 音频子带编码

在音频子带编码中，子带的划分依据与音频信号自身的特性密切相关。研究发现，声音信号对人耳的听觉贡献与信号频率有关。例如，讲话人若发出无意义的音节，则在 400Hz～6kHz 频率范围的情况下，听话人可听清此音节；而上限频率降低至 1.7kHz 时，

则只能听清约一半的音节；若讲话人发出的是连续有意义的句子，则只需保留频率范围为400Hz～3kHz的语音，听话人就可完全听懂了。与人耳听觉特性在频率上分布不均匀相对应，人所发出的语音信号的频谱也不是平坦的。事实上，大多数人的语音信号能量主要集中在频率为500Hz～3kHz内，并随着频率的升高迅速衰减。根据语音的这些特点，可以对语音信号的频带采用某种方法进行划分，将其语音信号频带分成一些子频带，对各个频带根据其重要程度区别对待。

使用SBC技术的编解码器广泛用于话音存储转发和语音邮件中，SBC常与其他编码方法混合使用，以提高工作效率。

一种应用子带编码的音频编码方案是MPEG-1。MPEG-1使用感知子带编码，达到既压缩声音数据，又尽可能保留声音原有质量的目的。感知子带编码的理论根据是听觉系统的掩蔽特性，其基本思想是在编码过程中保留信号的带宽而丢掉被掩蔽的信号，其结果是编码之后重建的声音信号与原始信号虽然不相同，但人耳很难感觉到它们之间的差别。

感知子带编码的简化原理框图如图3-10所示。输入声音信号由滤波器组进行滤波后被分割成许多子带，每个子带信号对应一个编码器，然后根据心理声学模型对每个子带信号进行量化和编码，输出量化信息和经过编码的子带样本，最后通过多路复合器将每个子带的编码输出按照传输或者存储格式的要求复合成数据位流。解码过程与编码过程相反。

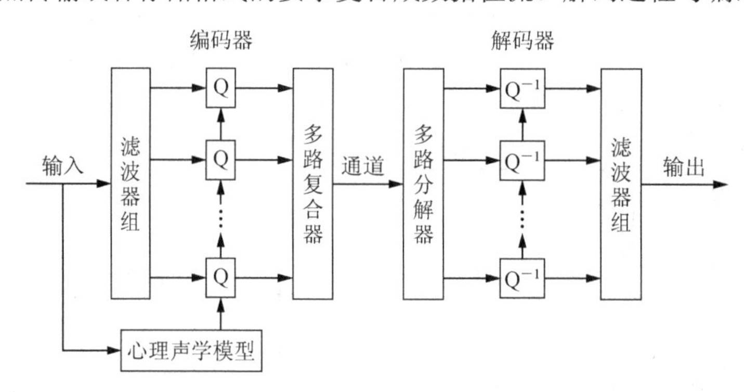

图3-10　感知子带编码原理框图

3.4.4　矢量量化编码

20世纪80年代初期，国际学术界开展了矢量量化(vector quantization，VQ)技术的研究。矢量量化的基本原理是用码本中与输入矢量最匹配的码字的索引(下标)代替输入矢量进行传输和存储，而解码时只需进行简单的查表操作。在矢量量化编码方法中，由于所传输的是对应矢量的下标，而下标的数据相比于矢量本身来说要小得多，所以达到了压缩的目的。

在前面对量化的描述中，都是对单个采样值进行量化的，这种量化称为标量量化。而矢量量化是将输入的信号样值按照某种方式进行分组，将每个分组看作是一个矢量，并对该矢量进行量化。矢量量化虽然是一种量化方式，但因其具有压缩的功能，因此也作为一种压缩方法来讨论。矢量量化实际上是一种限失真编码，对其原理的说明可以用香农信息论中的率失真函数理论进行分析。率失真理论指出，即使对于无记忆信源，矢量量化编码也总优于标量量化。

矢量量化的编码原理如图 3-11 所示。在发送端，先将语音信号的样值数据序列按某种方式进行分组，每个组假定有 k 个数据。这样的一组数据就构成了一个 k 维矢量。每个矢量有对应的下标，下标用二进制数来表示。将每个数据组所形成的矢量视为一个码字；这样，语音数据所分成的组就形成了各自对应的码字。将所有这些码字进行排列，可以形成一个表，这样的表就称为码书或码本。可以将矢量量化编码方法和汉字的电报发送过程进行对比：电报中要发送的汉字对应矢量量化中的原始语音数据；电报号码本对应矢量量化的码本。在用电码发送汉字信息时，发送的不是汉字本身，而是电报号码本中与汉字对应的 4 位阿拉伯数字表示的号码；在接收端要根据收到的号码去查电报号码本，再译成汉字。电报中所发送的阿拉伯数字就对应矢量量化方法中每组数据所对应的下标。解码的过程就是一个对比查找的过程，只不过在电报中由人工来完成；而在矢量量化中，接收端根据下标要恢复对应的矢量则根据某种算法由计算机来实现。

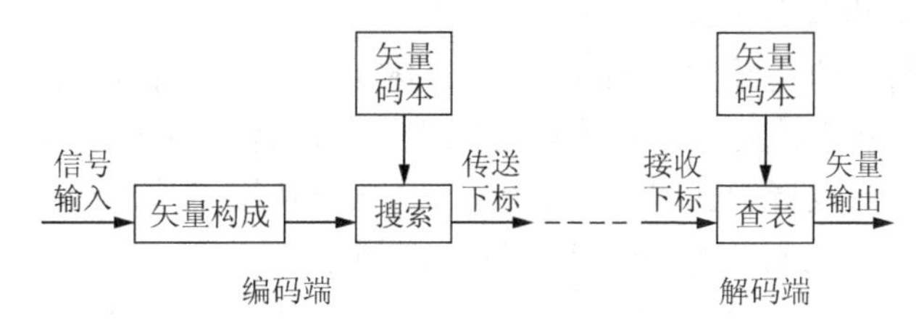

图 3-11　矢量量化编码和解码原理图

在图 3-11 中，对应编码端的输入信号序列是待编码的样值序列。将这些样值按时间顺序分成相等长度的段，每一段含有若干个样值，由此构成了一组数据；这样一组数据就形成了一个矢量，由此会形成很多矢量。搜索的目的是要在事先计算(或称为训练)好的矢量码本中找到一个与输入矢量最接近的码字。搜索就是将输入矢量与矢量码本中的码字逐个进行比较，比较的结果用某种误差的方式来表示。将比较结果误差最小的码字来代替输入的矢量，就是输入的最佳量化值。每一个输入矢量都用搜索到的最佳量化值来表示。在进行编码时，只需对码本中每一个码字(最佳量化值)的位置(用下标表示)进行编码就可以了，即在信道中传输的不是码本中对应的码字本身，而是码字的下标。显然，传送下标的数据量要小很多，这样就实现了压缩的目的。在解码端，有一个与编码端完全一样的矢量码本；当解码端收到发送端传来的矢量下标时，就可以根据下标的数值，在解码端的矢量码本中搜索到相应的码字，以此码字作为重建语音的数据。

在对码本的描述中，构成码本的码字数量称为码本的长度，用 N 表示，则每个码字的位置(即下标)可以用 $\log_2 N$ 的二进制位来表示，每个码字是由 k 个原始数据构成的。所以，矢量量化编码的编码速率可以降低到 $(1/k)\log_2 N$ 。假设 $k=16$ ，表示是由 16 个样值数据构成的一个矢量；$N=256$，表示码本的长度是 256，码本的下标用二进制来表示，共有 $\log_2 N=\log_2 256=8$。由于对每组数据只需要传输下标，假定此时码本已经构造好，则比特率为 $R_b=(1/k)\log_2 N=(1/16)\log_2 256=0.5$ 比特/样值。

实现矢量量化的关键技术有两个：①如何设计一个优良的码本；②量化编码准则。

采用矢量量化技术可以对编码的信号码率进行极大的压缩，它在中速率和低速率语音编码中得到了广泛的应用。例如，在 G.728、G.729、G.723.1 等音频编码标准中都采用了矢量量化编码技术。矢量量化编码除了对语音信号的样值进行处理外，也可以对语音信号的其他特征进行编码。如在 G.723.1 标准中，在合成滤波器的系数被转化为线性谱对(linear spectrum pair，LSP)系数后就是采用的矢量量化编码方法。

3.4.5 线性预测编码

线性预测编码(LPC)属于参数编码方式，它是一种非常重要的编码方法。从原理上说，LPC 是通过分析话音波形来产生声道激励和转移函数的参数，对声音波形的编码实际就转换为对这些参数的编码，这就使声音的数据量大大减少。在接收端使用 LPC 分析得到的参数，通过话音合成器重构话音。由于线性预测编码器不必传输差值信号本身，而只是传输代表语音信号特征的一些参数，因此可以获得很高的压缩比。只需 4.8kb/s 就可以实现高质量的语音编码，其缺点是人耳可以直接感觉到再生的声音是合成的。因此 LPC 主要用于窄带信道的语音通信和军事领域。

如何提取听觉特征值是线性预测编码算法的核心。根据语音信号的特点，音调、周期和响度这三个特征值可以决定一个语音信号所产生的声音。另外，声音中的清/浊音也是重要的参数。一旦从声音波形中获得这些参数，就能够利用合适的声道模型再生原始的语音信号。LPC 编码器、解码器的基本原理如图 3-12 所示。

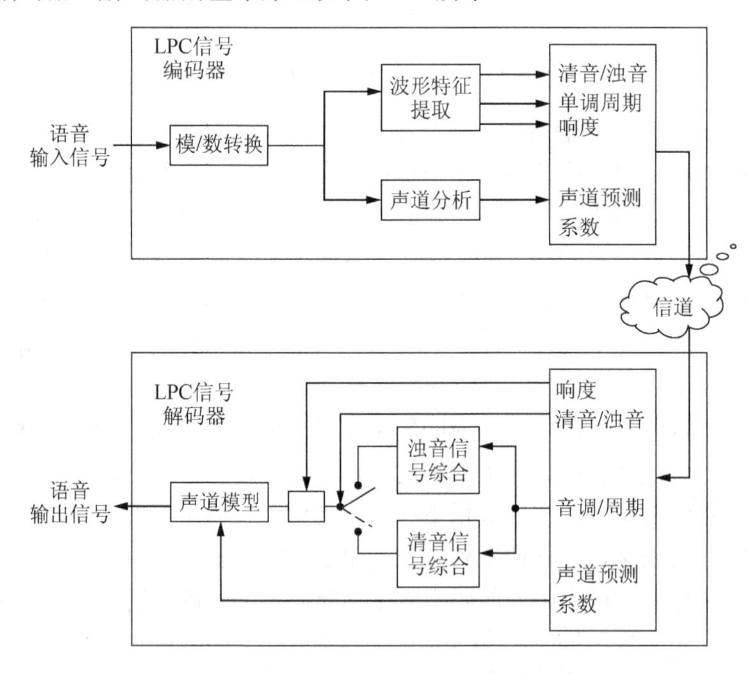

图 3-12 LPC 编码解码原理图

首先将输入信号划分为帧(帧长的典型值为 20ms)，然后对每帧信号的采样值进行分析，提取其中的听觉参数，并将结果编码、传输。编码器的输出是一个帧序列，每个分段对应一帧，每帧都包含相应的字段，用以表示响度、音调、周期、信号是清音还是浊音的标志，以及一组新计算出来的模型系数值。在接收端，由声道模型逐帧再生出语音信号。

3.4.6 码激励线性预测编码

码激励线性预测编码(CELP)属于混合编码，它以语音线性预测模型为基础，克服了参数编码激励形式过于简单的缺点，对差值信号采用矢量量化，利用合成/分析法搜索最佳激励码矢量，并采用感知加权均方误差最小判决准则，具有高质量的合成语音和优良的抗噪声性能，在 4.8～16kb/s 的速率上得到了广泛的应用。G.728、G.729、G.729(A)、G.723.1 四个标准都采用了这一方法来保证低数据速率下较好的声音质量。

1. 感知加权滤波器

感知加权滤波器(perceptually weighted filter)利用人耳的掩蔽效应，通过将噪声功率在不同频率上重新分配来减小主观噪声。在语音频谱中能量较高频段(共振峰附近)的噪声相对于能量较低频段的噪声而言，不易被人耳感知。因此在度量原始输入语音和重建语音(合成语音)之间的误差时，可以充分利用这一现象：在语音能量较高的频段，允许两者的误差大一些；反之则小一些。

感知加权滤波器的传递函数为

$$W(z)=\frac{A(z)}{A(z/\gamma)}=\frac{1-\sum_{i=1}^{p}a_i z^{-i}}{1-\sum_{i=1}^{p}a_i\gamma^i z^{-i}} \qquad 0<\gamma<1 \tag{3-17}$$

式中，a_i 是线性预测系数；γ 是感知加权因子。γ 值决定了滤波器 $W(z)$ 的频率响应，恰当地调整 γ 值可以得到理想的加权效果。最合适的 γ 值一般由主观听觉测试决定，对于 8kHz 的采样频率，γ 的取值范围通常为 0.8～0.9。

图 3-13 所示为一段原始输入语音的频谱经过感知加权滤波器加权后的误差信号频谱及感知加权滤波器的频率响应。

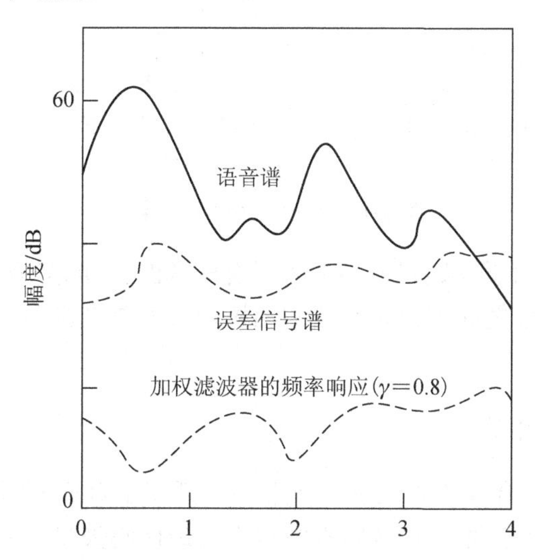

图 3-13　原始语音信号谱、加权后误差信号谱及感知加权 $W(f)$

由图 3-13 可知，感知加权滤波器频率响应的峰值、谷值恰好与原始输入语音频率的峰值、谷值相反。这样就使误差度量的优化过程与人耳感觉的掩蔽效应相吻合，产生良好的主观听觉效果。

2. 合成/分析法

合成/分析法将合成滤波器引入编码器中，使其与感知加权滤波器相结合，在编码器中产生与解码器端完全一致的合成语音。将此合成语音与原始输入语音相比较，根据一定的误差准则，调整并计算各相关参数，使得两者之间的误差达到最小。

合成/分析法的原理如图 3-14 所示。与 LPC 编码器相比，合成/分析法在编码器端增加了 LP 合成滤波器和感知加权滤波器。输入的原始语音信号一方面送到 LP 分析滤波器产生预测系数 a_i，另一方面与 LP 合成滤波器输出的本地合成语音信号相减。通过感知加权滤波器，调整激励信号源等相关参数，使原始语音信号与本地合成的语音信号之间误差的感知加权均方值最小。最后将相应的分析参数 a_i 和激励信号参数进行编码、传输。在解码器端，将信号解码获得 a_i 和激励信号参数，用这些参数控制调整相应的合成滤波器和激励信号发生器，产生合成语音。

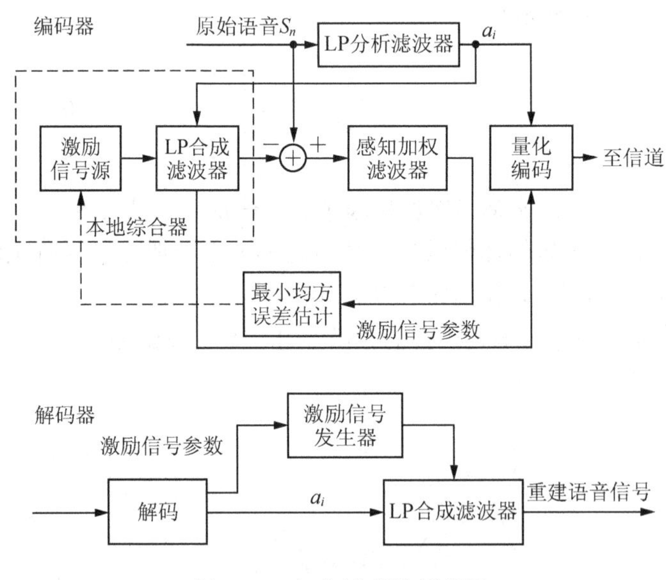

图 3-14　合成/分析法原理图

在合成/分析法中，由于在编码器端加入了合成滤波器和感知加权滤波器，并使原始的语音信号和合成语音信号之间的误差在感知加权均方误差准则下最小，从而提高了输出重建语音信号的质量。

3. CELP 编码解码原理

CELP 是典型的基于合成/分析法的编码器，包括基于合成/分析法的搜索过程、感知加权、矢量量化和线性预测技术。它从码本中搜索出最佳码矢量，并将其乘以最佳增益，以代替线性预测的差值信号作为激励信号源。CELP 采用分帧技术进行编码，帧长一般为 20～30ms，并将每个语音帧分为 2～5 个子帧，在每个子帧内搜索最佳的码矢量作为激励信号。

CELP 编码原理如图 3-15(a)所示。图中的虚线框中是 CELP 的激励源和综合滤波器部分。

CELP 通常用一个自适应码本中的码字来逼近语音的长时周期性(基音)结构，用一个固定码本中的码字来逼近语音经过短时和长时预测后的差值信号。从两个码本中搜索出来的最佳码字，乘以各自的最佳增益后再相加，它们的和作为 CELP 的激励信号源。将此激励信号输入到 P 阶合成滤波器 $1/A(z)$，从而得到合成语音信号 $\hat{S}(n)$。$\hat{S}(n)$ 与原始语音信号 $S(n)$ 之间的误差经过感知加权滤波器 $W(z)$，可以得到感知加权误差 $e(n)$。通过用感知加权最小均方误差准则，选择均方值最小的码字作为最佳码字。

CELP 编码器的计算量主要取决于码本中最佳码字的搜索，而计算的复杂度和合成语音质量则与码本的大小无关。

CELP 解码器的示意图如图 3-15(b)所示。解码器通常由两个主要的部分组成：合成滤波器和后置滤波器。合成滤波器生成的合成语音一般要经过后置滤波器滤波，以达到去除噪声的目的。解码的操作也是按子帧进行的。首先对编码中的索引值执行查表操作，从激励码本中选择对应的码矢量，通过相应的增益控制单元和合成滤波器生成合成语音。这样得到的重构语音信号往往仍然包含可闻噪声，在低码率编码的情况下尤其如此。为了降低噪声，同时又不降低语音质量，一般在解码器中要加入后置滤波器，它能够在听觉不敏感的频域对噪声进行选择性抑制。

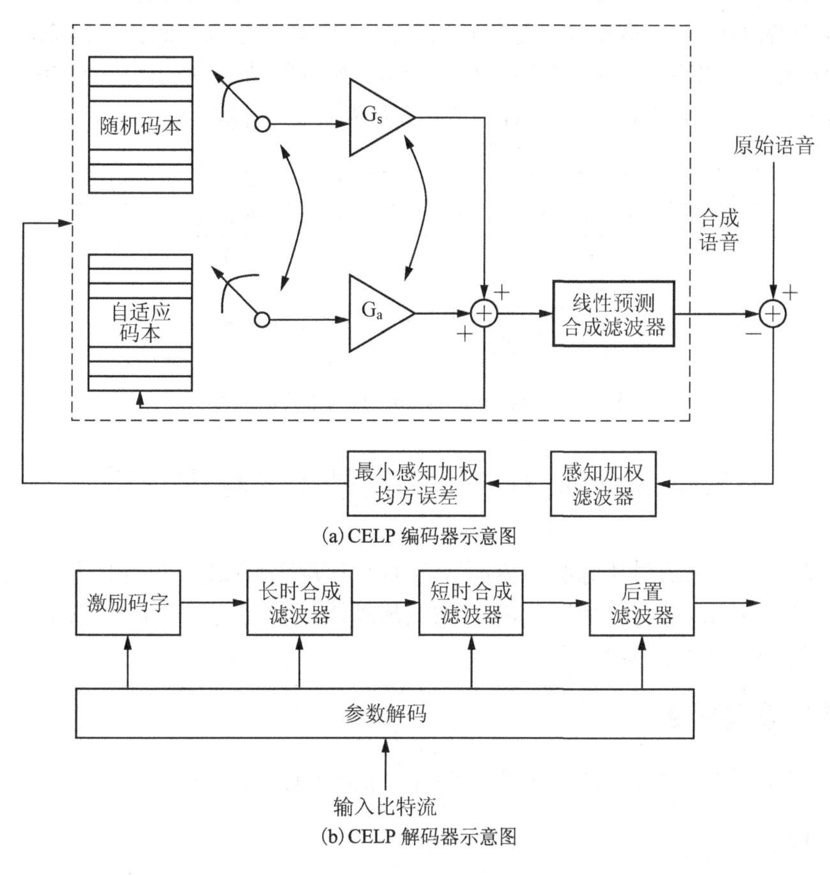

图 3-15　CELP 原理框图

3.4.7 感知编码

感知编码(perceptual coding)利用人耳听觉的心理声学特性进行压缩编码。由于人耳对音频信号的幅度、频率和时间的分辨能力有限，因此，凡是人耳感觉不到的成分都不进行编码和传送，只记录那些能够被人耳感觉到的声音，从而达到压缩的目的。感知编码器可以将信道的比特率从768kb/s降至128kb/s，将字长从16b/样值减少至平均2.67b/样值，数据量减少了约83%。尽管这种编码方法是有损的，但人耳却感觉不到编码信号质量的下降。

感知编码的理论基础是人耳的闻阈、临界频段和掩蔽效应。

实验表明，人耳对2～5kHz范围内的声音最敏感，人耳是否能听到声音取决于声音的频率和声音的幅度是否高于这一频率下的听觉阈值。听觉阈值也会随着声音频率变换而有所不同。在编码时，去掉阈值以外的电平就相当于对数据进行了压缩。

临界频段反映了人耳对不同频段声音的反应灵敏度的差异。在低频段人耳对几 Hz 的声音差异都能分辨；而在高频段的差异要达到几百 Hz 才能分辨。试验表明，低频段的临界频段宽度为100～200Hz；在大于5kHz后的高频段的临界频段宽度有1000Hz到几万Hz。因此在编码时要对低频段进行精细的划分，而对高频段的划分不必精细。

如 3.2.2 节掩蔽效应所述，强音会掩蔽弱音。因此在编码时，对被掩蔽的弱音不必进行编码，从而达到数据压缩的目的。

在音频压缩编码中，感知编码是比较成功的一种编码方法。例如，MPEG-1 Audio、MPEG-2 Audio、MPEG-2 AAC 和 MPEG-4 Audio 标准的核心算法都以感知编码算法为基础。图 3-16 为采用感知编码的 MPEG-1 音频编码系统结构框图。

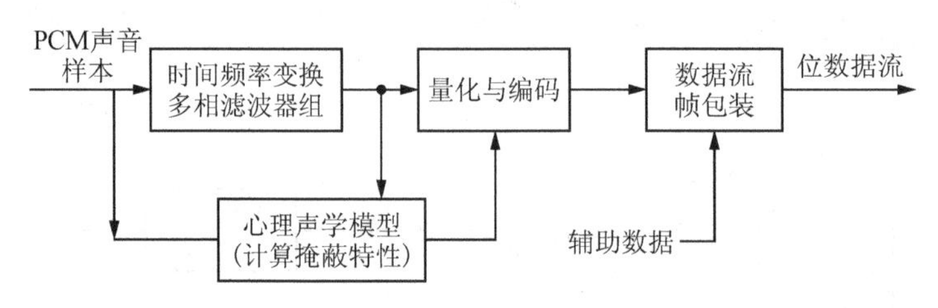

图 3-16　MPEG-1 Audio 编码器结构框图

3.5　音频信息压缩编码技术的标准体系

目前，人们在音频信号压缩编码方面取得了令人瞩目的成果，设计出了许多压缩方法，其中一些已成为国际或地区的编码标准，按波形编码、参数编码和混合编码三类方法分类的具有代表性的标准如表 3-3 所示。

3.5.1 波形编码标准

采用波形编码的标准有 G.711 标准、G.721 标准和 G.722 标准。

1. G.711 标准

G.711 标准是 ITU-T 于 1972 年制定的电话质量的 PCM 语音压缩标准，它主要采用脉冲编码调制对音频信号采样，采样频率为 8kHz，每个样值采用 8 位二进制编码，因此其速率为 64kb/s。

G.711 标准推荐采用非线性压缩扩张技术，压缩方式有两种：一种是μ律，主要应用于北美和日本；另一种是 A 律，主要应用于欧洲和世界其他地区。G.711 标准规定：选用不同解码规则的国家之间，数据通路传输按 A 律解码的信号，使用μ律的国家应进行转换。标准给出了μ–A 编码的对应表。

该标准广泛用于数字语音编码，在 5 级的 MOS 评价等级中，其评分等级达到 4.3，话音质量很好。

2. G.721 标准

经 PCM 后得到的语音信号，具有速率高、占用带宽大的特点，因而限制了它的应用，需要对其进行压缩处理。在语音压缩编码过程中，出现了速率低而质量好的自适应脉冲编码调制，其编码速率为 32kb/s。G.721 标准由 ITU-T 在 1984 年制定，用于速率为 64kb/s 的 A 律或μ律 PCM 语音信号与 32 kb/s 的 ADPCM 语音信号之间的转换。

G.721 标准基于 ADPCM 技术，采样频率为 8kHz，每个样值与预测值的差值用 4 位编码，其编码速率为 32kb/s。它不仅适用于语音压缩，而且也适用于调幅广播质量的音频压缩和 CD-I 音频压缩等应用，MOS 评分可达 4.1。

3. G.722 标准

G.722 标准是 1988 年由 CCITT 针对调幅广播质量的音频信号而制定的，其音频信号质量高于 G.711 标准和 G.721 标准，MOS 评分可达 4.5 分。G.722 压缩信号的带宽范围为 50Hz～7kHz，采样频率为 16kHz，编码比特数为 14b，编码后的信号速率为 224kb/s。

G.722 标准采用的编码方法是子带自适应差分脉冲编码调制编码方法(SB-ADPCM)，该方法将音频带划分为高、低两个子带，高、低子带的划分以 4kHz 为界限。在每个子带内采用类似 G.721 标准的 ADPCM 方式。该标准能将 224kb/s 的调幅广播质量信号速率压缩为 64kb/s，而质量保持一致，因此在视听多媒体和会议电视方面得以广泛应用。

上述三个标准都采用波形编码的方法，因而编码的速率不会很低。如要获得更低的编码速率，需要采用参数编码和混合编码的方式。

3.5.2 混合编码标准

采用混合编码方法的编码标准有 G.728 标准、G.729 标准、G.723.1 标准和 GSM 标准。

1. G.728 标准

G.728 标准于 1992 年由 CCITT 制定，主要应用于 IP 电话网中，同时它也是低速率(56～128kb/s)ISDN 可视电话的推荐语音编码器。它使用了低时延码激励线性预测(low-delay code excited linear prediction，LD-CELP)算法。该算法考虑了人耳的听觉特性，通过对语音信号的分析提取 CELP 模型的参数。在解码端，这些参数用于恢复激励信号和综合滤波器的参数。

G.728 标准的语音编码主要特点：算法时延短，仅为 0.625ms；编码时延小于 2ms；它是一个追求低比特率的标准，其速率为 16kb/s；其质量与 32kb/s 的 G.721 标准相当，MOS 评分可达 4.1 分，达到了长途通信质量。

2. G.729 标准

G.729 标准是 ITU-T 为低码率应用设计而制定的语音压缩标准，其码率为 8kb/s，算法相对较为复杂，采用 CELP 技术。同时为了提高合成语音的质量，采取了一些措施，具体的算法要比 CELP 复杂一些，通常称为共轭结构代数码激励线性预测(conjugate structure-algebraic code excited linear prediction，CS-ACELP)。

CS-ACELP 编码器建立在码本激励模型的基础上，8kHz 采样信号每 10ms 为一帧(含 80 个样本)，按帧计算 CELP 模型参数(包括 LP 系数、码本增益、基音和码本索引)，并将这些参数编码、传送。解码器将接收到的参数解码，得到激励和合成滤波器参数。激励信号经过短时合成滤波器滤波得到重构语音信号。短时合成滤波器为 10 阶 LP 滤波器，长时滤波器为自适应码本滤波器。为了在听觉不敏感频域对噪声进行抑制，重构语音还需经过后滤波器处理。

G.729 标准主要应用于个人移动通信、低轨道卫星通信系统等领域。

3. G.723.1 标准

ITU-T 颁布的 G.723.1 标准主要用于各种网络环境中低码率的多媒体通信，它是目前已颁布的音频压缩标准中码率较低的一个。其编码速率根据实际需要有两种：5.3kb/s 和 6.3kb/s。其中，5.3kb/s 码率编码器采用多脉冲最大似然量化技术(multipulse-maximum likelihood quantization，MP-MLQ)；6.3kb/s 码率编码器采用代数码激励线性预测技术(algebraic code excited linear prediction，ACELP)。G.723.1 的编码流程比较复杂，但仍基于 CELP 编码器，采用了分析/合成法原理。

G.723.1 算法的计算量也比较大，但它可以在如此低的码率条件下，MOS 达到 3.5 以上。

4. GSM 标准

GSM 是欧洲采用的移动电话压缩标准，它使用的算法是长时预测规则码激励(regular pulse excited-long term predition-lpc，RPE-LTP-LPC)，采样频率为 8kHz，码率为 13kb/s。GSM 在参数编码过程中采用了主观加权最小均方误差准则来逼近原始波形，具有原始波形的特点，因此有较好的自然度，并对噪声及多人讲话环境不敏感。同时它采用了长时预测、对数面积比量化等一系列措施，能够获得较好的语音质量，其 MOS 达 3.8 分。

3.5.3 MPEG 音频编码标准

与波形编码和参数编码不同，MPEG 声音的压缩和编码不依据波形本身的相关性和模拟人的发音器官的特性，而利用人的听觉特性来达到压缩声音数据的目的(感知编码)。20 世纪 80 年代以来，人们在利用自身听觉系统的特性来压缩声音数据方面取得了很大的进展，先后制定了 MPEG-1 Audio、MPEG-2 Audio、MPEG-2 AAC 和 MPEG-4 Audio 等标准，并将它们统称为 MPEG 声音。

1. MPEG-1 Audio 标准

MPEG-1 Audio 是第一个高保真声音数据压缩的国际标准，虽然它是 MPEG 标准的一部分，但也可以独立应用。MPEG-1 Audio 的编码对象是 20Hz～20kHz 的宽带声音，采样频率为 32kHz、44.1kHz 和 48kHz，采用的编码算法是感知子带编码。

MPEG-1 声音标准定义了三个独立的压缩层次，用于表示采用不同的压缩算法，分别称为第一层——MP1（MPEG audio layer 1）、第二层——MP2（mpeg audio layer 2）和第三层——MP3（mpeg audio layer 3）。随着层数的增加，算法的复杂度也增大，分级向下兼容，即 MPEG audio layer 3 可对 layer 1 和 layer 2 的压缩编码流进行解码。表 3-4 列出了三个层次的区别。

表 3-4　MPEG 音频编码层次比较表

MPEG 编码层次	压缩比	编码速率/(kb/s)	应用
第一层（layer1）	4：1	384	小型数字盒式磁带
第二层（layer2）	6：1～8：1	256～192	数字音乐、只读光盘交互系统和视盘
第三层（layer3）	10：1～12：1	128～112	ISDN 上的声音传输

MPEG 音频编码采用了子带编码，共分为 32 个子带。MPEG 音频编码的音频数据按帧传输，每一帧都可以独立解码。帧的长度由所采用的算法和所在的层决定。layer 1 的每帧由 32 个子带分别输出 12 个样本组成，即每帧包含 32×12＝384 个样本数据；layer 2 和 layer 3 的每帧有 32×3×12＝1152 个样本数据。

1）第一层

第一层（MP1）的子带划分是等带宽划分法，每个子带有 12 个样本，仅使用频域掩蔽特性。第一层和第二层的编码器结构类似，如图 3-17 所示。图中分析滤波器组相当于图 3-16 的时间-频率变换多相滤波器组，它将数字化的宽带音频信号分为 32 个子带，每个子带的频带宽度为 625Hz；采用与 DCT 类似的算法对输入信号进行变换；同时，采用与分析滤波器组并行的快速傅里叶变换（FFT）对输入信号进行频谱分析，并根据信号的频率、强度和音调，计算出各子带的掩蔽阈值。然后将各个子带的掩蔽阈值合成为全局的掩蔽阈值。将这个阈值与子带中最大信号比较，产生信掩比（signal-to-mask ratio，SMR）。线性量化器与动态比特和比例因子分配器和编码器相当于图 3-16 中的量化与编码器。线性量化器首先检查每个子带样本，找出这些样本中的最大绝对值，然后量化为 6 位，这就是比例因子。动态比特和比例因子分配器及编码器根据 SMR 确定每个子带的比特分配，子带样本按照比特分配数进行量化和编码。对被高度掩蔽的子带不需进行编码。多路复合器 MUX（multiplexer）相当于图 3-16 的数据流帧包装，它按照规定的帧格式将声音样本和编码信息（包括位分配和比例因子）进行包装，将它们封装成帧。第一层的帧结构如图 3-18 所示。

每帧都包含以下几个域。

（1）用于同步和记录该帧信息的同步头，长度为 32 位。MPEG-1 音频标准的所有三层在这部分都是一样的。

（2）用于检查是否有错误的循环冗余码（cyclic redundancy code，CRC），长度为 16 位。所有三层在这部分也是相同的。

(3) 用于描述位分配的域，长度为 4 位。

(4) 比例因子域，长度为 6 位。

(5) 子带样本域，是每帧中的最大部分，不同层是不一样的。

(6) 有可能添加的附加数据域，长度未规定。

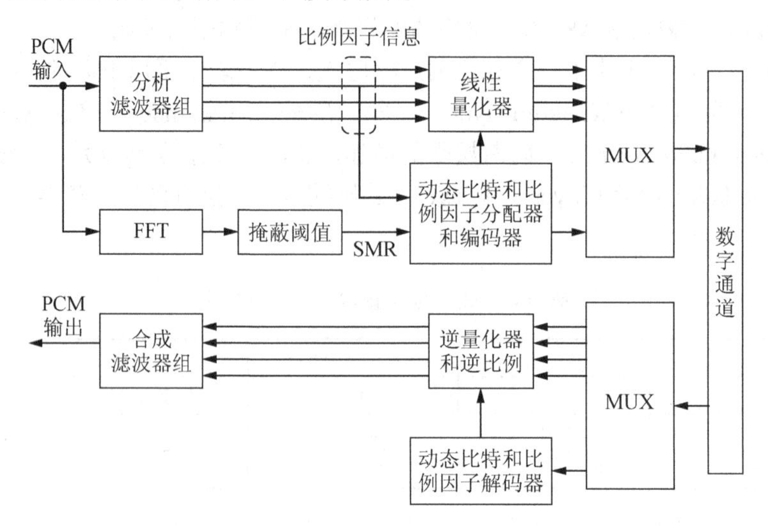

图 3-17　第一层/第二层编码器和解码器的结构

同步头(32位)	CRC(16位)	位分配(4位)	比例因子(6位)	子带样本	附加数据(未指定位数)
				相当于32个PCM输入样本	

图 3-18　第一层的帧结构

2) 第二层

第二层(MP2)编码是在第一层基础上的改进。除了使用频域掩蔽特性外，第二层编码还利用了时域掩蔽特性，并且在低频、中频和高频段对位分配做了一些限制：低频段使用 4 位、中频段使用 3 位、高频段使用 2 位。同时，对位分配、比例因子和量化样本值的编码也更紧凑。此外，第二层的 32 个子带的划分是变带宽划分。第一层是对一个子带中的一个样本组(由 12 个样本组成)进行编码，而第二层和第三层是对一个子带中的三个样本组进行编码，因此每帧由 1152 个样本构成。

第二层使用与第一层相同的同步头和 CRC 结构，如图 3-19 所示。与第一层不同的是，描述位分配的位数随子带不同而变化；另外，第二层位流中有一个 2 位的比例因子选择信息(scale factor selection information，SCFSI)域，解码器根据这个域的信息就可以知道是否需要及如何共享比例因子。

3) 第三层

第三层(MP3)仍然采用变带宽子带划分。除了利用时域和频域掩蔽特性外，还考虑了立体声数据的冗余，并且采用了 Huffman 编码器。第三层的编解码结构如图 3-20 所示。

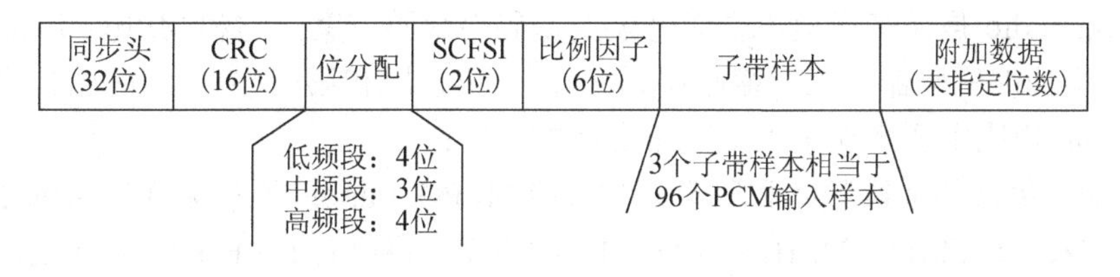

图 3-19　第二层位流数据格式

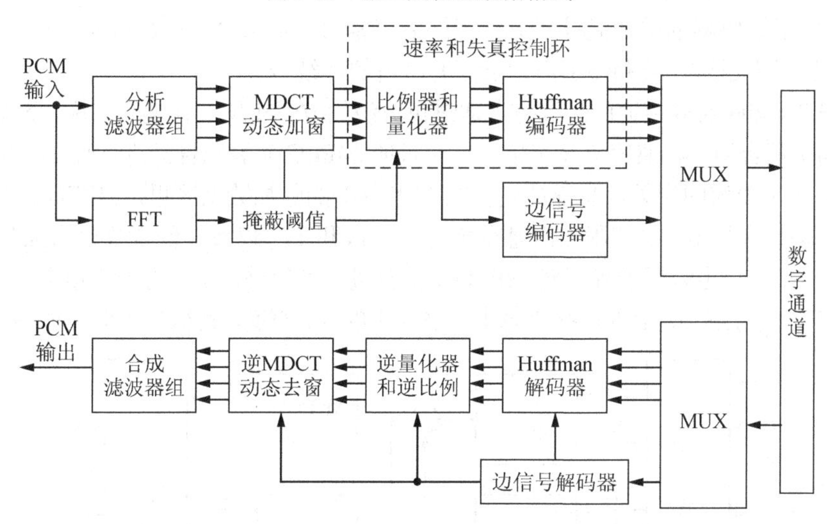

图 3-20　MPEG-1 audio 第三层编码器和解码器的结构

第 3 层编码采用的滤波器组在原有的基础上，采用了改进离散余弦变换(modified discrete cosine transform，MDCT)，对第一层/第二层滤波器组的不足进行补偿。MDCT 将子带的输出在频域进一步细分，以达到更高的频域分辨率。通过对子带的进一步细分，第三层编码器还可以部分消除由多相滤波器组引入的混叠效应。

第三层指定了两种 MDCT 的块长：18 个样本组成的长块长和 6 个样本组成的短块长。3 个短块长刚好等于 1 个长块长。对于给定的一帧样本信号，MDCT 可以全部使用长块或全部使用短块，也可以长短块混合使用。对于平稳信号，使用长块可以获得更好的频域分辨率；对于跳变信号，使用短块可以获得更好的时域分辨率。

除了使用 MDCT 以外，第三层还采用了其他改进措施，在不降低音质的情况下提高了压缩比。虽然第三层引入了许多复杂的概念，但是它的计算量并没有比第二层增加很多，主要增加了编码器的复杂度和解码器所需要的存储容量。

MP3 是 MPEG 音频系列中性能最好的一个。它可以大幅度地降低数字声音文件的体积容量，而人耳却感觉不到有什么失真，音质的主观感觉很令人满意。经过 MP3 的压缩编码处理后，音频文件可以被压缩到原来的 1/12～1/10。

2. MPEG-2 audio 编码标准

MPEG-2 标准委员会定义了两种声音数据压缩标准：MPEG-2 Audio 和 MPEG-2 AAC。因为 MPEG-2 audio 与 MPEG-1 audio 是兼容的，所以又称为 MPEG-2 BC(backward compatible)。

MPEG-2 audio 是为多声道声音而开发的低码率编码方案，它和 MPEG-1 audio 标准都采用相同种类的编解码器，三个编码层(第一层、第二层和第三层)的编码结构也相同。与 MPEG-1 audio 相比主要增加了以下几个方面的内容：

(1)增加了更低的采样频率和码率。在保持 MPEG-1 audio 原有采样频率的基础上，又增加了 16kHz、22.05kHz、24kHz 三种新的采样频率，将原有 MPEG-1 audio 采样频率降低了一半，以便提高码率低于 64kb/s 时的每个声道的声音质量。

(2)扩展了编码器的输出速率范围，由 32～384kb/s 扩展到 8～640kb/s。

(3)增加了声道数，支持 5.1 声道和 7.1 声道的环绕声。

MPEG-2 audio 对多声道的扩展方式通过可分级的方式实现。在编码器端，5 个输入声道信号分别向下混合为一路兼容立体声信号，再按照 MPEG-1 编码标准进行编码；用于在解码端恢复原来 5 个声道的相关信息都被安置在 MPEG-1 的附加数据区里，MPEG-1 在进行解码的时候可忽略此区数据。这些附加信息在声道 T_2、T_3 和 T_4，以及在低音效果增强 LFE 声道中传输。MPEG-2 多声道解码器除了对 MPEG-1 部分进行解码外，还对附加的信道 T_2、T_3 和 T_4，以及 LFE 声道进行解码，根据这些信息来恢复原来的 5.1 声道。其编解码框图如图 3-21 所示。

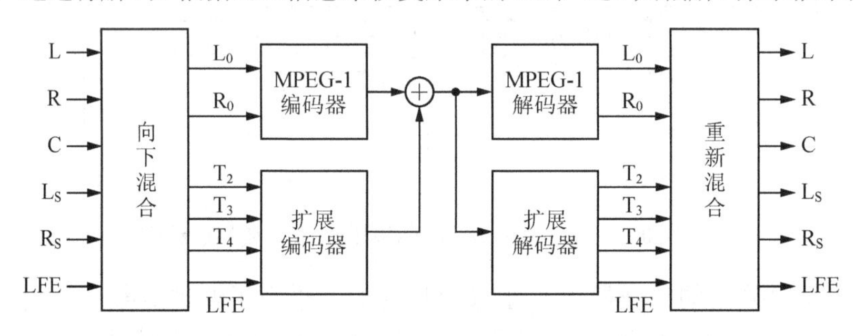

图 3-21　MPEG-2 Audio 编码解码器结构

当 MPEG-1 解码器对上述码流进行解码时，解码器只对码流中的 MPEG-1 进行解码，忽略所有附加的信息，以这种方式来实现 MPEG-2 的向下兼容。在 MPEG-1 声音数据格式中，对其中的辅助数据 AUX 的数据长度没有做出限制。因此在 MPEG-2 声音标准中，将多声道中的中心声道 C、左右环绕声道 L_S、R_S 和低音效果增强声音 LFE 等多声道扩展 MC(MC-extension)信息，视为 MPEG-1 左右声道的辅助数据进行传送。MPEG-2 的数据帧结构如图 3-22 所示。

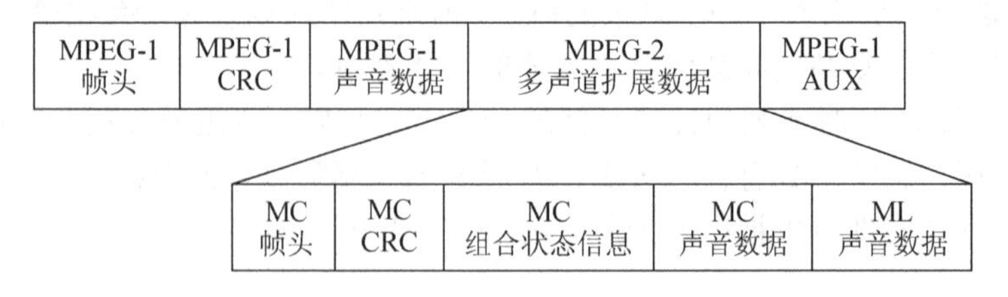

图 3-22　MPEG-2 Audio 码流的帧结构

3. MPEG-2 AAC 编码标准

MPEG-2 AAC(MPEG-2 advanced audio coding)是 MPEG-2 标准中的声音感知编码标

准。其核心思想是利用人耳听觉系统的掩蔽特性来减少数据量；通过子带编码将量化噪声分散到各个子带中，并用全局信号将噪声掩蔽。

MPEG-2 AAC 支持的采样频率为 8～96kHz，编码器的输入可来自单声道、立体声或多声道音源的声音。MPEG-2 AAC 标准可支持 48 声道、16 个低频音效加强通道 LFE、16 个配音声道和 16 个数据流。MPEG-2 AAC 的压缩比达到 11∶1，即每个声道的数据率为 (44.1×16)/11kb/s＝64kb/s，在 5 声道的总数据率为 320kb/s 的情况下，很难区分还原后的声音与原始声音的差别。在声音质量相同的前提下，与 MPEG-1/MPEG-2 audio 的第二层相比，MPEG-2 AAC 的压缩率提高一倍；与 MPEG-1/MPEG-2 audio 的第三层相比，MPEG-2 AAC 的数据率是它的 70%。

MPEG-2 AAC 采用模块化的编码方法，将整个 AAC 系统分解成一系列的模块，用标准化的 AAC 工具对模块进行定义。MPEG-2 AAC 编码解码的基本结构如图 3-23 所示，粗线代表数据流，细线代表控制流。

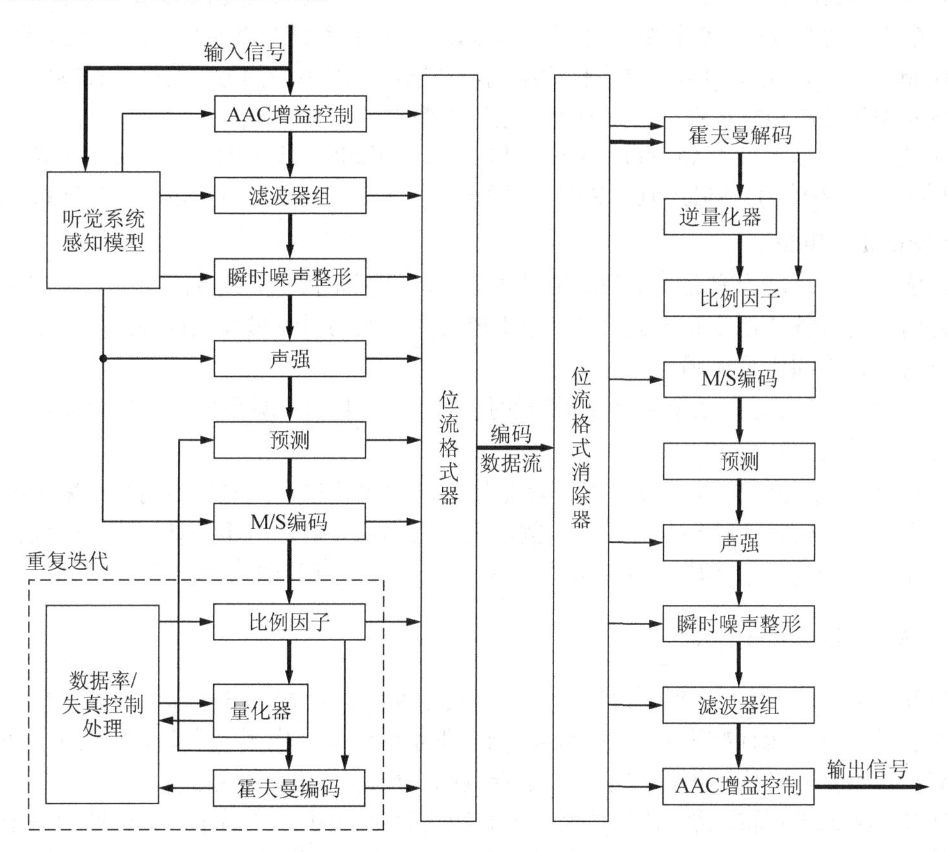

图 3-23　MPEG-2 AAC 编码解码框图

编码器中各模块的作用如下。

(1) AAC 增益控制。由多相正交滤波器、增益检测器和增益修正器组成的增益控制模块，用于将输入信号分离到四个相等带宽的频带中，可改变输入信号的采样频率。在解码器中也有相应的增益控制模块。

(2) 滤波器组。将输入信号从时域变换到频域的转换模块，由一组带通滤波器组成，是 MPEG-2 AAC 系统的基本模块。该模块采用了(MDCT)，这是一种线性正交重叠变换，具有时域混叠取消功能。MDCT 使用正弦窗口对输入信号进行调制。假设输入样本为 $x_{i,n}$，变换后的输出为 $x_{i,k}$，正向 MDCT 变换可用下式表示

$$X_{i,k}=2\sum_{n=0}^{N-1}x_{i,n}\cos\left[\frac{2\pi}{N}(n+n_0)(k+\frac{1}{2})\right]\quad k=0,\cdots,\frac{N}{2}-1 \tag{3-18}$$

逆向 MDCT 变换可用下式表示

$$x_{i,n}=\frac{2}{N}\sum_{n=0}^{N/2-1}X_{i,k}\cos\left[\frac{2\pi}{N}(n+n_0)(k+\frac{1}{2})\right]\quad k=0,\cdots,N-1 \tag{3-19}$$

式中，n 为样本号；N 为变换块长度；i 为输入样本块号；$n_0=(N/2+1)/2$。

(3) 瞬时噪声整形。用于控制每个变换窗口的量化噪声的瞬时形状，通过采用滤波方法实现，用来解决掩蔽阈值和量化噪声的匹配问题。

(4) 联合立体声编码。这是一种空间编码技术，其目的是去掉空间的冗余信息，该技术比对每个声道的声音单独进行编码更有效。MPEG-2 AAC 系统包含两种空间编码技术：M/S 编码(middle/side encoding)和声强立体声编码，分别用于对不同频带的信号进行编码。

M/S 编码使用矩阵运算，也称为矩阵立体声编码。它不单独传送左(L)、右(R)声道信号，而是传送表示中央 M(Middle)声道的和信号：Middle=(L+R)/2，以及传送表示旁边 S(Side)声道的差信号：Side=(L−R)/2。解码时，左右声道的信号分别为 L=Middle+Side 和 R=Middle−Side。

声强立体声编码研究的基本问题也是声道之间的冗余信息。该方法用一个声道信号和移动方向信息代替传送左右声道信号。由于该方法被认为具有破坏相位关系的缺点，因此只用于低位速率的信号编码。

(5) 预测。话音编码系统中普遍采用的技术，它主要用来减少平稳信号或周期信号在时间方向上的冗余。

(6) 比例因子与量化器。AAC 编码器采用非均匀量化技术，对较小的数值采用小的量化阶，产生的量化噪声较小；对较大的数值采用大的量化阶，产生的量化噪声较大。为了控制量化噪声的功率，在信号被量化之前要对不同频带使用不同的比例因子。

4. MPEG-4 audio 标准

MPEG-4 audio 是一个包罗万象的声音编码标准，作为 MPEG-4 标准的第 3 部分，与先前开发的声音编码标准不同，MPEG-4 audio 不是针对单项应用的声音编码技术，而是想覆盖整个声音频率范围的编码技术，从话音编码、声音编码到合成语音。

MPEG-4 audio 标准欲规范的数据速率和应用目标如图 3-24 所示。该标准为每个声音规定的速率为 2～64kb/s，并为此定义了以下三种类型的编码器。

(1) 在数据速率为 2～6kb/s 范围内，可使用参数编码，声音信号的采样频率为 8kHz。

(2) 在数据速率为 6～24kb/s 范围内，可使用码激励线性预测编码技术，声音信号的采样频率为 8kHz 或 16kHz。

(3) 在数据速率为 16～64kb/s 范围内，可使用时间/频率编码(或称为基于变换的普通声音编码)技术，如用 MPEG-2 AAC 经过改进的 MPEG-4 AAC，支持 8～96kHz 的采样频率。

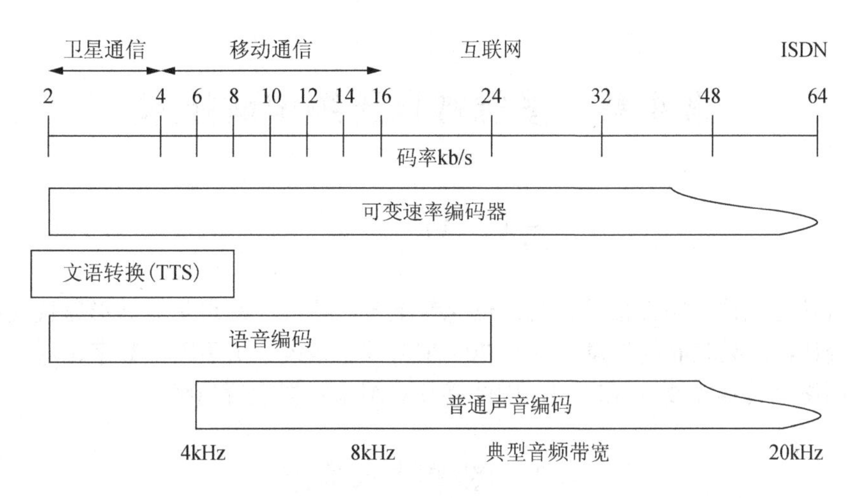

图 3-24　MPEG-4 Audio 数据速率和应用目标

3.5.4 Dolby AC-3

Dolby AC-3 技术是由美国杜比实验室主要针对环绕声开发的一种音频压缩技术。在 5.1 声道的条件下，可将码率压缩至 384kb/s，压缩比约为 10∶1。Dolby AC-3 最初是针对影院系统开发的，但目前已成为应用最为广泛的环绕声压缩技术之一。Dolby AC-3 是一种感知型压缩技术，其中使用了许多先进的压缩技术，如前/后向混合自适应比特分配、公共比特池、频谱包络编码、低码率条件下采用的多声道高频耦合等。这些技术对其他的多声道环绕声压缩技术的发展产生了一定的影响。

可以说，Dolby AC-3 的出现是杜比公司几十年来在声音降噪及编码技术方面的结晶，在技术上具有很强的优势，因而 Dolby AC-3 在影院系统、高清晰度电视(high definition television，HDTV)、消费类电子产品及直播卫星等方面获得了广泛的应用。它是一种非常经济而又高效的数字音频压缩系统，是美国数字电视系统的强制标准，是欧洲数字电视系统的推荐标准。

习　　题

3-1 比较波形编码和参数编码的优缺点，并举例说明混合编码如何利用它们各自的优点克服其缺点。

3-2 说明音频信号数字化的过程，多媒体中语音数字编码的采样频率是多少？

3-3 常用的音频压缩编码有哪些？简要说明它们各自的特点。

3-4 APCM 的基本思想是什么？DPCM 的基本思想是什么？

3-5 简述感知编码的基本原理。

3-6 常见的音频压缩编码标准有哪些？它们分别采用了何种编码技术？并指出各自的应用场合。

3-7 比较 MPEG-2 audio 和 MPEG-2 AAC 的编码方法和特点。

3-8 简述 MPEG-4 与 MPEG-1/MPEG-2 的不同点。

第 4 章　图像数据压缩编码技术

4.1　概　　述

与声音信号相比，图像信号携带的信息量更多，其最大特点是能够形象直观地表达信息。根据统计，人类获取的信息中约有 70%来自视觉系统。由于图像数字化后的数据量相当大，在网络上传输需要很长时间，因此必须对图像数据进行压缩。

4.2　图像技术基础

4.2.1　图像的分类

图像信号按其内容变化与时间的关系可分为静态图像和动态图像。静态图像的信息密度随空间分布，且相对时间为常量；动态图像也称为时变图像，其空间密度特性是随时间变化的。人们常用静态图像的一个时间序列来表示一个动态图像。图像分类还可按以下几种方式进行。

(1) 按图像的存在形式不同，可分为实际图像和抽象图像。

实际图像：指真实存在、人眼能够看到或由一些数据生成的统计图像，包括照片、图、画，以及统计图等。

抽象图像：如数学函数图像，包括连续函数和离散函数。

(2) 按亮度等级的不同，可分为二值图像和灰度图像。

二值图像：只有黑白两种亮度等级的图像。

灰度图像：有多种亮度等级的图像。

(3) 按图像光谱特性的不同，可分为黑白图像和彩色图像。

黑白图像：每个像素点只有一个亮度值分量，如黑白照片、黑白电视画面等。

彩色图像：每个像素点有多于一个的局部性质，如在彩色电视中重现的三基色(红、绿、蓝)图像。

(4) 按图像所占空间维数的不同，可分为二维图像和三维图像。

二维图像：即平面图像，如照片等。

三维图像：空间分布的图像，通常使用两个或多个摄像头来成像。

4.2.2　人眼的视觉特性

1. 视觉适应性

当人们从明亮的阳光下走入一个较暗的房间后，开始时会感到一片漆黑，什么也看不清，但经过一段时间的适应后就能逐渐看清物体，人眼的这种适应暗环境的能力称为暗适应性。通常这种适应过程约需 30s。与暗适应性相比，明适应性过程要快得多，通常只需几秒。例如，在黑暗的房间中突然打开电灯，人的视觉几乎马上就可以恢复。

2. 人眼的对比度特性

1) 图像的对比度

对比度是景物或重现图像的最大亮度 L_{max} 和最小亮度 L_{min} 之比，用符号 C 来表示，即

$$C=\frac{L_{max}}{L_{min}} \tag{4-1}$$

而将图像画面的最大亮度和最小亮度之间能分辨的亮度感觉级数称为亮度层次，或称为灰度级。但是人眼的亮度感觉是相对的，即同一亮度在不同环境亮度下给人的亮度感觉是不同的。因此当人们看图像时，在考虑到环境亮度后，图像的对比度为

$$C=\frac{L_{max}+L_{\phi}}{L_{min}+L_{\phi}} \tag{4-2}$$

式中，L_{ϕ} 为环境亮度。

2) 亮度感觉

亮度感觉是指能分辨出不同的亮度层次。如前所述，人眼实际观察景物时所获得的亮度感觉不仅由景物自身的亮度决定，还与其所处的周围环境亮度有关。例如，当照明增强时，目标的亮度不一定增大，它可能会更亮一些，也可能保持不变，甚至还可能看起来亮度减少一些。

实验表明：人眼察觉亮度变化的能力非常有限。在某一亮度下，如果亮度发生了变化，并且人眼刚刚能够察觉出这种变化，这个变化值就称为最小亮度变化量 ΔL_{min}。若定义此变化量为一级亮度级差，那么每增加一个 ΔL_{min}，就增加一级亮度级。

3. 视觉的残留和闪烁特性

1) 视觉的残留

视觉残留是人眼具有的一种特性。当人眼观看物体时，光信号传入大脑神经，需要经过一段短暂的时间；光的作用结束后，视觉影像并不立即消失，而会延续 0.1～0.4s 的时间，这一现象被称为视觉残留。其具体应用是电视或电影的放映。当连续播放时间和空间上都不连续的一幅幅静止图像时，只要保证前一幅图像的印象还没消失，而后一幅图像的印象已经建立，便能够在大脑中形成图像内容连续运动的感觉。因此，在电影中通过每秒变换 24 次静止画面以给人一种较好的连续运动的感觉；在电视技术中则是利用电子扫描的方法，每秒更换 25～30 幅图像来获得连续感。

2) 闪烁

如果观察一个具有周期性的光脉冲，当其重复频率不够高时，便会产生一明一暗的感觉，这种感觉就是闪烁；但当重复频率足够高时，闪烁的感觉会消失，随之看到的是一个恒定的亮点。使闪烁感觉刚刚消失时的频率称为临界闪烁频率，它与脉冲亮度有关。脉冲亮度越高，临界闪烁频率也相应的增高。

实验证明：在电影银幕的亮度照明下，人眼的临界闪烁频率约为 46Hz。因此，在电影中以每秒 24 幅图像的速度将其投向银幕，并在每幅图像停留的过程中，用一个机械光

阀将投射光遮挡一次，这样，重复频率达到每秒 48 次，因此可使观众产生连续的、不闪烁的感觉。显示器的逐行扫描实际上就是通过增加频率，达到消除闪烁的目的。

4. 色觉

正常人的眼睛不仅能感受光线的强弱，而且还能辨别不同的颜色。人辨别颜色的能力称为色觉，它是指视网膜对不同波长光的感受特性，即在一般自然光线下分辨各种不同颜色的能力。

人的视觉系统对可见光的感知结果表现为彩色。彩色表示需要考虑三个属性：亮度、色调和饱和度。亮度是光作用于人眼所引起的明亮程度，与光强有关。色调则是用来区别颜色的名称或颜色的种类，使用红、橙、黄等术语来刻画。饱和度指的是颜色的深浅程度。对于同一色调的彩色光，饱和度越深颜色越鲜艳，或者说颜色越纯。色调和饱和度统称为色度。

正常人的色谱范围是波长为 400nm 的紫色到约 760nm 的红色。不同波长的光呈现不同颜色，随着波长的减小，可见光颜色依次为红、橙、黄、绿、青、蓝、靛、紫。人类看到的大多数光通常不是一种波长的单色光，而是由不同波长的光组成的复合光。事实证明，自然界的常见颜色均可用红(R)、绿(G)、蓝(B)三种颜色的组合来表示，即绝大多数颜色均可分解为红(R)、绿(G)、蓝(B)三种颜色分量。这就是色度学的最基本原理——三基色原理。

在辐射功率相同的条件下，不同波长的光不仅给人不同的彩色感觉，而且也给人不同的亮度感觉。人眼一般感到红光最暗，蓝光次之，而黄绿光最亮。有研究表明，人眼对亮度信息敏感，而对颜色的敏感程度相对较弱。利用这一特性可进行视频信息的编码和传输。

4.2.3 颜色空间

颜色空间是表示颜色的一种数学方法，人们用它来指定和产生颜色，使颜色形象化。人的视觉系统对颜色的亮度和色度的感觉是不同的，因此在图像处理、计算机显示、多媒体系统中，涉及不同的颜色空间。对于人来说，可以通过色调、饱和度、亮度来定义颜色，如 HSB(hue，saturation，brightness)；而对于显示设备来说，人们使用红、绿、蓝磷光体的发光量来描述颜色，如 RGB(red，green，blue)；对于打印或印刷设备来说，人们使用青色、品红色、黄色、黑色的反射和吸收来产生指定的颜色，如 CMYK(cyan，magenta，yellow，black)。

颜色空间的种类繁多，通常可以从颜色的感知角度对它们进行分类。

(1)混合型：按三种基色的比例合成颜色，如 RGB、CMYK。

(2)非线性亮度/色度型：用一个分量表示非色彩的感知，用两个独立的分量表示色彩的感知，如 YUV(Y 表示明度 luminance，U、V 表示色调和饱和度 chrominance)、YIQ(Y 表示明度 luminance，I、Q 表示色调和饱和度 chrominance)。当需要黑白图像时，这样的系统非常方便。

(3)强度/饱和度/色调型：用饱和度和色调描述色彩的感知，如 HSI(hue，saturation，intensity)、HSL(hue，saturation，lightness)、HSV(hue，saturation，value)。

1. RGB与CMYK颜色空间

按照三基色原理，国际照明委员会(International Commission on Illumination，CIE)选用了物理三基色进行配色实验，并于1931年建立了RGB计色系统。红(R)、绿(G)、蓝(B)成为物理三基色，它们的波长分别为700nm、546.1nm和435.8nm。RGB成为颜色的基本计量参数。

RGB颜色空间是指用红(R)、绿(G)、蓝(B)物理三基色表示颜色的方法。它是颜色的最基本表示模型。在阴极射线管的图像显示系统中得到广泛的应用。与RGB不同，CMYK主要应用在印刷和打印系统中。CMYK中的黑色K是为了改善打印质量而增加的颜色分量。使用CMYK生成颜色比较容易实现，但将RGB颜色空间表示的颜色正确转换到CMYK空间并非易事。

2. 计算机图像颜色空间

计算机绘图用的颜色空间包括HSI、HSL、HSV、HSB等，这些都是以色调为基础的颜色空间，它们都由RGB颜色空间转换而来。其优点是指定颜色方式非常直观，很容易选择所需要的色调。这些颜色空间都希望将亮度从颜色信息中分离出来。

3. 电视系统颜色空间

根据三基色原理，彩色信号的最基本表示模型为R、G、B表示方法，即每个像素点由R、G、B三个基色混合而成。由于人眼对灰度的最大分辨力为2^6，如果用数字来表示一个像素点的灰度，8位就够了。若三个基色分别用8位来表示，则每个像素点需要24位，而构成一幅彩色图像需要大量的像素点。因此，图像信号经采样、量化后的数据量相当大，不便于存储和传输。为了解决这个问题，人们找到了相应的解决方法：将RGB空间表示的颜色图像变换到其他颜色空间，每一种颜色空间都产生一种亮度分量和两种色度分量信号。常用的颜色空间表示法有YUV、YIQ、YC_bC_r (Y表示明度，C_b表示蓝色色度分量，C_r表示红色色度分量)等。

YUV、YIQ、YC_bC_r都是由广播电视需求的推动而开发的颜色空间，主要目的是利用人眼的视觉特性来压缩色度信息以达到有效的传送彩色电视图像的目的。

1) YUV颜色空间

在现代彩色电视系统中，通常采用三管彩色摄像机或彩色电耦合器件摄像机，将得到的彩色图像信号经分色分别放大校正得到红、绿、蓝三个分量信号，再经过矩阵变换电路得到亮度信号Y和两个色差信号$R-Y$，$B-Y$，其中亮度信号表示了单位面积上反射光线的强度，而色差信号决定了彩色图像信号的色调。最后发送端将亮度和色差三个信号分别进行编码，用同一信道发送出去。这就是在PAL和SECAM模拟彩色电视制式中采用的YUV颜色空间。

YUV和RGB颜色空间转换的对应关系式如下：

$$\begin{bmatrix} Y \\ U \\ V \end{bmatrix} = \begin{bmatrix} 0.229 & 0.587 & 0.114 \\ -0.147 & -0.289 & 0.436 \\ 0.615 & -0.515 & -0.100 \end{bmatrix} \begin{bmatrix} R \\ G \\ B \end{bmatrix} \tag{4-3}$$

采用 YUV 颜色空间的重要性是它的亮度信号 Y 和色度信号 U、V 相互独立。如果只有 Y 信号分量而没有 U、V 分量，这样表示的图就是灰度图像。彩色电视采用 YUV 空间正是为了用亮度信号 Y 解决彩色电视机与黑白电视机的兼容问题，使黑白电视机也能接收彩色信号。YUV 表示法的另一个优点为，可以利用人眼的视觉特性来降低数字彩色图像的数据量。人眼对彩色细节的分辨能力远比亮度细节的分辨能力低得多，如果将人眼刚刚能分辨出的黑白相间条纹换成不同颜色的彩色条纹，眼睛就不再能分辨出条纹来了。因此，可以将彩色分量的分辨率降低而不会明显影响图像的质量。因而可以将几个相邻像素不同的彩色值当作相同的彩色值来处理，即大面积着色原理，从而减少所需的数据量。在 PAL 彩色电视制式中，亮度信号的带宽为 4.43MHz，用以保证足够的清晰度，而将色差信号的带宽压缩为 1.3MHz，达到了减少带宽的目的。

在数字图像处理的实际操作中，对亮度信号 Y 和色差信号 U、V 分别采用不同的采样频率。目前常用的 Y、U、V 采样频率的比例为 4∶2∶2 和 4∶1∶1。例如，采用 RGB 颜色空间存储一幅大小为 640×480 像素的图像，若每个颜色分量均用 8 位表示，则所需要的存储容量为 640×480×3×8/8B＝921600B；如果用 Y∶U∶V＝4∶1∶1 来表示同一幅彩色图像，对于亮度信号 Y，每像素仍用 8 位表示，而对于色差信号 U、V，每 4 个相邻像素(2×2)用 8 位表示，则存储量变为 640×480×(8＋4)/8B＝460800B。尽管数据量减少了一半，但人眼察觉不到明显的变化。

2) YIQ 颜色空间

这是 NTSC 彩色电视制式采用的颜色空间。其中，Y 为亮度信号，I、Q 为两个彩色分量。人眼的彩色视觉特性表明，人眼对红、黄之间颜色变化的分辨能力最强，而对蓝、紫之间颜色变化的分辨能力最弱。在 YIQ 颜色空间中，I 表示人眼最敏感的色轴，Q 表示人眼最不敏感的色轴。在 NTSC 制式中，用较宽的频带(1.3～1.5MHz)传送人眼分辨能力较强的 I 信号；而用较窄的频带(0.5MHz)传送人眼分辨能力较弱的 Q 信号。

YIQ 与 RGB 颜色空间的转换公式为

$$\begin{bmatrix} Y \\ I \\ Q \end{bmatrix} = \begin{bmatrix} 0.229 & 0.587 & 0.114 \\ 0.596 & -0.275 & 0.321 \\ 0.212 & -0.523 & 0.311 \end{bmatrix} \begin{bmatrix} R \\ G \\ B \end{bmatrix} \tag{4-4}$$

3) YC_bC_r 颜色空间

这是由 ITU 制定的彩色空间。按照 CCIR601-2 标准，将非线性的 RGB 信号编码成 YC_bC_r。编码过程开始时先采用符合 SMPTE-CRGB(它定义了三种荧光粉，即一种参考白光，应用于演播室监视器及电视接收机标准的 RGB)的基色作为 γ 校正信号。非线性 RGB 信号很容易与一个常量矩阵相乘得到亮度信号 Y 和两个色差信号 C_b、C_r。YC_bC_r 通常在图像压缩时作为颜色空间，而在通信中是一种非正式标准。YC_bC_r 与 RGB 颜色空间的转换如式(4-5)所示。可以看到，数字域中的颜色空间变换与模拟域中的颜色空间变换是不同的。

$$\begin{bmatrix} Y \\ C_b \\ C_r \end{bmatrix} = \begin{bmatrix} 0.229 & 0.587 & 0.114 \\ -0.169 & -0.331 & 0.500 \\ 0.500 & -0.419 & -0.081 \end{bmatrix} \begin{bmatrix} R \\ G \\ B \end{bmatrix} + \begin{bmatrix} 0 \\ 128 \\ 128 \end{bmatrix} \tag{4-5}$$

4.2.4　彩色图像信号的分量编码

对于图像信号压缩编码，可以采用两种不同的编/解码方案。一种是复合编码，它直接对复合图像信号进行采样、编码和传输；另一种是分量编码，它首先将复合图像中的亮度和色度信号分离出来，然后分别进行采样、编码和传输。目前分量编码已经成为图像信号压缩的主流，在 20 世纪 90 年代以来颁布的一系列图像压缩国际标准中均采用分量编码方案。以 YUV 颜色空间为例，分量编码系统的基本原理如图 4-1 所示，其中对亮度信号 Y 使用较高的采样频率，对色差信号 U、V 则使用较低的采样频率。

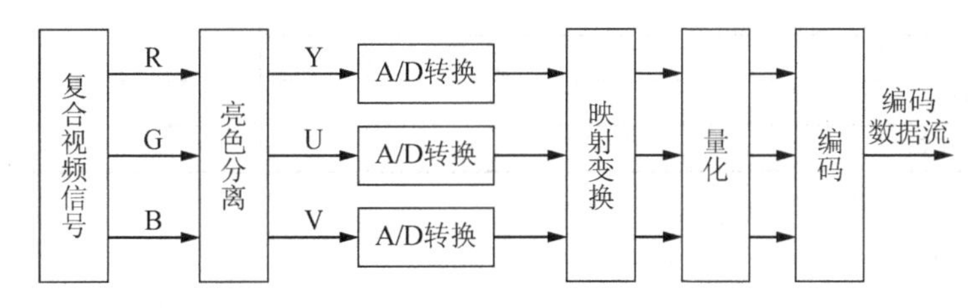

图 4-1　彩色分量编码系统原理框图

4.2.5　图像质量的评价

图像质量的基本评价方法有两种：主观评价和客观评价。

图像质量的含义包括两个方面：一是图像的逼真度，即被评价图像与原始图像的偏离程度；另一个是图像的可懂度，是指图像能向人或机器提供信息的能力。尽管最理想的情况是能够找出图像逼真度和图像可懂度的定量描述方法来作为评价图像的依据，但由于目前对人的视觉系统特性还没有充分理解，对人的心理因素还找不出定量描述的方法，所以采用较多、最具权威性的还是主观评价方法。

1. 主观评价

图像的主观评价是通过人来观察图像，对其优劣给出主观评定，然后对评分进行统计平均，从而得出评价的结果。众所周知，图像通信系统的目的就是要将远方发生的事件以图像的方式记录下来，通过传输使接收者可以逼真地看到远方的事件，其最终接收者是人眼。可见，主观评价是一种最直观、最可靠的评价方法，但它受观察者心理因素的影响。因此，人为因素是影响图像质量主观评价的重要方面。在 ITU-R500 标准中对图像质量的主观评价给出了具体规定。

1) 主观评价的观察者

在进行主观评价时，挑选的观察者既包含未受过专业训练的外行，也包含训练有素的内行。外行观察者代表平均观察者的一般感觉；而内行观察者，由于受过专业的培训，能够发现那些被外行观察者忽略的图像质量上的细节问题。另外，为了保证主观评价的合理性，观察者的数量不宜少于 20 人。

2) 主观评价的条件、方法和尺度

由以上分析可知，主观评价与许多因素有关。其测试条件及要求如下：观察距离为图像高度的 4～8 倍，显示屏峰值亮度为 85cd/m^2，在暗室，黑电平亮度与峰值亮度之比约为 0.01；图像监视器的背景亮度与图像峰值亮度之比约为 0.1。

在主观评价方法中又分两种评价计分方法，即国际上通用的 5 级评分的质量尺度和妨碍尺度，如表 4-1 所示。它是由观察者根据自己的经验，对被评价的图像做出质量判断。在有些情况下，也可以提供一组标准图像作为参考，帮助观察者对图像质量做出合适的评价。通常，对非专业人员多采用质量尺度，对专业人员则使用妨碍尺度为宜。

表 4-1　两种尺度的主观评价方法

妨碍尺度	得分	质量尺度
无觉察	5	非常好
刚觉察	4	好
觉察但不讨厌	3	一般
讨厌	2	差
难以观看	1	非常差

2. 客观评价

图像的客观评价又称为图像逼真度计量法。在此方法中，首先定义一个数学公式，然后利用该公式对图像信号进行计算，所得到的计算结果即为测量结果。这种方法常用于图像的相似性评价中。与声音质量的客观评价方法类似，图像质量的客观评价通常采用均方差或均方差的各种变形来表示。

需要说明的是，由于主观评价结果与人的视觉特性、心理因素等有关，因此客观评价质量好的图像，其主观评价质量不一定好。

3. 其他方法

除了以上介绍的两种基本的图像评价方法以外，还有其他一些评价方法。例如，ISO 在制定 MPEG-4 标准时提出采用两种方式来进行视频图像质量的评价：一种称为基于感觉的质量评价(perception-based quality assessment)，另一种称为基于任务的质量评价(task-based quality assessment)。根据具体的应用情况，可以选择评价的方式。

1)基于感觉的质量评价

其基本方法相当于前面所述的主观评价，但同时考虑到声音、图像的联合感觉效果也可能影响图像的质量。例如，会议电视系统的质量评价，不仅要从图像清晰度等角度考虑，还应考虑唇音同步(即语音传输和图像中人物的嘴唇运动的同步情况)等方面加以衡量。

2)基于任务的质量评价

通过使用者对一些典型应用任务的执行情况来判别图像的适宜性。比较典型的是脸部识别、表情识别、符号语言阅读、物体识别、手势语言，以及机器自动执行某些工作等。此时对图像质量的评价并不完全建立在观赏的基础上，更重要的是考虑图像符号的功能，如对哑语手势图像，主要看它是否能正确表达适当的手势。

4.3　图像的数字化

由于人眼所感知的景物是连续的，因此所形成的图像为连续图像。这种连续性包含了两方面的含义：空间位置延续的连续性和每一个位置上光强度变化的连续性。由于连续图像信号不能直接在数字系统中进行存储和传输，因此必须将连续(模拟)信号转化为离散(数字)信号。这样的变换过程称为图像信号的数字化，主要包括三大部分：采样、量化和编码。动态图像是一幅幅静态图像的时间序列，在某一个瞬间可按静态图像来处理。因此，动态图像的数字化问题也可以归为二维图像的数字化问题。

4.3.1　图像信号的表述和频谱

1. 图像信号的表述

数字图像用 $f(x,\ y)$ 表示，一幅 $m\times n$ 的数字图像可用如下矩阵表示：

$$f(x,\ y)=\begin{bmatrix} f(0,0) & f(0,1) & \cdots & f(0,\ n-1) \\ f(1,0) & f(1,1) & \cdots & f(1,\ n-1) \\ \vdots & \vdots & \vdots & \vdots \\ f(m-1,0) & f(m-1,1) & \cdots & f(m-1,\ n-1) \end{bmatrix} \tag{4-6}$$

数字图像中的每个像素都对应于矩阵中相应的元素。将数字图像表示成矩阵的优点在于可以应用矩阵理论对图像进行分析处理。在表示数字图像的能量、相关性等特性时，采用图像的矢量(向量)表示比用矩阵表示更加方便。若按行的顺序排列像素，使该图像后一行第一个像素紧接着前一行最后一个像素，则可将该图像表示成 $1\times mn$ 的列向量 $\boldsymbol{f}$

$$\boldsymbol{f}=[f_0,\ f_1,\cdots,\ f_{m-1}]^{\mathrm{T}} \tag{4-7}$$

式中，$f_i=[f(i,0),\ f(i,1),\ \cdots,\ f(i,\ n-1)]^{\mathrm{T}}$，$i=0,1,\ \cdots,\ m-1$。这种表示方法的优点是对图像进行处理时，可以直接利用向量分析的有关理论和方法。构成向量时，既可以按行的顺序，也可以按列的顺序。选定一种顺序后，后面的处理都要与之保持一致。

灰度图像是指每个像素由一个量化的灰度来描述的图像，没有彩色信息，如图 4-2 所示。如果图像像素灰度只有两级(通常 0 表示白色，1 表示黑色)，这样的图像称为二值图像，如图 4-3 所示。

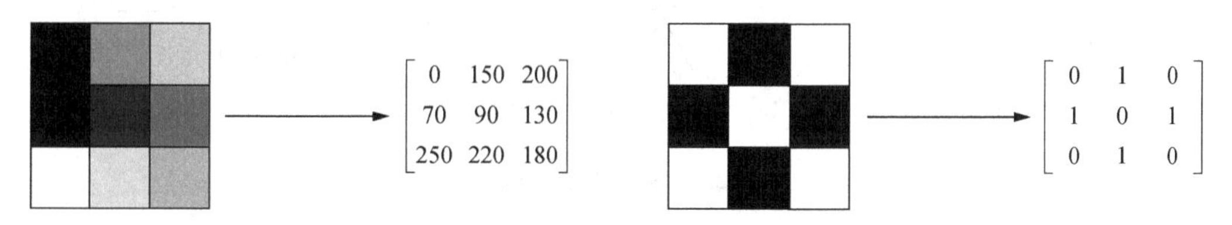

图 4-2　灰度图像　　　　图 4-3　二值图像

彩色图像是指每个像素都由 R、G、B 构成的图像，其中 R、G、B 由不同的灰度级描述，如下式所示：

$$\mathrm{R}=\begin{bmatrix} 255 & 240 & 0 \\ 255 & 0 & 80 \\ 255 & 0 & 0 \end{bmatrix} \quad \mathrm{G}=\begin{bmatrix} 0 & 160 & 80 \\ 255 & 255 & 160 \\ 0 & 255 & 0 \end{bmatrix} \quad \mathrm{B}=\begin{bmatrix} 0 & 80 & 160 \\ 0 & 0 & 240 \\ 255 & 255 & 255 \end{bmatrix}$$

2. 图像信号的频谱

在讨论二维图像信号的数字化之前，应先了解图像信号的频谱。首先回顾一维有界信

号 $f(t)$ 的频谱。对于一维有界信号 $f(t)$，其傅里叶变换和逆变换分别定义为

$$F(f)=\frac{1}{\sqrt{2\pi}}\int_{-\infty}^{\infty} f(t)\mathrm{e}^{-\mathrm{j}2\pi ft}\mathrm{d}t \tag{4-8}$$

$$f(t)=\frac{1}{\sqrt{2\pi}}\int_{-\infty}^{\infty} F(f)\mathrm{e}^{\mathrm{j}2\pi ft}\mathrm{d}f \tag{4-9}$$

$F(f)$ 被称作是 $f(t)$ 的频谱。其物理意义是 $f(t)$ 可由时间域上的各谐波分量叠加得到。图像通信系统是一个二维信息系统，因此可以进行类似的定义。二维函数 $f(x,\ y)$ 与其频谱 $F(u,\ v)$ 的关系为

$$F(u,\ v)=\frac{1}{\sqrt{2\pi}}\int_{-\infty}^{\infty}\int_{-\infty}^{\infty} f(x,\ y)\mathrm{e}^{-\mathrm{j}2\pi(ux+vy)}\mathrm{d}x\mathrm{d}y \tag{4-10}$$

$$f(x,\ y)=\frac{1}{\sqrt{2\pi}}\int_{-\infty}^{\infty}\int_{-\infty}^{\infty} F(u,\ v)\mathrm{e}^{\mathrm{j}2\pi(ux+vy)}\mathrm{d}u\mathrm{d}v \tag{4-11}$$

根据对大量图像的分析显示，图像中景物的复杂程度是有限的。通常，图像中大部分区域里的内容变化不大，而且人眼对空间频率上的复杂程度(即频率)的分辨能力有一定的局限性。因而其傅里叶变换在频率域上是有界的，即其有用成分总是落在一定的频率域范围之内。如图 4-4(b)所示，其中锥形区域代表二维图像信号 $f(x,\ y)$ 在频率域上的有效成分，U_m、V_m 分别代表水平和垂直方向上的最大空间频率。可见，$F(u,\ v)$ 所表示的是二维图像信号与空间频率之间的关系，这种关系对图像的数字化具有非常重要的意义。

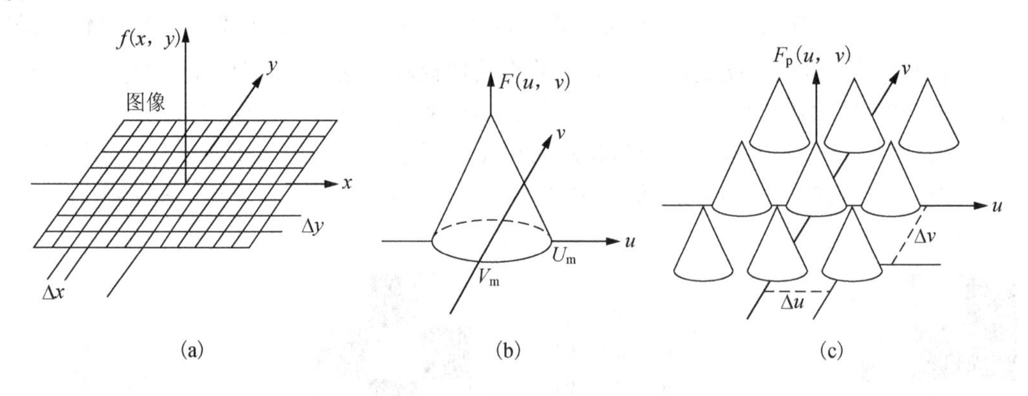

图 4-4　采样图像的频谱

4.3.2　采样

采样又称取样，指图像在空间上离散化的过程，即选取图像中的若干像素点。对于二维图像采样，需要解决的主要问题是找出能由采样图像精确地恢复原图像所需要的最小 M 和 N（M 和 N 分别代表水平和垂直方向的采样点个数），即各采样点在水平和垂直方向的最大间隔。二维采样定理回答了这个问题。

1. 二维采样定理

如图 4-4 所示，图(a)为原始模拟图像 $f(x,\ y)$，其傅里叶变换 $F(u,\ v)$ 如图(b)所示。可以看出，它在水平方向的截止频率为 U_m，垂直方向的截止频率为 V_m。因此，只要水平

和垂直方向的采样频率分别满足$U_0 \geqslant 2U_m$、$V_0 \geqslant 2V_m$，即采样点的水平间隔$\Delta x \leqslant 1/2U_m$、垂直间隔$\Delta y \leqslant 1/(2V_m)$，就可以精确地恢复原始图像。这就是二维采样定理。下面进行简单的证明。

假设二维模拟图像信号$f(x, y)$的空间覆盖范围无限大，但其频域上占有有限的频率。当该信号与理想采样函数相乘时，其采样后的输出信号为离散图像$f_P(x, y)$，可表示为

$$f_P(x, y)=f(x, y)S(x, y) \tag{4-12}$$

由信号分析理论可知，这些水平和垂直之间的距离分别为Δx和Δy的激励阵列，$S(x, y)$可写成如下形式

$$S(x, y)=\sum_{i=-\infty}^{\infty}\sum_{j=-\infty}^{\infty}\delta(x-i\Delta x)(y-j\Delta y) \tag{4-13}$$

式中，

$$\delta(x, y)=\begin{cases}1 & x=y=0\\ 0 & \text{其他}\end{cases}$$

将式(4-13)代入式(4-12)，可得

$$\begin{aligned}f_P(x, y)&=f(x, y)\sum_{i=-\infty}^{\infty}\sum_{j=-\infty}^{\infty}\delta(x-i\Delta x)(y-j\Delta y)\\ &=\sum_{i=-\infty}^{\infty}\sum_{j=-\infty}^{\infty}f(i\Delta x, j\Delta y)\delta(x-i\Delta x)(y-j\Delta y)\end{aligned} \tag{4-14}$$

可见，经过采样后的离散信号是由一系列均匀采样值构成的，其中每一个采样值的位置处于$x=i\Delta x$，$y=j\Delta y(i=0, \pm 1, \pm 2\cdots, j=0, \pm 1, \pm 2, \cdots)$。通常都是由频率域观察，因而研究采样后的离散信号的频谱具有很重要的意义。

由分析可见，$F\{f_P(x, y)\}=F\{f(x, y)\}*F\{S(x, y)\}$。其中，*表示卷积，$F$表示傅里叶变换，即空间域上两函数的乘积等于频率域上两函数傅里叶变换的卷积。

空间域上δ函数无穷阵列的傅里叶变换是频率域中δ函数的无穷阵列，即

$$F[S(x, y)]=\frac{1}{\Delta x\Delta y}\sum_{i=-\infty}^{\infty}\sum_{j=-\infty}^{\infty}\delta(u-\frac{i}{\Delta x}, v-\frac{j}{\Delta y}) \tag{4-15}$$

因此，$F[f_P(x, y)]=F(u, v)*\frac{1}{\Delta x\Delta y}\sum_{i=-\infty}^{\infty}\sum_{j=-\infty}^{\infty}\delta(u-\frac{i}{\Delta x}, v-\frac{j}{\Delta y})$，经卷积计算可得

$$\begin{aligned}F[f_P(x, y)]&=\frac{1}{\Delta x\Delta y}\sum_{i=-\infty}^{\infty}\sum_{j=-\infty}^{\infty}F(u-\frac{i}{\Delta x}, v-\frac{j}{\Delta y})\\ &=\frac{1}{\Delta x\Delta y}\sum_{i=-\infty}^{\infty}\sum_{j=-\infty}^{\infty}F(u-i\Delta u, v-j\Delta y)\end{aligned} \tag{4-16}$$

可见，$\Delta u=1/\Delta x$，$\Delta v=1/\Delta y$。因此，如果图像信号为有限带宽的信号，则根据式(4-16)可以看出，采样后图像信号$f_P(x, y)$的频谱是原图像频谱$F(u, v)$沿u轴和v轴分别以$\Delta u=1/\Delta x$，$\Delta v=1/\Delta y$为间隔的无限周期重复的结果，如图 4-4(c)所示。由图 4-4 可见，只要Δx，Δy取得足够小，即满足$\Delta u=1/\Delta x>2U_m$，$\Delta v=1/\Delta y>2V_m$，则采样后的频谱就不会出现混叠。通常，在进行采样之前，图像信号首先经过一个低通滤波器，使其变成一个带宽受限的信号。当以满足上述条件的采样间隔进行采样时，采样后的图像频谱不会出现混

叠现象。这样可以利用一个低通滤波器将原图像频谱滤出，从而无失真地重建原始图像，这就是二维采样定理，也称为二维奈奎斯特采样定理。

2. 亚采样和混叠效应

由以上分析可知，一幅数字化后的图像数据量直接与采样频率成正比。采样频率越大，图像的像素数就越多，其清晰度也越高。由此可见，降低采样频率是减少图像数据量的最直接方法之一，但是采样频率的高低又受到二维采样定理的制约。通常将满足采样定理下限条件的采样频率称为奈奎斯特采样频率，即在水平方向和垂直方向上的采样间隔分别为$\Delta x=1/2U_{\mathrm{m}}$、$\Delta y=1/2V_{\mathrm{m}}$。这一频率界定了从采样图像信号中无失真地恢复原始图像的最低频率。当采样频率小于奈奎斯特采样频率时，即通常所说的亚采样，采样图像频谱中的谐波就会发生重叠(频谱的混叠)。对于已发生混叠的频谱，无论用什么滤波器也无法将原图像的频谱分量滤取出来。因此，在采用亚采样进行图像数字化时的一个重要问题就是尽量减少频谱混叠所引起的失真。

下面以具体的菱形亚采样的方法为例，说明在亚采样的条件下应如何减少混叠失真。

经过大量的统计分析，人们发现，常见自然图像的频谱主要分布在二维频谱以原点为中心、4 个顶点在u、v轴上的一个菱形范围内，如图 4-5(b)中心阴影区所示。这是由于在自然场景图像中，垂直和水平的物体、线条、运动等多于其他方向，因此反映在频谱中就是水平和垂直方向的频率分量要多于其他方向上的频率分量。因此可以采用交叉亚采样方法，它可以对模拟图像直接进行，也可对正交采样图像进行再采样。为了恢复原图像，需要采用较为复杂的菱形滤波器。在二维采样中，采样点的分布呈方格状，即最基本的正交采样方式，而菱形亚采样如图 4-5(a)所示，采样点的分布在水平方向和垂直方向相互交错，与间隔为Δx、Δy的正交采样相比，它在水平方向的密度要减少一半，是一种亚采样。但是，它的采样频谱在周期性延拓的过程中，由于原图像的菱形频谱结构未发生频谱混叠，可以用适当的滤波器将其基本频谱部分滤出，以无失真或较小的失真恢复原图像。由此可见，亚采样可以使数据量降低一半，因此被广泛采用。

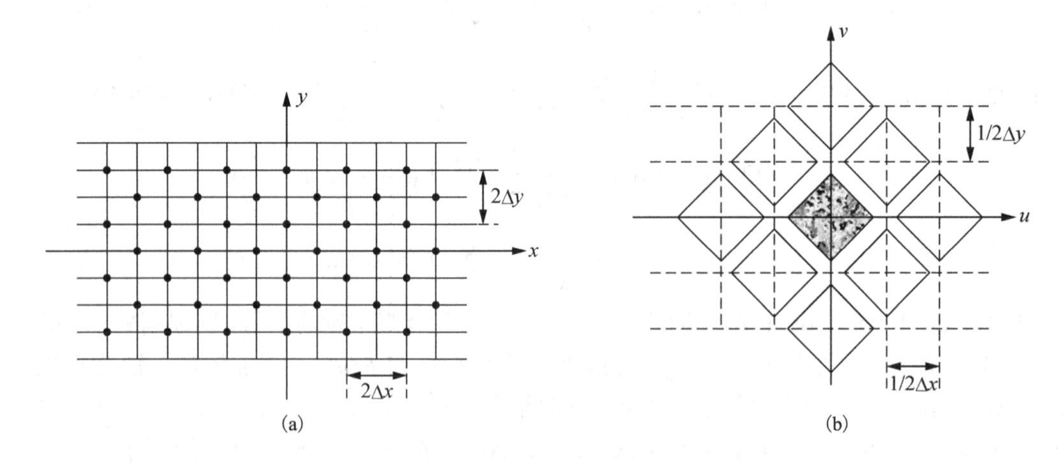

图 4-5　菱形亚采样及其频谱分布

4.3.3 量化和编码

1. 量化

经过采样的图像只是在空间上被离散化为像素(样本)阵列，而每一个样本灰度值仍是一个有无穷多个取值的连续变化量，必须将其转化为有限个离散值，赋予不同的码字才能使其真正成为数字图像，再由计算机或其他数字设备进行处理，这个转化过程称为量化。量化既然是以有限个离散值来近似表示无限多个连续量，就一定会产生误差，这就是通常所说的量化误差，由此给系统带来的失真称为量化失真或量化噪声。

量化可分为两种：标量量化和矢量量化。在标量量化中，按照量化等级的划分方法不同，又分为均匀量化和非均匀量化。对于均匀量化，量化分层越多，量化误差就越小，编码时占用的比特数就会越多。在一定比特数条件下，为了减少量化误差，可以采用非均匀量化。例如，按图像灰度值出现的概率大小不同进行非均匀量化，对灰度值经常出现的区域进行细量化，反之进行粗量化。

最佳量化的目标是使用最少的电平数，实现最小的量化误差。最佳量化器的设计方法有客观计算和主观评价两种。客观计算可以量化误差的均方值最小为判断准则；主观评价则是依据人眼的视觉特性。

通常对采样值进行等间隔的均匀量化。量化层数 M 取为 2 的 n 次方，即 $M=2^n$。这样，每个量化区间的量化电平可用 n 位二进制码表示，形成最简单的 PCM 编码。在对采样值进行 n 比特的线性 PCM 编码时，量化阶为 $1/M$。假设采样值在它的动态范围内是均匀分布的，则可以证明量化误差的均方值 N_q 为

$$N_q=\frac{1}{12M^2} \tag{4-17}$$

进而可以计算出量化信噪比

$$\left(\frac{S}{N}\right)_q=20\lg(2\sqrt{3}\times 2^n)=10.8+6n\ (\text{dB}) \tag{4-18}$$

由式(4-18)可以看出，信噪比和量化比特数的关系为每个采样的编码位数 n 增加或减少 1 位时，其信噪比增减 6dB。对图像信号所需的量化比特数，除了可用信噪比以外，还可以根据主观评价得分来决定图像信号所需的量化位数。

在实际应用中，往往是首先将模拟量用足够精度的均匀量化形成数字量，即 PCM 编码，然后再根据需要，在 PCM 数字量的基础上实现非均匀量化或矢量量化。

2. 编码

由以上分析可知，采样值的编码比特数 n 直接决定了图像的质量。在一般的应用场合，如电视广播、视频通信等，采用 8bit 量化已经能够满足技术要求，但对于高质量的静止图像、遥感图像等，需要 10bit 或更高的量化位数才能获得高质量的图像。

4.3.4 采样、量化参数和数字化图像的关系

数字化方式可分为均匀采样、量化和非均匀采样、量化。通常，采样间隔越大，所得图像像素数越少，图像空间分辨率越低，图像质量越差，严重时会出现像素呈块状的国际

棋盘效应；反之，采样间隔越小，所得图像像素数越多，图像空间分辨率越高，图像质量越好，但数据量会增大。

量化等级越多，所获得图像层次越丰富，灰度分辨率越高，图像质量越好，但数据量会越大；反之，量化等级越少，虽然数据量减少，但是图像层次欠丰富，灰度分辨率低，图像质量变差，会出现假轮廓现象。在极少数情况下，例如，当减少灰度级会提高图像的对比度时，在图像大小固定的条件下，减少灰度级反而能改善图像质量。

4.3.5　数字图像处理

所谓数字图像处理，就是利用计算机对数字图像进行一系列操作，从而获得某种预期结果的技术。数字图像处理离不开计算机，因此又称计算机图像处理。

1. 数字图像处理的内容

数字图像处理所包含的内容非常丰富，根据抽象程度的不同，可分为三个层次：狭义图像处理、图像分析和图像理解。

狭义图像处理是对输入图像进行某种变换得到输出图像，是一种图像到图像的过程。它主要指对图像进行各种操作以改善图像的视觉效果，或对图像进行压缩编码以减少存储容量或传输带宽。

图像分析主要是对图像中感兴趣的目标进行检测和测量，从而建立对图像的描述。它是一个从图像到数值或符号的过程。

图像理解是在图像分析的基础上，基于人工智能和认知理论，研究图像中各目标的性质及它们之间的联系，对图像内容的含义加以理解及对原始客观场景加以解释，从而指导和规范行动。如果说图像分析主要是以观察者为中心研究客观世界(主要研究可观察到的对象)，那么图像理解在一定程度上是以客观世界为中心，借助知识、经验等来把握整个客观世界。

2. 数字图像处理系统概述

实际的数字图像处理系统是一个非常复杂，既包括硬件又包括软件的系统，随着应用目标的不同，其构成也大不相同。从其最基本的功能特征加以考虑，数字图像处理系统包括待处理图像信号的输入，即输入模块；已处理图像的输出，即输出模块；在处理过程中需要用到的控制和存储模块；与用户打交道的存取、通信模块；最关键的图像处理核心模块，即主图像处理设备。下面简要介绍各模块的组成和特点。

(1) 图像输入设备。根据不同的应用需求，图像输入设备可以采用不同的方式，如 CCD 摄像机、数字照相机等。此外，接收到的广播电视信号及来自其他图像处理系统的信号等，也可作为图像处理系统的输入。

(2) 图像输出设备。目前最常见的图像输出设备为电视机、计算机的显示器。此外，还有彩色打印机、彩色绘图仪等。

(3) 图像存储和控制设备。图像存储设备主要用于在图像处理过程中，对图像信息本身和其他相关信息进行暂时或永久的存储，如各种 ROM、硬盘、光盘等。图像控制设备主要用于图像处理过程中对主图像处理设备进行控制，如键盘、鼠标、控制杆等。

(4)用户存取、通信设备。在有些情况下，用户需要将已处理的，或还需进一步处理的图像信号取出或送入主图像处理设备，存取、通信模块可满足用户的这一需求。存取一般是指本地的操作，如硬盘等各种存储器件；通信则相当于远端的存取操作，如基于局域网、数字通信网的通信设备等。

(5)主图像处理设备。主图像处理设备是图像处理系统的核心。主处理设备可以大到分布式计算机组、一台大型计算机，小至一台微型计算机，甚至一片数字信号处理器(digital signal processor，DSP)芯片。除了硬件之外，更重要的是它还包括用于图像处理的各种通用或专用软件，其规模可以是一套图像处理系统软件，也可以只是一段图像处理指令。

3. 数字图像处理的特点

(1)像素间相关性大。图像信号在同一帧各相邻像素间灰度相同或相近的可能性很大，即各像素间的相关性大。据统计，其相关系数可达 0.9 以上；而相邻帧对应像素间的相关性更大。因此，如果能有效地去除像素间的冗余，充分利用数字图像的可压缩性来进行数字图像处理，将大大优于模拟图像的处理和传输。

(2)占用频带较宽。与语音信息相比，数字图像占用的频带要大几个数量级。例如，电视图像的带宽约为 5.6MHz，而话音带宽仅为 300Hz～3.4kHz，所以数字图像在成像、传输、存储、处理、显示等各个环节的实现上，技术难度较大，同时成本也相对较高，这就对频带压缩技术提出了更高的要求。

(3)图像信息的视觉效果主观性大。与声音信息相比，图像信息具有可靠性高、直观性好等特点，但是图像信息受人的主观因素影响较大。由于人的视觉系统很复杂，受环境条件、视觉功能、人的情绪等影响很大，所以对图像视觉效果的观察和评价的主观性也大。

(4)图像处理技术综合性强。在数字图像处理技术中涉及的基础知识和专业技术相当广泛。一般来说涉及通信技术、计算机技术及电子技术等，同时涉及数学、物理学等多方面的基础知识。因此图像处理技术涉及多个学科，具有很强的综合性。

4. 数字图像处理的应用

数字图像处理和计算机、多媒体、智能机器人及专家系统等技术的发展紧密相关。近年来计算机识别、图像理解技术发展很快，图像处理的目的除了直接供人观看以外，还进一步发展了与计算机视觉有关的应用，如邮件自动分拣、车辆自动驾驶等。下面仅列出一些典型的应用实例，而实际应用更加广泛。

(1)生物医学中的应用：主要包括显微图像处理；染色体分析；心脏活动的动态分析；超声图像成像、冻结、增强及伪彩色处理；生物进化的图像分析等。

(2)遥感航天中的应用：军事侦察、定位、导航、指挥等应用；多光谱卫星图像分析；地形、地图、国土普查；地质、矿藏勘探；水利资源探查、洪水泛滥监测；气象、天气预报图的合成分析预报；交通、空中管理、铁路选线等。

(3)工业应用：用于模具、零件制造、服装、印染业的计算机辅助设计(computer aided design，CAD)和计算机辅助制造(computer aided manufacturing，CAM)技术；邮件自动分拣、包裹分拣识别；印制板质量、缺陷的检出；生产过程的监控；支票、签名、文件识别及辨伪；密封元器件内部质量检查等。

(4) 军事公安领域中的应用：巡航导弹地形识别；指纹自动识别；罪犯脸形的合成；遥控飞行器的引导；手迹、人像、印章的鉴定识别；集装箱的不开箱检查等。

(5) 其他应用。图像的远距离通信；电视电话；服装试穿显示；理发发型预测显示；办公自动化、现场视频管理等。

4.4 图像的统计特性

图像的统计特性是指图像信号本身(亮度、色度或其采样值等)，或对它们进行某种方式处理以后输出值的随机统计特性。经过大量的统计实验发现，图像采样值本身有一些内在的联系和规律。例如，图像中同一行相邻像素之间、相邻行像素之间往往存在很强的相关性。建立在信息论基础上的经典图像编码方法，就是利用图像信号这种固有的统计特性，通过去除相关性对图像信息进行压缩处理的。

图像的统计特性包含的内容很多，一般可以从变换域和时间域两个方面进行研究。例如，时间域中亮度信号的概率分布、变换域中的谱特性(傅里叶变换、沃尔什变换、离散余弦变换等)。下面将分别介绍几种主要的统计特性。

4.4.1 图像的自相关函数

由于图像熵值的计算需要事先知道图像统计特性的各个参数，所以十分困难。所以在实际应用中，使用较多的是图像的相关系数。它可以直接反映任意两个像素之间的相关性，即在统计平均的意义上来计算它们之间的相似程度。

$M \times N$ 图像的自相关系数可以表示为

$$R(\Delta n, \Delta m)=\frac{1}{N-\Delta n}\times\frac{1}{M-\Delta m}\sum_{x=0}^{N-1-\Delta n}\sum_{y=0}^{M-1-\Delta m} f(x, y)f(x+\Delta n, y+\Delta m) \tag{4-19}$$

式中，x 表示列坐标；y 表示行坐标；Δm 和 Δn 分别表示沿 x，y 方向的移动量，且 $\Delta m<M$，$\Delta n<N$。

4.4.2 图像差值信号的统计特性

对于大多数图像，相邻两个像素差值的统计分布将集中在零附近。相邻像素的差值是指同一行相邻的两个像素 $f(i, j)$ 和 $f(i, j+1)$，或者同一列相邻的两个像素 $f(i, j)$ 和 $f(i+1, j)$ 的差值。

同一行的差值：　　$d_H(i, j)=f(i, j)-f(i, j+1)$

同一列的差值：　　$d_V(i, j)=f(i, j)-f(i+1, j)$

图 4-6 为对实际图像水平方向差值信号测得的统计曲线。大量的图像数据统计表明，差值信号绝对值的 80%～90%落在总数为 256 个量化层中最初的 16～18 个量化层范围内，预测法图像压缩主要依据上述结论。计算相邻像素差值是研究图像差值信号中的最简单的一种，更为一般的情况可在这个基础上进一步分析得到。

上述对一幅(帧)图像内部的像素进行统计分析，称为帧内统计特性。而对于视频图像来说，相邻帧对应位置像素之间的时间间隔很小，很有可能表示的是场景中的同一点。例如，PAL 制式电视相邻两帧的时间间隔仅为 40ms，在这段时间内发生变化的可能性和变化的程度往往很小，因此有必要对相邻帧像素的统计特性进行研究。如图 4-7 所示，帧间差定义为

$$d_t(i, j)=f_k(i, j)-f_{k-1}(i, j) \tag{4-20}$$

式中，$f_k(i, j)$ 表示第 k 帧的一个像素；$f_{k-1}(i, j)$ 表示第 $k-1$ 帧和 $f_k(i, j)$ 处于同一几何位置的像素点。

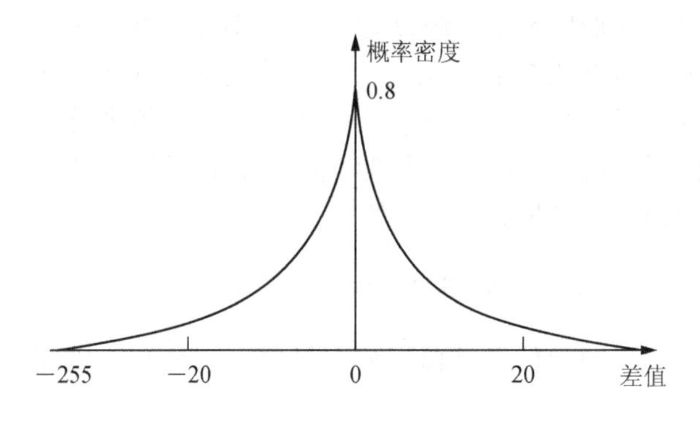

图 4-6 图像差值信号的统计分布示意

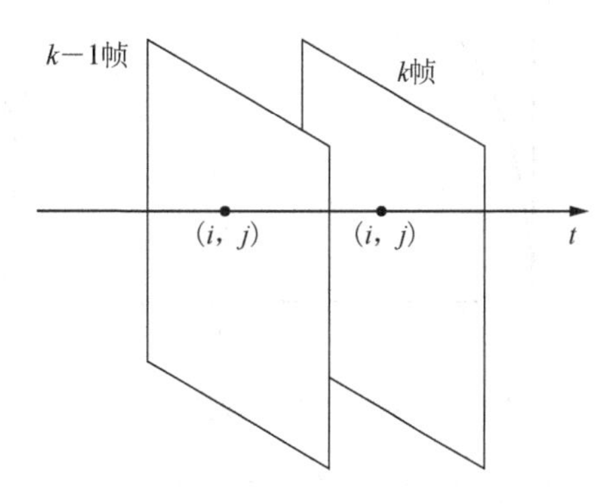

图 4-7 帧间差位置示意

4.4.3 图像的信息熵

各类图像压缩编码的目的都是根据图像的统计特性找出最佳的压缩编码方案，使其编码后的信号速率等于图像的信息熵，从而达到最佳的编码效率。

由信息论基础知识可知，信息是消息不确定性的度量。

信息熵具有如下基本性质：

(1) 熵的非负性：即 $H(X)\geqslant 0$。当 $p(X)=0$ 或 $p(X)=1$ 时，$H(X)=0$，即熵的确定性，表明信源是确定事件集，毫无不确定性可言，因而获得的平均信息量为 0。

(2) $H(X)\leqslant \log_2 N$，当 $p(x_i)=1/N$，$i=1,2,\cdots$，N 时，等号成立。表示当信源字符以等概率出现时，其熵最大。这就是重要的最大离散熵定理。

可见，只要信源不是等概率分布，其熵就不是最大值，那么就一定存在数据压缩的可能性，即通过无失真编码可以将图像数据压缩到接近熵值，这就是统计编码的理论基础。

然而，由于图像的数据量相当大，统计出图像中每个像素出现的概率是非常困难和不现实的。因此在实际应用中，计算图像的熵有两种方法：①对图像信源的概率分布提出数学模型，然后根据该模型进行熵的计算；②将图像分割成统计上相互独立的子块，当一幅图像所包含子块的数目足够多时，便能具体测量出每个子块出现的概率，最后按式(2-4)计算出信息熵。下面分析两种常见的图像信源的信息熵。

1. 均匀分布的图像信源

如果图像信源的概率分布是均匀的，即信源中各符号出现的概率相等，那么其数学模型可表示为

$$p(x_i)=\frac{1}{N}=\text{常数} \tag{4-21}$$

因此，可计算得出该图像信源的熵为

$$H(X)=\log_2 N \tag{4-22}$$

如前所述，当各符号出现的概率相等时，熵最大。现以 N=2 为例来说明。该信源所发出的符号集 $X=\{x_1, x_2\}$，如果 x_1 出现的概率为 p，则 x_2 出现的概率为 $1-p$，图 4-8 所示为熵与概率的函数关系曲线。由图可以看出，当 p=0 或 1 时，熵 H=0；当 p=0.5 时，熵 H 最大，且为 1bit/符号；其他情况下，熵 H 总是低于 1bit/符号。由此可见，数据压缩的方法之一，就是使每个符号所代表的信息量最大。通常，通过压缩信源中各个符号间的冗余度使各符号呈现等概率分布，以达到各符号所携带信息量最大的目的。

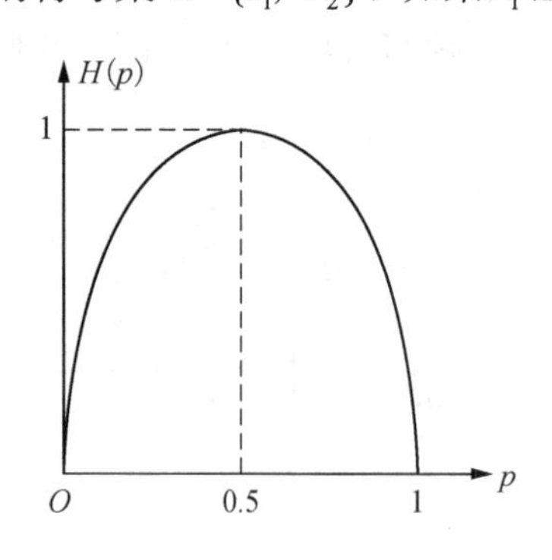

图 4-8　N=2 的熵函数曲线

2. 正态分布的图像信源

如果图像信源的概率分布呈现正态分布，则其中符号 x_i 的分布概率可表示为

$$p(x_i)=\frac{1}{\sqrt{2\pi n}\sigma_f}\mathrm{e}^{-\frac{(x_i-u_f)^2}{2\sigma_f^2}} \tag{4-23}$$

式中，u_f 和 σ_f^2 分别代表数学期望和方差，可分别用下式表示

$$u_f=\sum_{i=1}^{N} x_i p(x_i) \tag{4-24}$$

$$\sigma_f^2=\sum_{i=1}^{N}(x_i-u_f)^2 p(x_i) \tag{4-25}$$

将其代入式(4-23)可得出图像信源的熵为

$$H(X)=\log_2(\sqrt{2\pi en}\sigma_f)$$

在实际图像中，可根据图像的内容(如景物、人物的头像等)进行分类。通常用一幅或一组典型的测试图像代替这类图像，然后对典型的测试图像求熵，最后利用熵值来研究该类图像的压缩编码方法。

4.5　图像数据压缩方法及其分类概述

假设一幅图像中代表亮度、色调、饱和度各分量的带宽分别为 4MHz、1.3MHz、0.5MHz，根据采样定理的规定，只有当采样频率大于或等于原信号最高频率的 2 倍时，才能从采样信号中无失真地恢复原始信号。如果采样频率取下限，且每个样值均用 8bit 表示，则该幅图像的数据量为 (4+1.3+0.5)×2×8Mb/s=92.8 Mb/s。显然，必须对其进行压缩才能满足存储容量和传输带宽的要求。

图像压缩编码的理论依据是数据存在冗余性，具体到图像信号而言，主要表现为以下三个方面：

(1)空间冗余：图像信号矩阵中相邻点之间存在的相关性。

(2)色彩冗余：图像信号矩阵中相邻色彩通道之间存在的相关性。

(3)视觉冗余：人类视觉系统对图像细节和颜色的辨认有一个极限，即人眼对该极限内的部分较为敏感，而对超过极限的冗余信息的丢失或损坏不敏感。

去除前两种冗余的压缩技术是无损压缩，而去除视觉冗余的压缩技术是有损压缩。实际的图像压缩是综合使用有损和无损压缩技术来实现的。图像压缩编码方法有很多，根据不同的应用目的和不同的图像内容有不同的压缩方法，但从技术角度来看，可以分为三类。

1. 无失真编码

无失真编码又称为无损压缩或可逆压缩，是一种经编码、解码后图像不会产生任何失真的编码方法。其重建图像质量好，但压缩比不大。这一类编码技术主要应用在图像的数字存储方面，不同格式的图像有不同的压缩格式，如 TIF 格式、JPEG 格式。图像的数字存储可以实现高速的读和写，可以在几秒内从几百或上千幅图像中随机读取所需要的某一幅图像。同时，各类图像可以通过数字存储介质进行多次重复复制而不失真，模拟图像技术无法达到这些要求。当然，这要求图像信息在编码、解码过程中必须保证图像信息不丢失，从而可以完整地重建原始图像，因此也称为无误差编码。

2. 有失真编码

有失真编码又称为有损压缩或不可逆压缩。这类编码技术无法完全重建原始图像，虽然压缩比大，但有信息损失，主要应用在数字电视技术和多媒体图像通信中。这些图像由于受传输信道容量的限制，而接收图像信息的信宿又往往是人眼，过高的空间分辨率和过多的灰度层次，不仅增加了数据量，而且人眼根本无法分辨。因此将这些视觉冗余去除，能够达到数据压缩的目的。

3. 特征提取编码

在图像识别和分析、理解等技术中，往往并不需要全部图像信息。例如，对卫星图像进行农植物分类，只需要区别农植物和非农植物的图像特征，以及区别植物类别的特征，而对于道路、河流、建筑物等区别特征就不需要。因此可以只对需要的特征信息进行编码，这样就可以大大地压缩图像数据量。

传统的图像压缩编码方法有脉冲编码调制、熵编码、预测编码、变换编码、矢量量化、子带编码等。而新型的图像编码技术主要有分形编码、模型基编码等。下面 4.6～4.8 节详细介绍常用的图像压缩编码方法。

4.6　无失真图像编码方法

无失真编码又称为熵编码，是指图像经过压缩编码后恢复出的图像与原始图像完全一致，没有任何失真。其基本原理是去除图像信源像素值概率分布的不均匀性，使编码后的图像数据接近其信息熵而不产生失真。

无失真图像压缩编码算法可分为两大类：基于统计概率的方法和基于字典技术的方法。基于统计概率的方法是依据信息论中可变长编码和信息熵有关知识，用较长的代码表示出现概率小的符号、用较短代码表示出现概率大的符号，从而实现数据压缩。这类方法中最具代表性的是利用概率分布特性的 Huffman 编码方法，它根据每个符号出现的概率大小进行一一对应的编码；另一种也是利用概率分布特性的编码方法——算术编码，它是对符号序列而不是符号序列中单个符号进行编码，其编码效率高于 Huffman 编码。这些方法已广泛用于数据编码压缩系统中，并被国际静止图像编码专家组列入推荐算法的一部分。

基于字典技术的数据压缩方法有两种：一种是行程编码，适用于灰度级不多、数据相关性很强的图像数据压缩，但不适用于每个像素都与它周围像素不同的情况；另一种是 LZW 编码算法，它与行程编码的不同之处在于，LZW 在对数据文件进行编码的同时，生成了特定字符序列的表及它们对应的代码。例如，一个由 8 位组成的文件可以被编成 12 位的代码。在这 4096 个可能的代码中，256 个代表所有可能的单个字符(8 位)，剩下的 3840 个代码分配给在压缩过程中数据中出现的字符串(如字符对等)。每当表中从未出现的字符串第一次出现时，它被原样存储，同时将分配给它的代码也一起保存。随后，当这个串再次出现时，只保存它的代码，原字符就不保存了，这样就去除了文件中的冗余信息。不但字符串表是在压缩过程中动态生成的，字符串表也不必存于压缩文件中，因为解压时可以由压缩文件中的信息重构它。

关于 Huffman 编码、行程编码、算术编码、字典编码算法的具体编码过程在 2.6 节中已详细说明，这里不再赘述。

4.7　有失真图像压缩编码方法

4.7.1　预测编码

预测编码具有易于实现、编码效率高、应用范围广的特点。对于图像信源而言，预测可以在一帧的图像中进行(帧内预测)，也可以在多帧图像间进行(帧间预测)。无论是帧内预测还是帧间预测，其目的都是减少图像数据在时间和空间上的相关性。

1. 帧内预测

图像像素的灰度是连续变化的，所以在一个区域中，相邻像素之间灰度值的差别可能很小。帧内预测编码就是利用图像信号的这种空间相关性，用已传输的像素对当前的像素进行预测，然后对预测值和真实值的差值(即预测误差)进行编码和传输，以达到数据压缩的目的。帧内预测通常采用 DPCM 来实现。

DPCM 原理框图如图 4-9 所示。

设输入信号 x_n 为 t_n 时刻的采样值，$\hat{x}_n$ 为根据 t_n 时刻之前已知的 m 个采样值 x_{n-m}，…，x_{n-1} 对 x_n 所作出的预测值，它们之间的关系如下：

$$\hat{x}_n=\sum_{i=1}^{m} a_i x_{n-i}=a_1 x_{n-1}+\cdots+a_m x_{n-m} \tag{4-26}$$

式中，$a_i(i=1,\cdots,m)$ 为预测系数；m 为预测阶数。

显然，预测误差 e_n 可表示为

$$e_n = x_n - \hat{x}_n \tag{4-27}$$

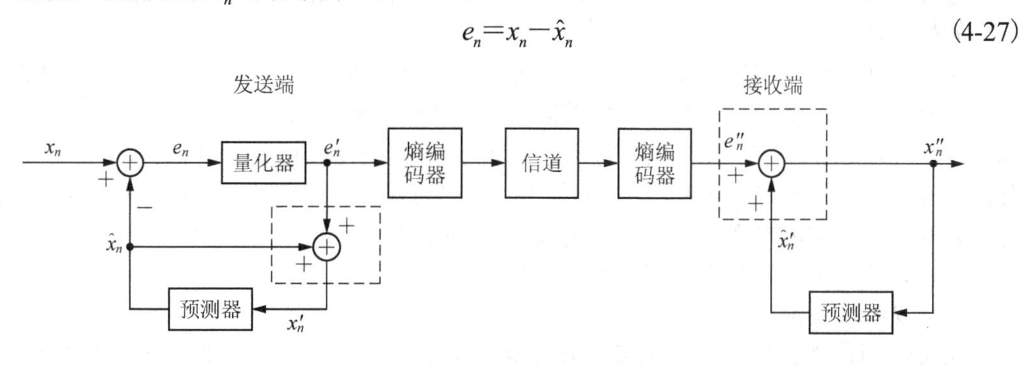

图 4-9　DPCM 系统原理框图

在发送端，量化器对预测误差 e_n 进行量化。由于存在量化误差，因此量化器的输出信号 e_n' 与 e_n 不同，然后信号经过熵编码器、信道、熵解码器到达接收端。如果在此过程中不产生误码，那么所接收的信号 $e_n''=e_n'$，$x_n''=x_n'$，$\hat{x}_n=\hat{x}_n'$。

由以上分析可知，当不存在传输误码时，发送端的输入信号 x_n 与接收端的输出信号 x_n'' 之间的误差为

$$x_n - x_n'' = x_n - x_n' = x_n - (\hat{x}_n + e_n') = (x_n - \hat{x}_n) - e_n' = e_n - e_n' = q_n \tag{4-28}$$

由此可见，q_n 为量化误差，由发送端的量化器引入，且与接收端无关。

对于 DPCM 编码可以得出以下结论。

(1) 发送端必须使用本地编码器（图 4-9 中发送端的虚线部分），以保证预测器对当前输入值的预测。

(2) 接收端解码器（图 4-9 中接收端的虚线部分）必须与发送端的本地编码器完全一致，也就是说，必须保持收、发两端具有相同的预测条件。

(3) 由式(4-26)可知，预测值是以 x_n 前面的 m 个样值 $x_{n-m},\cdots,x_{n-1}$ 为依据得到的，因此要求接收端的预测器也必须使用同样的 m 个样值，这样才能保证收、发之间的同步关系。

(4) 如果式(4-26)中的各预测系数 $a_i(i=1,\cdots,m)$ 均为常量，则称该预测为线性预测；如果 t_n 时刻的信号样本值 x_n 与 t_n 时刻之前的样本值 $x_{n-m},\cdots,x_{n-1}$ 不是如式(4-26)的线性组合关系，而是非线性关系，则称之为非线性预测。根据均方误差最小准则获得的线性预测称为最佳线性预测，即求得 $a_i(i=1,\cdots,m)$ 使得 e_n 的均方差 $\sigma_{e_n}^2$ 最小，此时 x_n 的相关性最大，所能达到的压缩比也最大。

(5) 存在误码扩散现象。由于在预测编码中，接收端是以所接收的前 m 个样本值作为依据来预测当前样本值。因此，在信号传输过程中一旦某一位码出现差错，就会影响后续像素的正确预测，从而出现误码扩散现象。由此可见，采用预测编码虽然可以提高编码效率，但它以降低系统性能为代价。

2. 帧间预测

帧间预测技术的处理对象是时序图像（运动图像），如会议电视、广播电视、可视电话等。这些信号除了每帧的帧内像素之间有相关性以外，帧与帧之间也有很强的相关性，这

是由静态背景前的运动物体或摄像机的移动引起的。帧间预测就是为了去除运动图像在时间上的相关性。

帧间预测编码的理论依据是帧间像素差值的统计特性。帧间差值的定义如式(4-20)所示。研究表明该差值较小。对于变化缓慢的黑白图像序列，例如会议电视、可视电话的图像信号，若对其进行 256 级量化，则只有 4%像素的帧间差值超过阈值 3；对于变化比较剧烈的 256 级亮度值的彩色电视图像序列，则只有 7.5%像素的帧间差值越过阈值 6。可见帧与帧之间具有很强的时间相关性，这为帧间预测提供了可能。

在实际应用中，通常可采用两种帧间预测方法。

1) 狭义帧间预测

狭义帧间预测指用前一帧的某一点像素值 $f_{t-1}(i, j)$ 作为当前帧的对应像素值 $f_t(i, j)$ 的预测值，该差值定义为

$$e=f_t(i, j)-f_{t-1}(i, j) \tag{4-29}$$

2) 复合差值预测

当帧间位置对应的像素差较大，且图像较为复杂时，显然不能简单地传输相邻两帧间对应像素的帧间差值。应按照一定的准则，先估计一个像素或一个子图像块的运动，然后利用预测出的运动位移确定对应像素，从而获得相邻两帧间的帧间差值，这种复合差值预测方法在发送端称为运动估计，在接收端称为运动补偿，一般简称为运动补偿预测技术。

(1) 运动补偿的基本原理。图 4-10 给出了运动补偿和运动矢量的基本原理。图图 4-10(a)和(b)分别为相邻两帧的图像，图像中有一个圆形运动物体，该物体在相邻两帧图像中的位置发生了变化，可以看到在第 t 帧图像中，该物体位于第四行第五列，在第 t–1 帧中却位于第二行第二列与第三列之间。由于两幅图像在该位置上的值不同，如果直接用第 t 帧第四行第五列的图像块与第 t–1 帧第四行第五列的图像块进行像素值相减，得到的差值会很大，无法消除图像帧在时间上的冗余。如果采用运动补偿技术的复合差值预测，可以判定出图 4-10(c)中处于第四行第五列的当前图像块是从第 t–1 帧图像的某个位置移动过来的，它在水平方向和垂直方向上分别移动了 dx 和 dy 个像素，(dx, dy) 称为运动矢量，如图 4-10(d) 所示。接下来，根据运动矢量 (dx, dy)，计算第 t 帧的当前块与第 t–1 帧偏移为 (dx, dy) 的图像块之间的差值。由于这两块的内容是同一物体在不同时刻的图像，因而非常相似，差值会很小。由此不难看出，运动补偿能有效处理物体运动带来的问题，消除图像的时间冗余。

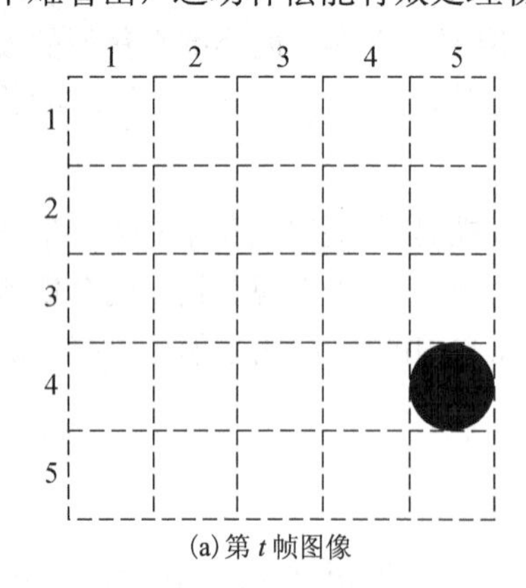

(a) 第 t 帧图像

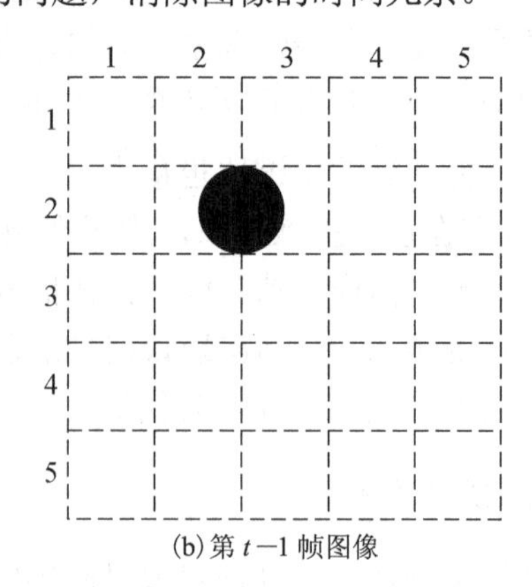

(b) 第 t－1 帧图像

图 4-10　运动补偿和运动矢量

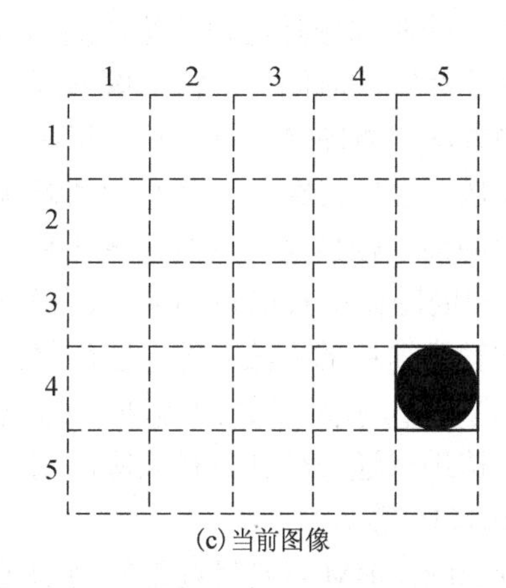

(c) 当前图像

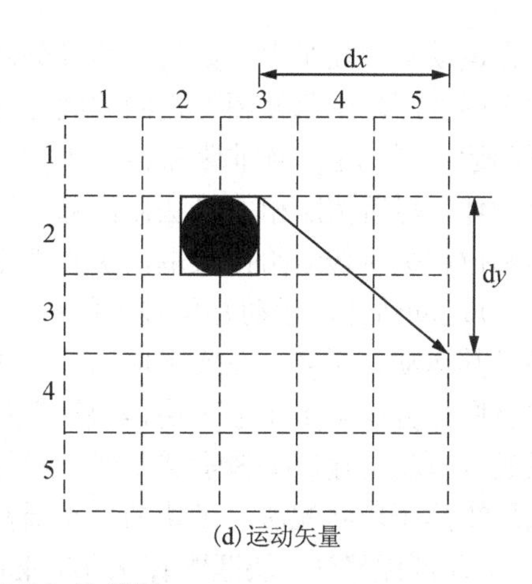

(d) 运动矢量

图 4-10　运动补偿和运动矢量(续)

由以上分析可知，在图像通信中，发送端不需要发送每幅图像中的全部像素，而只要将物体的运动信息告知接收端，接收端根据所接收到的运动信息和前一帧图像信息来恢复当前帧的图像。因此，要获得高品质的图像，就要求系统能准确从图像序列中提取相关运动物体的信息。这一过程称为运动估计。具体地说，就是 t 时刻运动物体的像素值 b_t，可以用在此之前 τ 时刻的像素值 $b_{t-\tau}$ 来表示。将这两个像素点的位置之差称为运动矢量 V 。

(2) 运动补偿预测器。对于画面中运动部分占较小区域的图像，采用运动补偿技术的压缩数据效果特别好，如可视电话、会议电视等。运动补偿法是跟踪画面内的活动情况，先对其加以补偿之后，再进行帧间预测。运动补偿预测方案通常由以下几个方面组成：

① 图像分割：首先将图像分割为静止和运动的两部分。

② 运动检测与估计：检测运动的类型(如平移、旋转、缩放等)，并对每一个运动物体进行运动估计，找出运动矢量。

③ 运动补偿预测：利用运动矢量建立位于前后帧的同一物体在空间位置上的对应关系，即用运动矢量进行运动补偿预测。

④ 预测编码：对运动补偿后的预测误差、运动矢量等信息进行编码。

图 4-11 给出了运动补偿预测器的原理框图，图中分割单元负责将图像分割成静止的背景和若干运动的物体，并将分割信号送往运动估计单元，从而对运动物体进行位移估计。分割单元和运动估计单元的输出信号送往预测单元用以控制预测器，从而获得经运动补偿后的预测图像，最后经帧间预测得到预测误差。此外，编码器的最终输出还包括位移矢量和因分割而产生的地址信息。

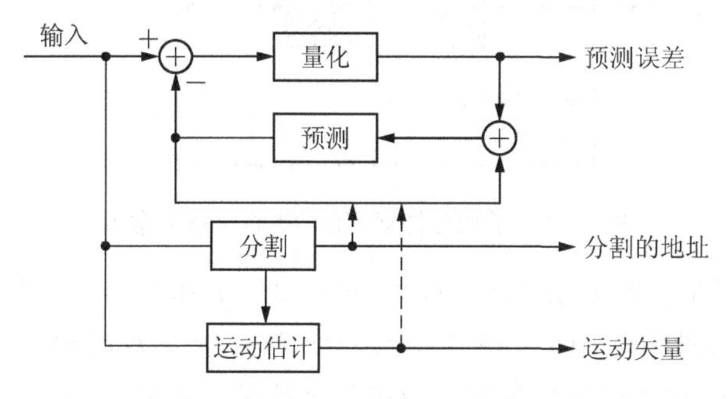

图 4-11　具有运动补偿的帧间预测器功能框图

在运动补偿技术中，如何将图像分割成静止和运动的两部分是运动补偿预测的基础，但由于图像序列中每帧图像之间的间隔时间很短，在这么短的时间内，将图像分割成静止区域和运动区域是一项非常艰巨的工作。一种简化的方法是将图像分割成块，每块看成是一个物体，然后按照相关算法估计每个子块的位移矢量，最后将经过位移补偿的帧间预测误差和位移矢量传送给接收端，接收端则根据所接收的前一帧信息，恢复出该子块。

(3) 运动估计。运动补偿技术的核心是在第 $t-\tau$ 帧的图像中找出与当前块最相似的图像块及其运动矢量 V。在实际应用中，通常采用两种较为简单的方法：①块匹配算法，它首先将图像分成若干矩形子块，再将子块分为静和动两部分，接着估计出运动子块的位移，然后进行预测传输。②像素递归法，对每个像素的位移进行递归估计。在实际应用中，通常采用矩形子块匹配法。子块的大小通常取 8×8、16×16 等。

① 块匹配算法。块匹配算法(block matching algorithm，BMA)是目前最常用的运动估计算法。在 H.261 和 MPEG 标准中都采用 BMA 实现运动矢量估计。

基本方法：将图像分成若干互不重叠的子块，子块的大小为 $M \times N$ 像素，并假设块内各像素只进行相等的平移运动，即子块内所有像素的位移量都相同，这实际意味着将每个子块视为一个运动物体。但在实际图像序列中，一个运动物体的大小不可能恰好完全等于一个子块的大小。因此，当一个真实物体运动时，如果仍以子块作为计量单位，从严格意义上讲，在第 t 帧和第 $t-1$ 帧图像中，不可能存在完全相同的子块，因此提出了相似性问题，即匹配准则。

(a) 匹配准则。设当前帧中的一个 $M \times N$ 子块是从第 $t-\tau$ 帧平移过来的，并且 $M \times N$ 子块内所有像素都具有同一个位移值 (dx, dy)。设运动物体在 τ 帧差时间内，水平和垂直最大位移像素数分别为 h 和 v，则可以在第 $t-\tau$ 帧内的搜索区 SR 内进行搜索，SR 搜索区为 $(M+2h, N+2v)$，如图 4-12 所示。在 SR 中，不断地计算与当前帧的子块匹配程度。目前衡量匹配性能的准则有三种：均方误差(MSE)、帧间绝对差(median absolute deviation，MAD)及归一化互相关函数(normalized cross correlation function，NCCF)。

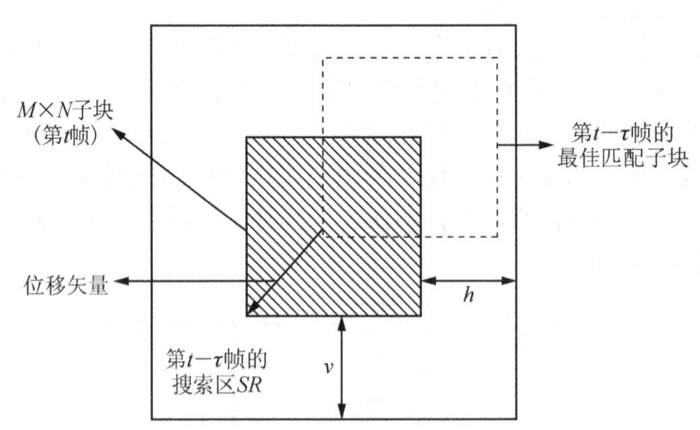

图 4-12　子块与搜索范围 SR 的关系示意图

假设当前帧图像中各像素用 $f_t(i, j)(i=1, \cdots, M; j=1, \cdots, N)$ 表示，前一次传送的第 $t-\tau$ 帧中的图像各像素用 $f_{t-\tau}(i, j)(i=1, \cdots, M; j=1, \cdots, N)$ 表示，当第 t 帧中的 $M \times N$ 图像子块与第 $t-\tau$ 帧中的 $M \times N$ 图像子块进行比较时，其最小均方差为

$$\mathrm{MSE}(i,\ j)=\frac{1}{MN}\sum_{i=1}^{M}\sum_{j=1}^{N}[f_t(i,\ j)-f_{t-\tau}(i+\mathrm{d}x,\ j+\mathrm{d}y)]^2 \tag{4-30}$$

帧间绝对差值为

$$\mathrm{MAD}(i,\ j)=\frac{1}{MN}\sum_{i=1}^{M}\sum_{j=1}^{N}\left|f_t(i,\ j)-f_{t-\tau}(i+\mathrm{d}x,\ j+\mathrm{d}y)\right| \tag{4-31}$$

利用 NCCF 计算两帧中子块的相关函数为

$$\mathrm{NCCF}(i,\ j)=\frac{\sum_{i=1}^{M}\sum_{j=1}^{N}f_t(i,\ j)f_{t-\tau}(i+\mathrm{d}x,\ j+\mathrm{d}y)}{[\sum_{i=1}^{M}\sum_{j=1}^{N}f_t^2(i,\ j)]^{1/2}[\sum_{i=1}^{M}\sum_{j=1}^{N}f_{t-\tau}^2(i+\mathrm{d}x,\ j+\mathrm{d}y)]^{1/2}} \tag{4-32}$$

式中，$\mathrm{d}x,\ \mathrm{d}y\in SR$，随着 $\mathrm{d}x$、$\mathrm{d}y$ 值的不断变化，反复计算 MSE/MAD/NCCF 的值。当其值达到最小时，则表示这两个子块已经匹配，并同时计算出位移矢量 $(\mathrm{d}x,\ \mathrm{d}y)$，表示在第 $t-\tau$ 帧中的该子块移动 $\mathrm{d}x$ 行、$\mathrm{d}y$ 列后与第 t 帧中的子块相似。

实践表明，采用以上三种准则，匹配结果相差不多。最小绝对差准则由于计算量小，硬件实现起来简单方便，因而得到了广泛的应用。

(b) 图像子块大小的选择。在块匹配法中，子块大小的选择直接影响搜索速度，这是因为块匹配法的应用前提是块内各像素从第 t 帧到第 $t-\tau$ 帧过程中进行相同的平移运动。因此，当所选择的图像子块较大时，块内所包含的像素数较多。由于受到噪声的干扰，块内各像素进行相同平移运动的假设则不成立，从而影响运动估计的精度。但当子块过小时，则会增加运算量和附加信息的传输量，因此在目前实用的压缩标准中，大多选择 16×16 大小的图像子块作为匹配单元。

(c) 编码器结构。利用子块匹配法的运动补偿帧差预测编码器框图如图 4-13 所示。

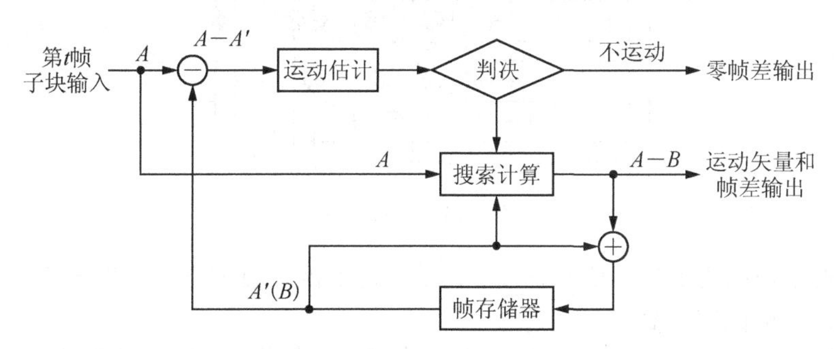

图 4-13　运动补偿的帧差预测编码器框图

设 A 为第 t 帧中的某一个子块，A' 为第 $t-\tau$ 帧中对应的位置子块。运动估计完成对 $A-A'$ 中运动像素的帧差统计 $\sum(a-a')$，由判决器进行判决。若帧差小于某阈值，即该子块不运动，则输出帧差为零，不必进行运动估计；若帧差大于某阈值，则再在第 $t-\tau$ 帧的 A' 块附近进行搜索运算，直到找出相对于 A 子块的最小帧差的子块 B，然后以 B 作为相应的运动子块，即子块 A 的预测值，并输出帧差 $A-B$ 和这两个子块间的相对位置偏移量即运动矢量 V。求 $\min\mathrm{MAD}(i,\ j)$，即为当前子块估计值。当该最小帧差大于给定门限值时，说明子块的运动很剧烈，不宜对它采用运动补偿，而应采用帧内预测编码方法。

(d) 全搜索法。基于最小绝对差准则的最优匹配搜索算法有很多种，如全搜索法(full search algorithm，FSM)、三步搜索法、四步法、菱形搜索算法等。尽管全搜索法的计算量大，但它是一种搜索精度最高、最简单、最可靠的方法，其算法描述如下：

(i) 从原点出发，按顺时针方向由近及远，在每个像素处计算 MAD 值，直到遍历搜索范围 $(M+2h,\ N+2v)$ 内的所有点。

(ii) 在所有的 MAD 中找到最小块误差点，即 MAD 最小值的点，该点所在的位置即对应最佳运动矢量。

下面举例说明全搜索过程。

首先以第 t 帧中某图像子块 $M\times N$ 为基准，在第 t–1 帧中进行搜索。最初的搜索是以 A 点为中心，以 5 个像素距离为搜索距离，对 A 点及其周围的 8 个点(共 9 个点)进行最小绝对差计算，从而找出最为相似的子块中心，如 B 点；然后再以 B 点为中心，以 4 个像素距离为搜索距离，再对 B 点及其周围的 8 个点进行搜索，找出最为相似的子块中心 C；以此类推……直至找到 F 点，即第 t–1 帧以 F 点为中心的子块是第 t 帧中相应 $M\times N$ 子块的运动子块,如图 4-14 所示。

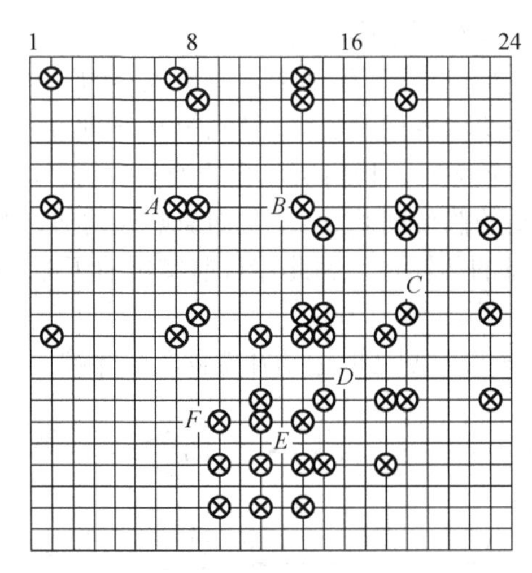

图 4-14　全搜索法

可见，搜索距离为 5+4+3+2+1=15。经过 5 次反复搜索后，在±15 个像素范围内完成全搜索，其准确率很高。

全搜索算法在搜索区 $(M+2h,\ N+2v)$ 内计算所有的像素，从而寻找具有最小误差的最佳匹配块。对于当前帧中一个待匹配块的运动矢量搜索，需要计算 $(2h+1)\times(2v+1)$ 次误差值。由于全搜索算法的计算复杂度过大，近年来快速算法的研究得到了广泛的关注。

(e) 三步搜索法。三步搜索法(three-step search，TSS)是一种典型的快速搜索算法。这种算法的大致步骤如下：

(i) 从中心点出发，选取最大搜索长度的一半作为步长，在中心点及周围 8 个点处进行块匹配计算并比较。

(ii) 将步长减半，中心移到上一步的最小块误差点，重新在中心点及周围的 8 个点处进行块匹配计算并比较。

(iii) 在中心点及周围 8 个点处找出最小块误差点，若步长为 1，则该点所在位置即对应最佳运动矢量，搜索结束；否则重复第(ii)步。

图 4-15 给出了三步搜索法的搜索过程。图中点(5，11)和(3，13)是第一步和第二步的最小块误差点，第三步得到最终运动矢量为(4，14)位置。可以看到，采用三步搜索法大大减少了搜索的点数，因此这种算法的速度非常快。

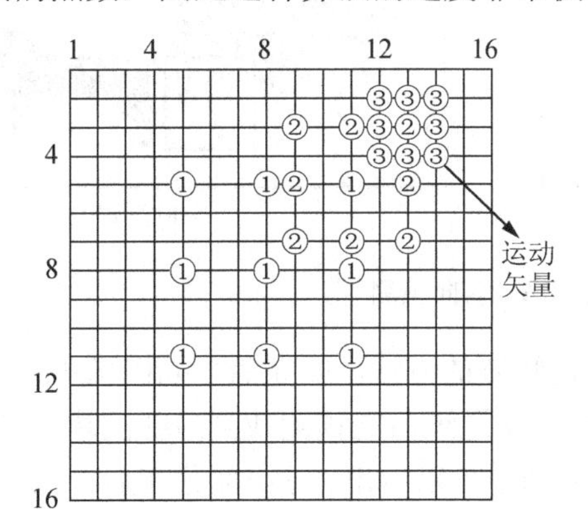

①表示第一步搜索的位置

②表示第二步搜索的位置

③表示第三步搜索的位置

图 4-15　三步搜索法及其搜索位置

② 像素递归法。像素递归法对帧内每一个像素的运动都要进行运动估计，因此每个像素都有一个对应的运动矢量。

采用像素递归法进行位置矢量 V 估计的具体步骤：首先将图像分割成运动区和静止区。由于相邻两帧中静止区的像素相同，即其位移为 0，因此无须进行递归运算；对于运动区内的像素，则要利用该像素左边或正上方像素的位移矢量 V 作为本像素的位移矢量，然后用前一帧对应位置上像素经位移 V 后的像素值作为当前帧中该像素的预测值，求出与当前帧中该像素值之间的预测误差。如果预测误差小于某一阈值，则认为该像素是可预测的，因此无须进行信息传送；如果预测误差大于该阈值，则需对该误差进行量化、编码、传输，同时传输的还有该像素的地址信息。接收端根据所接收到的误差信息和地址信息进行图像恢复。

可以看出，像素递归法是针对每个像素逐一根据预测误差来进行位移矢量估算，因此在系统中无须单独传送位置信息。

(4) 前向预测和后向预测。为了去除时间上的冗余，数字电视系统采用了运动补偿技术。在估计运动矢量时，当前图像块需要在前一帧图像中搜索出与之最匹配的块。以上的分析在计算运动矢量过程中只使用过去的图像帧，这种运动补偿称为前向预测。显然，如果当前图像块的内容在前一帧图像中出现过，则总能找到最匹配的图像块。然而，在实际的图像序列中，有部分图像块的内容在前一帧图像中是没有出现过的，在这种情况下，利用前向预测则无法找到最匹配块。图 4-16 所示为电视信号中连续的两帧图像，假设当前正在处理第 t 帧图像，显然当前帧中的狗、树木在前一帧已经出现过，通过搜索很容易找到匹配的图像块，但树木的右下角位置(图 4-16 中方块区域)在前一帧中由于被遮挡没出现过，即使是通过运动补偿也很难找到最佳匹配块。

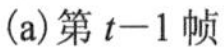

(a) 第 $t-1$ 帧

(b) 第 t 帧

图 4-16　前向预测

针对这种情况，研究人员提出了后向预测的方法，即在后一帧图像中找到与当前图像块最匹配的块。在图 4-16 中，方块区域无法通过前向预测找到最匹配块，图 4-17 给出了利用后向预测找到最佳匹配块的示例。从图中可以看出，方块部分在后一帧图像中出现过，因而在后一帧中可以找到最佳匹配块。

(a) 第 t 帧

(b) 第 $t+1$ 帧

图 4-17　后向预测

尽管前向预测与后向预测的实现原理完全相同，但后向预测会极大地增加数字电视的复杂度和系统时延。前向预测使用当前图像帧和前一图像帧，系统只需要存储前一帧的数据。在当前帧图像输入时，前一帧图像已经存在，因此系统可以立即对输入的当前帧进行处理，而无须等待。后向预测则不同，由于它需要使用后一帧图像作为参考图像，即在处理当前帧图像时，后一帧图像必须存在。为此，后向预测至少需要三个图像帧缓存器，这无疑是增加了系统的复杂度。为了进一步提高信道的利用率，可以采用双向预测，即使用前、后帧来预测当前帧，如图 4-18 所示。

在采用双向预测的系统中，对于每个子块需要向接收端发送 2 个位移矢量，而且必须在接收到第 $t+1$ 帧之后才能进行 t 帧的恢复，因此存在帧延时。

(5) 帧间内插。由于图像序列中各帧之间的时间间隔非常短，即使是高速运动的物体，各帧之间仍存在很大的相关性。为了进一步压缩数据，可以在发送端采用亚采样，即每隔一段时间丢掉几帧图像，而在接收端利用帧间的相关性将丢掉的几帧恢复出来。这种运动图像压缩编码方法称为帧间内插。其关键问题是在接收端如何从接收的数据中恢复出丢弃的帧。实现的方法有很多种，通常采用线性内插来恢复丢弃的帧，如图 4-19 所示。

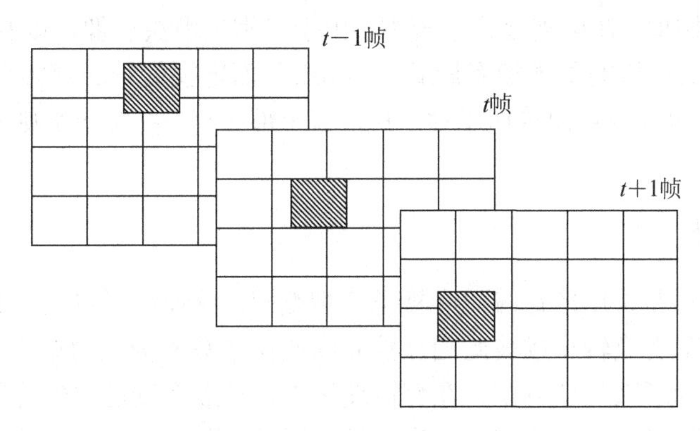

图 4-18　双向预测

为了压缩数据量，假设在发送端丢弃 3 帧，那么 5 帧中只有 2 帧作为传输帧，如图 4-19(a)所示，接收端则按下式计算出中间第 i 个内插帧对应位置上的像素值：

$$z_0(i,\ j)=\frac{N-i}{N}x(i,\ j)+\frac{i}{N}y(i,\ j) \tag{4-33}$$

式中，N 为两个传输帧之间的帧间隔数；$x(i,\ j)$ 和 $y(i,\ j)$ 分别表示两个传输帧中相同空间位置上的像素。

尽管这种编码方法能够提高信道的利用率，但当图像中存在运动物体时，使用式(4-33)计算出的结果与运动物体的真实运动轨迹存在误差，从视觉效果来看，即存在图像模糊的现象，如图 4-19(b)所示。为了解决这一问题，可采用带有运动补偿的帧间内插。采用运动补偿可以减少预测误差，同时提高编码效率。即使出现运动估计不准确的现象，也只会增加预测误差的大小，从而增加码率。此时接收端还是能够根据所接收的预测误差和位移矢量进行图像恢复的。可见，预测误差的增加，并不会造成图像质量的严重下降。但是在帧间内插中，通常不是对一个子块进行运动补偿，而是对运动区中的每个像素进行运动补偿，即像素递归法。

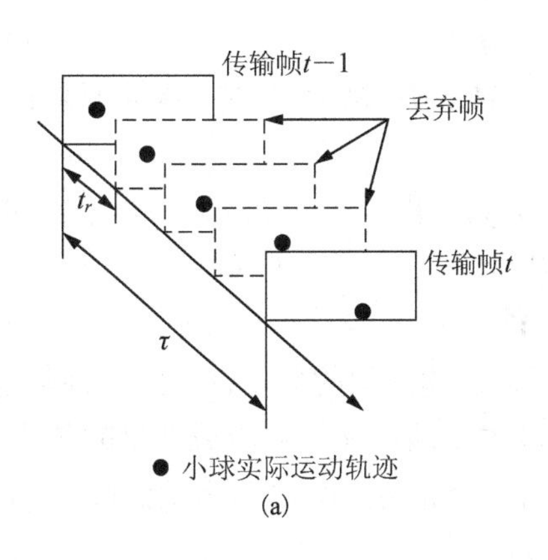

(a)

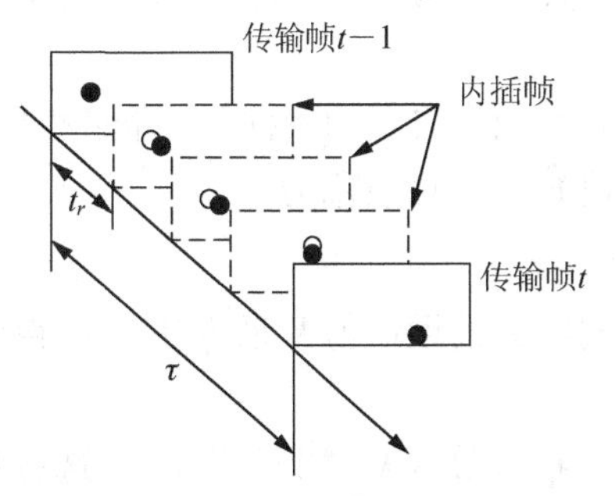

● 内插帧所处时刻经内插获得的小球运动轨迹
○ 内插帧所处时刻小球实际运动轨迹
(b)

图 4-19　帧间内插

帧间内插技术比较适合于低速系统，如可视电话、电视会议等。它需要在发送端每隔一段时间丢弃几帧图像，但究竟丢弃几帧可以既提高压缩比、又保证图像质量，不同系统的处理方法不同。例如，在电视会议系统中，由于经常出现头肩像，其中眼睑的运动最快，可达 3Hz。因此对头肩像的采样频率最低可为 6Hz，而电视信号的帧频为 25Hz，因此亚采样可以达到 4∶1，即每隔 4 帧传送 1 帧，其余帧全部丢弃，在接收端则根据所接收的数据恢复出丢弃的帧。

4.7.2 变换编码

图像变换编码通常采用统计编码和视觉心理编码。统计编码将统计上彼此密切相关的像素矩阵，通过正交变换转换成彼此相互独立的变换系数所构成的矩阵。为了保证平稳性和相关性，同时也为了减少计算量，在变换编码中，一般在发送端先将原始图像分割成若干个子图像块，然后对每个子块进行正交变换。视觉心理编码对主要的变换系数进行量化和编码。在接收端经过解码、逆量化后得到带有一定量化失真的变换系数，再经过逆变换就可恢复图像信号。显然，恢复图像具有一定的失真，但是只要系数选择器和量化编码器设计得合理，这种失真就可限制在允许的范围内。

1. 变换编码的数学分析

假设一幅图像可看成一个随机的向量，通常用 n 维向量表示

$$\boldsymbol{X}=[x_0,\ x_1,\ x_2,\cdots,\ x_{n-1}]^{\mathrm{T}} \tag{4-34}$$

经正交变换后，其输出为 n 维向量 $\boldsymbol{Y}$，即 $F(u,\ v)$，$\boldsymbol{Y}$ 可表示为

$$\boldsymbol{Y}=[y_0,\ y_1,\ y_2,\cdots,\ y_{n-1}]^{\mathrm{T}} \tag{4-35}$$

设 $\boldsymbol{A}$ 为正交变换矩阵，即满足

$$\boldsymbol{Y}=\boldsymbol{A}\boldsymbol{X} \tag{4-36}$$

由于 $\boldsymbol{A}$ 是正交矩阵，则有

$$\boldsymbol{A}\boldsymbol{A}^{\mathrm{T}}=\boldsymbol{A}\boldsymbol{A}^{-1}=\boldsymbol{I} \tag{4-37}$$

式中，$\boldsymbol{I}$ 为单位矩阵。在发送端，存储或传输利用变换得到的 $\boldsymbol{Y}$，在接收端，利用变换矩阵的转置矩阵 $\boldsymbol{A}^{\mathrm{T}}$ 与接收序列 $\boldsymbol{Y}$ 相乘，即可恢复源序列 $\boldsymbol{X}$

$$\boldsymbol{X}=\boldsymbol{A}^{-1}\boldsymbol{Y}=\boldsymbol{A}^{\mathrm{T}}\boldsymbol{Y} \tag{4-38}$$

若在允许失真的条件下，存储和传输只用 $\boldsymbol{Y}$ 的前 M（$M<N$）个分量，这样可得到 $\boldsymbol{Y}$ 的近似值 $\hat{\boldsymbol{Y}}$，$\hat{\boldsymbol{Y}}$ 可表示为

$$\hat{\boldsymbol{Y}}=[y_0,\ y_1,\cdots,\ y_{M-1}]^{\mathrm{T}} \tag{4-39}$$

利用 $\boldsymbol{Y}$ 的近似值 $\hat{\boldsymbol{Y}}$ 来重建 $\boldsymbol{X}$，得到 $\boldsymbol{X}$ 的近似值 $\hat{\boldsymbol{X}}$

$$\hat{\boldsymbol{X}}=\boldsymbol{A}_1^{\mathrm{T}}\hat{\boldsymbol{Y}} \tag{4-40}$$

式中，$\boldsymbol{A}_1$ 为 $M\times M$ 方阵。只要 $\boldsymbol{A}_1$ 选择恰当就可以保证重建图像的失真在一定允许限度内。关键的问题是如何选择 $\boldsymbol{A}$ 和 $\boldsymbol{A}_1$，使之既可以获得最大压缩，又不会造成严重的失真。为此要研究 $\boldsymbol{X}$ 的统计特性。对于 $\boldsymbol{X}=[x_0,\ x_1,\cdots,\ x_{n-1}]^{\mathrm{T}}$，其数学期望(或称为均值)，定义为

$$\bar{\boldsymbol{X}}=\boldsymbol{E}[\boldsymbol{x}] \tag{4-41}$$

如果考虑到信号在时域上存在于无限区间内，而在变换域上是有限的，则表征其相关

性的统计特性就是协方差矩阵，它被用下式来定义：

$$\boldsymbol{\Phi}_x=\begin{bmatrix} \sigma_{0,0}^2 & \sigma_{0,1}^2 & \cdots & \sigma_{0,n-1}^2 \\ \sigma_{1,0}^2 & \sigma_{1,1}^2 & \cdots & \sigma_{1,n-1}^2 \\ \vdots & \vdots & \vdots & \vdots \\ \sigma_{n-1,0}^2 & \sigma_{n-1,1}^2 & \cdots & \sigma_{n-1,n-1}^2 \end{bmatrix} \tag{4-42}$$

式中，$\sigma_{ij}^2=E\left\{[x_i-E(x)][x_j-E(x)]\right\}$，$i$，$j=0,1,\cdots,n-1$；$E(x)$ 为 $\boldsymbol{X}$ 的数学期望，或称为均值。显然，协方差矩阵中主对角线上各元素就是变量的方差，其余元素是变量的协方差，且协方差矩阵是一个对称矩阵。在该矩阵中，当主对角线以外所有各元素均为零时，就等效于信号的相关性为零。所以，为了有效地压缩数据，通常希望变换后的协方差矩阵为一对角矩阵，即矩阵中除对角线上元素以外，所有各元素均为零，同时希望主对角线上各元素随 i、j 的增加能够很快地衰减。

因此，变换编码的关键在于，在已知信源序列 X 的条件下，根据它的协方差矩阵 $\boldsymbol{\Phi}_x$，去寻找一个正交变换 $\boldsymbol{T}$，使变换后的协方差矩阵 $\boldsymbol{\Phi}_x$ 满足或接近于一个对角矩阵。当经过正交变换后，协方差矩阵为一对角矩阵，且对角线上各元素最小，即具有最小均方误差。此时，变换系数 Y 的相关性全部解除，该变换称为最佳变换，也称为 K-L 变换。

2. 离散余弦变换

正交变换的种类很多，有傅里叶变换、沃尔什-哈达玛变换、哈尔变换、余弦变换、正弦变换、K-L 变换等。K-L 变换后的各系数相关性小、能量集中、舍弃低值系数所造成的误差最小，但其计算复杂、速度慢。因此一般只作为理论上的比较标准，用于对一些新方法、新结果进行分析比较。

当图像信源分布符合一阶平稳马尔可夫过程，而且其相关系数接近 1 时(多数图像信号均满足此规律)，离散余法变换的结果与离散 K-L 变换十分接近，而且变换后具有较高的能量集中度。特别是当信源的统计特性偏离上述规律时，其性能下降并不显著。

由于离散余弦变换和 K-L 变换性质最为接近，且计算量适中，因此在图像数据压缩编码中的应用最为广泛。在静止图像压缩编码标准 JPEG、运动图像编码标准 MPEG 的各个标准中都使用了离散余弦变换。在这些标准中均采用二维离散余弦变换，并将结果量化之后再进行熵编码。

下面对离散余弦变换作简单的介绍。

设 $f(x,\ y)$ 是 $M\times N$ 图像的空域表示，则其二维离散余弦变换定义为

$$F(u,\ v)=\frac{2}{\sqrt{MN}}c(u)c(v)\sum_{x=0}^{M-1}\sum_{y=0}^{N-1}f(x,\ y)\cos\frac{(2x+1)u\pi}{2M}\cos\frac{(2y+1)v\pi}{2N} \tag{4-43}$$

式中，$u=0,1,\ \cdots,\ M-1$；$v=0,1,\ \cdots,\ N-1$。

其逆向离散余弦变换(inverse discrete cosine transform，IDCT)的定义为

$$f(x,\ y)=\frac{2}{\sqrt{MN}}\sum_{x=0}^{M-1}\sum_{y=0}^{N-1}c(u)c(v)F(u,\ v)\cos\frac{(2x+1)u\pi}{2M}\cos\frac{(2y+1)v\pi}{2N} \tag{4-44}$$

式中，$x=0,1,\ \cdots,\ M-1$；$y=0,1,\ \cdots,\ N-1$。

式(4-43)和式(4-44)中，$c(u)$ 和 $c(v)$ 的定义为

$$c(u)=\begin{cases}1/\sqrt{2} & u=0 \\ 1 & u=1, \cdots, M-1\end{cases} \tag{4-45}$$

$$c(v)=\begin{cases}1/\sqrt{2} & v=0 \\ 1 & v=1, \cdots, N-1\end{cases} \tag{4-46}$$

二维离散余法变换和逆向离散余法变换的变换核是可分离的，即可将二维计算分解成一维计算，从而解决了二维离散余法变换和逆向离散余法变换的计算问题。空域图像 $f(x, y)$ 经过式(4-43)的正向离散余弦变换后得到的是一幅频域图像。当 $f(x, y)$ 是一幅 8×8 的子图像时，其 $F(u, v)$ 可表示为

$$F(u, v)=\begin{bmatrix}F_{00} & F_{01} & \cdots & F_{07} \\ F_{10} & F_{11} & \cdots & F_{17} \\ \vdots & \vdots & \vdots & \vdots \\ F_{70} & F_{71} & \cdots & F_{77}\end{bmatrix} \tag{4-47}$$

式中的 64 个矩阵元素被称为 $f(x, y)$ 的 64 个离散余弦变换系数，正向离散余弦变换变换可以看成是一个谐波分析器，它将 $f(x, y)$ 分解成 64 个正交的基信号，分别代表着 64 种不同的频率成分。矩阵中的第一个元素 F_{00} 称为直流(DC)系数，其他 63 个称为交流(AC)系数。矩阵元素的两个下标之和较小的元素，即矩阵左上角部分代表低频成分，下标之和较大的元素，即矩阵右下角部分，代表高频成分。由于大部分图像区域中相邻像素的变化很小，所以大部分图像信号的能量都集中在低频部分，高频成分中可能有很多数值为 0 或接近 0。

下面举例说明。

已知一个图像信号，其亮度抽样值如下所示，试求其离散余弦变换系数矩阵。

$$f(x, y)=\begin{bmatrix}79 & 75 & 79 & 82 & 82 & 86 & 94 & 94 \\ 76 & 78 & 76 & 82 & 83 & 86 & 85 & 94 \\ 72 & 75 & 67 & 78 & 80 & 78 & 74 & 82 \\ 71 & 76 & 75 & 75 & 86 & 80 & 81 & 79 \\ 73 & 70 & 75 & 67 & 78 & 78 & 79 & 85 \\ 69 & 63 & 68 & 69 & 75 & 78 & 82 & 80 \\ 76 & 76 & 71 & 71 & 67 & 79 & 80 & 83 \\ 72 & 77 & 78 & 69 & 75 & 75 & 78 & 78\end{bmatrix}$$

利用式(4-43)可得经离散余弦变换的变换系数矩阵，如下所示。

$$F(u, v)=\begin{bmatrix}619 & -29 & 8 & 2 & 1 & 3 & 0 & 1 \\ 22 & -6 & -1 & 0 & 7 & 0 & -2 & -3 \\ 11 & 0 & 5 & -4 & -3 & 1 & 0 & 3 \\ 2 & -10 & 5 & 0 & 0 & 7 & 3 & 2 \\ 6 & 2 & -1 & -1 & -3 & 0 & 0 & 8 \\ 1 & 2 & 1 & 2 & 0 & 2 & -2 & -2 \\ -8 & -2 & -4 & 1 & 2 & 1 & -1 & 1 \\ -3 & 1 & 5 & 2 & 1 & -1 & 1 & -3\end{bmatrix}$$

可以看到，离散余弦变换系数中能量主要集中在左上角系数上(即 DC 系数)，因此通常对其进行单独编码，而其他 63 个 AC 系数则按行程编码对其压缩。

4.7.3　小波变换

小波变换采用可变的时频窗口对信号进行局部分析，弥补了傅里叶分析的不足。从 20 世纪 80 年代以来，小波变换因其特有的与人眼视觉特性相符的多分辨分析及方向选择能力，已被广泛用于图像/视频编码领域，并取得了较好的效果。下面介绍小波变换在图像压缩编码技术中的应用。

1. 频域空间的划分

如果原始信号 $x(t)$ 占据的总频带为 $0\sim\pi$，设 $H_1(\omega)$、$H_0(\omega)$ 分别为高通和低通滤波器，则经过一级分解后，原始频带被划分为低频带 $0\sim\pi/2$ 和高频带 $\pi/2\sim\pi$。对低频带进行第二次分解，又得到低频带 $0\sim\pi/4$ 和高频带 $\pi/4\sim\pi/2$。如此重复下去，即每次对该级输入信号进行分解，得到一个低频的逼近信号和一个高频的细节信号，这样就将原始信号进行了多分辨分解。信号的各级分解均由两个滤波器完成，分别为低通滤波器 $H_0(\omega)$ 和高通滤波器 $H_1(\omega)$。由于滤波器的设计根据归一频率进行，而前一级的信号输出又被 2 抽取过，所以这两个滤波器在各级相同。这种树形分解便是由粗到精的多分辨分析过程。

2. 基于子带编码的快速小波变换

小波变换是将原始图像信号与一组不同尺寸的小波带通滤波器进行一种滤波运算。当信号带宽较窄时，可以缩小窗口宽度来精细地描述窄带信号的特征；而当信号带宽较宽时，则可以选择足够大的窗口宽度以满足描述所要求的精度，这与子带编码方式下的迭代关系相吻合。

在对图像进行小波变换编码过程中，必须进行二维小波变换。二维小波变换可由行和列两个方向的一维小波组成。对于一幅原始图像，先对其行进行小波变换，得到高频分量 H 和低频分量 L。行变换结束后，再分别对 H 和 L 进行列小波变换，便得到四个子图像：LL、LH、HL、HH，它们分别表示水平低频垂直低频、水平低频垂直高频、水平高频垂直低频、水平高频垂直高频。其中经 j 级小波分解得到的 LL_j 具有与原图像非常接近的结构，LH 大致表示图像的水平边缘，HL 大致表示图像的垂直边缘，HH 大致刻画了对角线方向的边缘。图 4-20 所示为小波分解示意图，图(a)表示原始图像；图(b)表示一级分解的小波变换；图(c)表示将低频图像 LL 小区域再分解的小波变换，通常称其为二级分解。下面以一级分解的小波变换［图 4-20(b)］为例进行介绍。

(a)

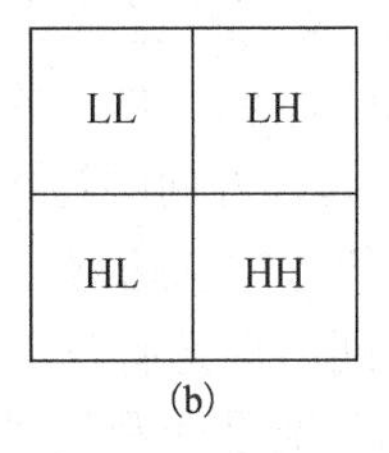

(b)

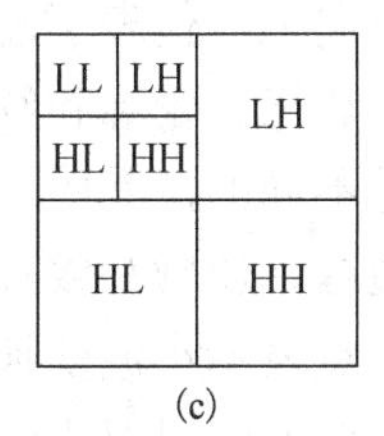

(c)

图 4-20　小波分解

此时将原始图像分解成四个子块，其顺序是首先将原始图像分为高频和低频两个部分，然后在高频和低频区域再分为高频和低频两部分，这样便获得四个子带。二维小波分解与重建过程如图 4-21 所示。

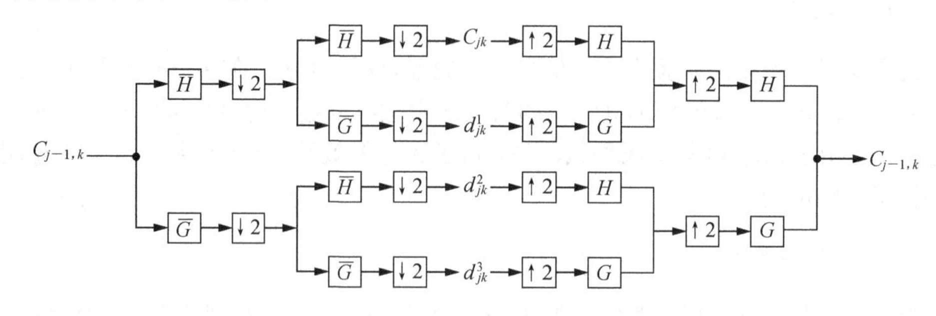

图 4-21　二维小波分解与重建结构

其中，$\bar{H}$ 和 $\bar{G}$ 分别表示分解时所采用的低通和高通滤波器；H 和 G 分别代表重建时所采用的低通和高通滤波器；$\bar{H}$ 和 H 是共轭函数，$\bar{G}$ 与 G 也是共轭函数；↑2 代表以因子 2 进行上采样，即对输入信号进行隔点采样；↓2 表示以因子 2 进行下采样，即在每两个点之间插入一个零值样点；C_{jk} 为尺寸系数，d_{jk}^1、d_{jk}^2、d_{jk}^3 均为小波系数。

小波编码、解码结构如图 4-22 所示。其中熵编码主要有行程编码、Huffman 编码和算术编码。

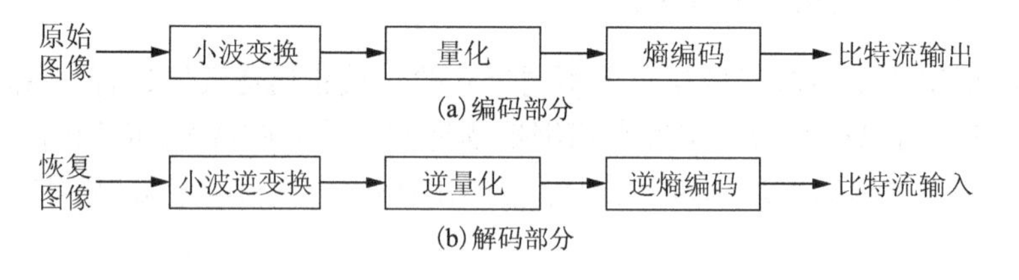

图 4-22　小波编码/解码框图

小波变换采用二维小波变换快速算法，即以原始图像为初始值，不断将上一级图像分解为四个子带的过程。每次分解得到的四个子带图像，分别代表频率平面上不同的区域，它们分别包含上一级图像中的低频信息和垂直水平及对角线方向的边缘信息。从多分辨率分析出发，一般每次只对上一级的低频子图像进行再分解。

图 4-23 为四级小波分解示意图，小波变换将图像信号分割成一个低频带 LL_4 和三个高频带系列 HH_j、LH_j、HL_j（$j=1$，2，3，4）。图像的每一级小波分解总是将上级低频数据划分为更精细的频带。对一幅图像而言，其高频信息主要集中在边缘、轮廓和某些纹理的法线方向上，代表了图像的细节变化。在这个意义上，可以认为小波图像的各个高频带是图像中边缘、轮廓和纹理等细节信息的体现，并且各个频带所表示的边缘、轮廓等信息的方向是不同的，其中 HL_j 频带表示了垂直方向的边缘、轮廓和纹理，LH_j 表示的是水平方向的边缘、轮廓和纹理，HH_j 表示对角方向的边缘、轮廓等信息。小波变换应用于图像的这一特点表示小波变换具有良好的空间方向选择性，与人眼视觉特性十分吻合。可以根据不同方向的信息对人眼作用的不同来分别设计量化器，从而得到很好的效果，小波变换的这种方向选择性是离散余法变换所不具备的。

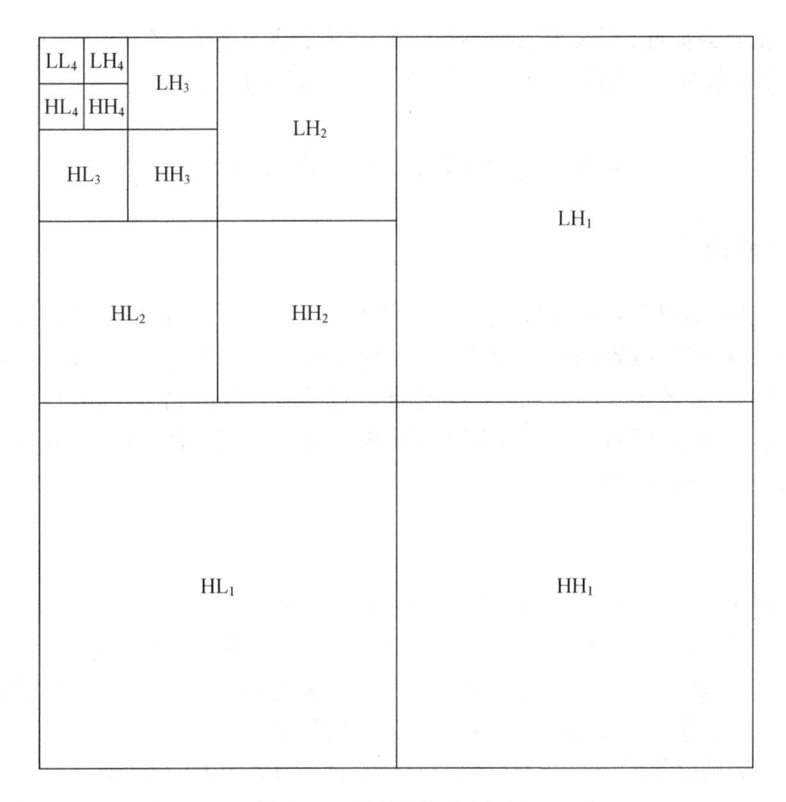

图 4-23　四级小波分解示意

经小波变换后，图像的各个频带分别对应了原图像在不同分辨率下的细节，以及一个由小波变换分解级数决定的最小分辨率下对原始图像的最佳逼近。以四级分解为例，最终的低频带 LL_4 是图像在分辨率为 1/16 时的一个逼近，图像的主要内容都体现在这个频带的数据中；HH_j、LH_j、HL_j 则分别是图像在分辨率为 $1/2^j$(j=1，2，3，4)下的细节信息，且分辨率越低，其中有用信息的比例越高。从多分辨率分析的角度考虑小波图像的各个频带时，这些频带之间并不是纯粹无关的。特别是对于各个高频带，由于它们是图像同一个边缘、轮廓、纹理信息在不同方向、不同尺度、不同分辨率下由细到粗的描述，因此它们之间必然存在着一定的关系。很显然，这些频带中对应边缘、轮廓的相对位置都应是相同的。此外，低频小波子带的边缘与同尺度下高频子带中所包含的边缘之间也有对应关系。小波变换应用于图像的这种对边缘、轮廓信息的多分辨率描述，为有效地编码这类信息提供了基础。由于图像的边缘、轮廓类信息对人眼观测图像时的主观影响较大，因此这种机制无疑会使编码图像在主观质量上得到改善。

由以上分析可以看出，小波变换的实质是采用多分辨率或多尺度的方式分析信号，非常适合视觉系统对频率感知的对数特性。因此从本质上说，小波变换非常适合于图像信号的处理。利用小波变换对图像进行压缩的原理与子带编码方法十分相似，是将原图像信号分解成不同频率区域(在对原始图像进行多次分解时，总的数据量与原数据量一样，无增减)，然后根据人眼视觉特性和原始图像的统计特性，对不同的频率区域采取不同的压缩编码手段，从而使图像数据量减少，在保证一定图像质量的前提下，提高了压缩比。由于小波变换是一种全局变换，因此可免除离散余弦变换之类正交变换中产生的方块效应，其主观质量较好。正因为如此，小波图像编码在较高压缩比的图像编码领域应用广泛，JPEG2000和 MPEG-4 等图像编码的国际标准中均采用了小波编码方法。

4.8 新型图像压缩编码技术

4.8.1 分形编码

分形编码已成为目前数据压缩领域的研究热点。它充分利用了人眼视觉特性和自然景物的特点，是一种基于内容的压缩编码方法。此编码方法对于图像不是以纯数据的形式看待，而是结合图像内容自身固有的特点来处理。与经典图像编码方法相比，不仅在思想方法上有了很大的突破，而且其压缩比超出经典编码方法近三个数量级。因此，在高速图像处理方面得到了广泛的应用。

1. 分形的概念

经典的几何学一般适于用来处理比较规则和简单的形状，如圆形、矩形等。再拓宽一些，可用来处理连续的具有有限不可微点的曲线。但是自然界的实际景象，绝大部分是由非常不规则的形状组成的，很难用一个数学表达式来表示。因此，在用经典的几何学处理以上问题时，就遇到了相当的困难。于是，分形几何学应运而生。

分形几何学是由数学家曼德布劳(Mandelbrot)于 1973 年提出的。分形的含义是某种形状、结构的一个局部或片断。例如，一棵树，干分为枝、枝又分枝，直到最细小的枝杈。这些分枝的方式、形状都类似，只有大小、规模的不同，如图 4-24 所示。再如绵延无边的海岸线，无论在什么高度、什么分辨率条件下去观看它的外貌，虽会发现一些前面不曾见过的新的细节，但这些新出现的细节和整体上海岸线的外貌总是相似的，即海岸线形状的局部和其总体具有相似性。实际上，这种自相似性是自然界的一种共性。

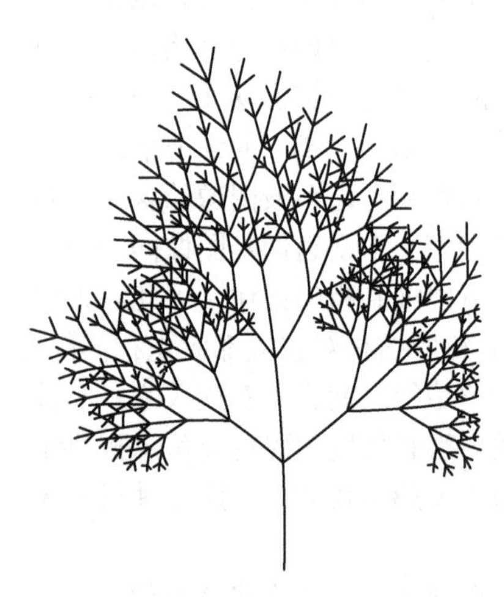

图 4-24 分形树

分形的含义是其组成部分以某种形式与整体相近的形状，它指一类无规则、混乱而复杂，但其局部与整体有相似性的体系，即自相似性体系。

2. 分形编码的基本原理

众所周知，经典的图像编码方法没有充分利用人眼的视觉特性及自然景物的特点，所以未获得很高的压缩比。这些图像编码方法对图像是以纯数据的形式处理，而不是结合图像内容自身固有的特点来处理，没有充分考虑图像内容的特点。因此，不可能从本质上提高压缩比。

分形方法是将一幅数字图像，通过一些图像处理技术，如颜色分割、边缘检测、频谱分析、纹理变化分析等，将原始图像分成若干子图像(子图像可以是一棵树、一片树叶、一片云彩或其他，也可以是一些更为复杂的景物，如海岸、浪花、礁石等)，然后在分形集里寻找出子图像间的自相似性。分形集实际上并不是存储所有可能的子图像，而是存储许多迭代函数，通过迭代函数的反复迭代，可以恢复出原来的子图像，即子图像所对应的只是迭代函数，而表示这样的迭代函数通常只需要几个数据即可，只需存储几个参数就可确定该变换，进而达到了很高的压缩比。由此可见，分形编码中存在两个难点，即如何进行图像分割和构造迭代函数系统。

1）仿射映射

假设 T 是 R^n（n 维实数空间）上的线性变换，并可以写成 $n \times n$ 矩阵的形式，由于向量 $\boldsymbol{b} \in R^n$，则仿射映射形式为

$$S(x)=T(x)+\boldsymbol{b} \tag{4-48}$$

可见它是平移、旋转、胀缩、拉伸及反映的组合，如由球映射成椭球、正方形映射成梯形等。可见在不同方向上仿射变换的胀伸比不同。

2）迭代函数系统

分形图像压缩的迭代函数系统实际上是一组压缩仿射变换 W_1，W_2，…，W_N。仿射变换指对子图像进行旋转、伸缩、偏斜、平移变换，其综合效果可以表示为

$$W(x,\ y)=(ax+by+e,\ cx+dy+f) \tag{4-49}$$

改写成矩阵的形式，即

$$W\begin{bmatrix} x \\ y \end{bmatrix}=\begin{bmatrix} a & b \\ c & d \end{bmatrix}\begin{bmatrix} x \\ y \end{bmatrix}+\begin{bmatrix} e \\ f \end{bmatrix}=\begin{bmatrix} ax+by+e \\ cx+dy+f \end{bmatrix} \tag{4-50}$$

式中，a、b、c、d、e、f 是变换系数，矩阵

$$\begin{bmatrix} a & b \\ c & d \end{bmatrix}$$

决定了旋转、伸缩、偏斜，而矩阵

$$\begin{bmatrix} e \\ f \end{bmatrix}$$

决定了平移。该矩阵变换将 $(0,0)$ 点移动到 $(e,\ f)$ 点，将 $(1,1)$ 点移动到 $(a+b+e,\ c+d+f)$ 点等。a、b、c、d、e、f 是该变换的 6 个系数，它们完全决定一个仿射变换。

给定一个二维图像和变换 W，通过求解 6 个联立方程（它们由原始图像的三个点的坐标值及由 W 变换而得的新图像的三个相应点的坐标值得出），可以解出 a、b、c、d、e、f 系数，这些系数就确定了这一仿射变换 W。一旦找到了每个子图像的仿射变换的系数，就可以使用这些系数代替数据量较大的实际像素值，以达到压缩的目的。

3. 分形编码压缩步骤

（1）将图像划分为互不重叠、任意大小形状的 domain 分区，所有 domain 分区拼起来应恰好为原图。

（2）划定一些可以相互重叠的 range 分区，每个 range 分区必须大于相应的 domain 分区，所有 R 分区之“并”无须覆盖全图。为每个 domain 分区划定的 range 分区必须在经由适当的三维仿射变换后，尽可能与该 domain 分区中的图像相近。每个三维仿射变换由其系数来描述和定义，从而形成一个分形图像格式文件（fractal image format，FIF），文件

的开头规定 domain 分区如何划分。

(3) 为每个 domain 分区选定仿射变换系数表。这种文件与原图的分辨率无关。例如，复制一条直线，如果已知道方程 $y=ax+b$ 中 a 和 b 的值，就能以任意高的分辨率画出一个直线图形。类似地，有了 FIF 中给出的仿射变换系数，解压缩时就能以任意高的分辨率造出一个与原图很像的图。

需要权衡 domain 分区的大小。domain 分区划得越大，分区的总数以至所需的变换总数就越少，FIF 文件就越小。但如果 range 分区进行仿射变换所构造出的图像与它的 domain 分区不够相像，则解压后的图像质量就会下降。压缩程序应考虑各种 domain 分区划分方案，并寻找最合适的 range 分区，以及在给定的文件大小之下，用数学方法评估出 domain 分区的最佳划分方案。为使压缩时间不至于太长，还必须限制为每个 domain 分区寻找最合适的 domain 分区的时间。

4. 分形编码中的关键技术

分形的方法应用于图像编码，主要有以下两个方面的难点。

(1) 如何更好地进行图像分割。如果子图像的内容具有明显的分形特点，如一幢房子、一棵树等，这就很容易在迭代函数系统中寻找与这些子图像相应的迭代函数，同时通过迭代函数的反复迭代，从而更好地逼近原来的子图像，但如果子图像的内容不具有明显的分形特点，如何进行图像分割就是一个问题。

(2) 如何更好地构造迭代函数系统。由于每幅子图像都要在迭代函数系统中寻找最合适的迭代函数，使得通过该函数的反复迭代，尽可能精确地恢复原来的子图像。因而迭代函数系统的构造显得尤为重要。

由于存在以上两方面的问题，要借助于人工的参与进行图像分割等工作，这就影响了分形编码的广泛应用。但现在已有了各种更加实用可行的分形编码方法，利用这些方法，分形编码的全过程由计算机自动完成。

5. 分形编码的解压步骤

分形编码的解压过程非常简单，这也是它的一个突出优点。首先从所建立的 FIF 文件中读取 domain 分区划分方式的信息和仿射变换系数等数据，然后划分两个同样大小的缓冲区给 domain 图像(D 缓冲区)和 range 图像(R 缓冲区)，并将 R 初始化到任一初始阶段。

根据 FIF 文件中的规定，可将 D 划分成 domain 分区，R 划分成 range 分区，再将指针指向第一个 domain 分区。根据它的仿射变换系数将其相应的 range 分区做仿射变换，并用变换后的数据取代该 domain 分区的原有数据。对 D 中所有的 domain 分区逐一进行上述操作，全部完成后就形成一个新的 domain 图像。然后将新的 D 的内容复制到 R 中，再将新的 R 当作 D，将 D 当作 R，重复操作，也即进行迭代。这样一遍遍地重复进行，直到两个缓冲区的图像很难看出差别，D 中即为恢复的图像。实际上，一般只需迭代十多次就可完成对原图的重构。当初压缩时所选择的那些 range 分区与它们相应的 domain 分区匹配的精确程度，决定了重构的图像与原图的相像程度。

6. 分形编码的特点

分形编码的特点主要如下。

(1) 图像压缩比较高。

(2) 由于分形编码将图像划分成一些较大的、形状较为复杂的分区，故压缩所得的 FIF 文件的大小不会随着图像像素数目的增加而变大，而且，分形压缩还能依据压缩时确定的分形模型给出高分辨率的清晰的边缘线，而不是将其作为高频分量加以抑制。

(3) 分形编码具有非对称的特点。在压缩时由于在对子图像确定仿射变换系数时需要进行相似性搜索，因而计算量大，所以需要的时间较长；在解压缩时只要进行简单的迭代，因而速度较快。

分形编码遇到的主要困难在于如何合理地分隔图像和构造迭代函数系统。对于无明显相似特征的图像，寻找仿射变换的时间较长，因而限制了它在众多场合下的应用。

4.8.2　模型基编码

模型基编码是一种参数编码方法，与对像素直接进行编码相比，对参数的编码所需的比特数要少得多，因此这种编码方式可以达到很高的压缩比。它被建议用于极低比特率的活动图像编码中。

模型基编码主要依据对图像内容先验知识的了解。根据掌握的信息，编码器对图像内容进行复杂的分析，并借助于一定的模型，用一系列模型的参数对图像内容进行描述，并将这些参数进行编码，传输到解码器。解码器根据接收到的参数和用同样方法建立的模型重建图像的内容。

根据对图像先验知识的使用程度，模型基编码可以分为三个层次：物体基编码、知识基编码和语义基编码。其中物体基编码为最低层次，它使用的先验知识最少，对图像的分析要简单得多，不受各种场合的限制，因此相应的应用范围较宽，但压缩比较低；语义基为最高层次，它使用的先验知识最多，目前主要以可视电话的头肩图像为目标，可以得到极高的压缩比。处在两者之间的情形是，编码对象基本为头肩图像，但没有像语义基编码时那样得到对象全面的知识，还需要用物理几何参数来描述对象的变化，压缩比稍低。这一层次定义的范围较宽，通常也称为知识基编码。下面主要介绍物体基编码和语义基编码。

1. 物体基编码

物体基编码是一种合成/分析编码技术。它通过自动图像分析将输入图像分解为若干运动物体区域，用三组参数 $\{A_i\}$、$\{M_i\}$、$\{S_i\}$ 分别表示每个物体的运动、形状、色彩(亮度和色差)信息。编码只需对这三组参数进行。使用这些参数就可以通过图像综合在接收端重建图像。物理基图像编码的原理框图如图 4-25 所示。

物体基编码的特点是将三维运动物体描述成模型坐标系中的模型物体，用模型物体在二维图像平面的投影(模型图像)来逼近真实图像。这里不要求物体模型与真实物体形状严格一致，只要最终模型图像与输入图像一致。因此，假设模型是一个具有一般意义的模型，如二维刚体小平面模型、三维刚体模型等，这是它与语义基编码的根本区别。因此，它的处理范围比语义基编码大。但是，由于模型中物体的不确定性增大，或者说利用的先验知识较少，就必须在编码中用更多的比特对物体进行描述，如形状和色彩(纹理)等，其数据率比语义基编码大。经过图像分析后，图像的内容被分成两类：模型一致物体(MC 物体)和模型失败物体(MF 物体)。前者是在一定精度下被模型和运动参数正确描述的物体区域，在图像综合时利用运动和形状参数即可重建该类区域；后者相反，它是被模型描述失败的图像区域，需要用形状参数和色彩参数才能重建该区域的图像。从目前一些可视电话标准头肩序列图像的实验结果可以看到，通常 MC 物体所占图像区域的面积较大，为图像总面积的 95%以上，而 $\{A_i\}$ 和 $\{M_i\}$ 参数可用很少的码位进行编码。另一方面，MF 通常都是很小的区域，占图像总面积的 4%以下，但通常对应于人的口、眼等观察重要区，在编码时可对其色彩参数使用较小的量化步长。

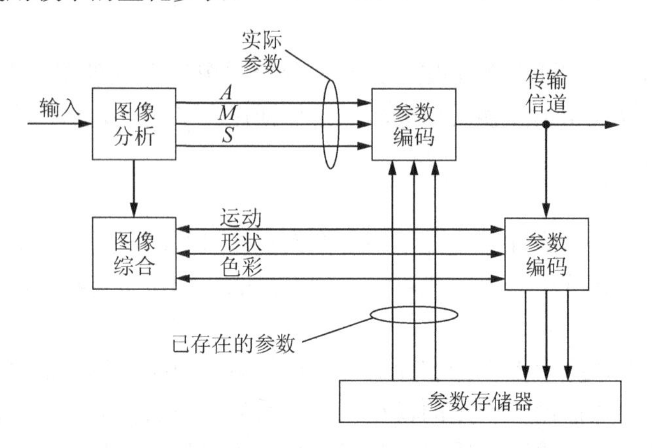

图 4-25　物理基编码器原理框图

物体基编码中最核心的部分是物体的假设模型及相应的图像分析。选择不同的模型，参数集的信息与编码器的输出速率都会有所不同。目前常见的有二维刚体模型(2DR)、二维弹性物体模型(2DF)、三维刚体模型(3DR)及三维弹性物体模型(3DF)等。在这几种模型中，2DR 是最简单的一种模型，它对每一运动物体只用 8 个映射参数来描述其模型物体的运动。但由于过于简单，最终图像编码效率不太高。相比之下，2DF 是一种简单有效的模型，它采用位移矢量场，以二维平面的形变和平移来描述三维运动的效果，MF 区域大大减少，编码效率明显提高，可与 3DR 相当。三维运动物体模型是二维模型直接发展的结果。3DR 模型将物体以三维刚体描述，优点是以旋转和平移参数描述物体运动，物理意义明确，但对人的面部表情的主要区域(如口、眼等)，仍会引入较多的 MF 区域。例如，在电视电话图像中采用公共中间格式(common intermediate format，CIF)、10Hz 帧频、64kb/s 码率的实验条件下，其重建图像的质量与 2DF 相当。3DF 在 3DR 的基础上加以改进，它在 3DR 的图像分析后，加入形变运动的估计，使最终的 MF 区域大为减少，但从图像分析的复杂性和编码效率综合起来衡量，2DF 显得较为优越。

物体基编码处理的对象大多局限于电视电话、会议电视的典型图像，即要求编码图像满足以下几点。

(1)运动物体不多。

(2)运动大小适中、显著。

(3)运动物体占图像面积的 40%～80%。

(4) 摄像机静止，即图像的背景不变。

其中，(1) 和 (4) 受到图像分析复杂性的限制，(2) 和 (3) 则出于编码效率等方面的考虑。当 MC 物体区域小时，引入形状参数反而造成码字浪费，这时应退回到基于块的混合编码方案。

物体基编码的一个重要贡献就是引入形状参数来描述物体的范围。这一性质被引入到 MPEG-4 标准的视频编码中，使得对任意形状的对象进行操作成为可能，满足了多媒体应用的需求。

2. 语义基编码

语义基编码的特点是充分利用了图像的先验知识，编码图像的内容是确定的，如某人的头肩图像，编/解码器中都有一个相同的与该物体相对应的三维模型，图 4-26 所示为语义基编码的原理框图。图像分析与参数估计模块利用计算机视觉的原理，分析估计出针对原始图像的模型参数，这些参数包括形状参数、运动参数、颜色参数、表情参数等。在解码器中，存在一个和编码器完全一样的图像模型，解码器利用计算机图形学原理，用接收到的模型参数建立模型，并将结果投影到二维平面上，形成解码后的图像。

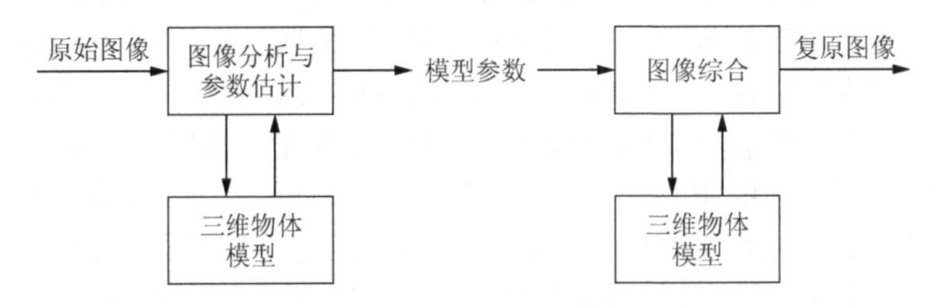

图 4-26　语义基编码原理框图

语义基编码能实现以数千比特/秒速率编码活动图像，其高压缩比的特点使它成为最有发展前途的编码方法之一。目前，语义基编码中研究最多的是可视电话图像编码，下面以此为例，说明语义基编码的基本编码和解码过程。

在可视电话图像编码中，采用的是人的头肩三维三角形线框模型，它将人的头部表面用许多小三角形子面组合而成，并且还可以将若干与人的面部表情相关的区域、顶点用所谓表情单元表示。

根据人的头肩三维模型，对图像的编码转换为对图像中物体运动变化状态的描述，这好比一个肖像画家给他所熟悉的人画像，他只要知道对象的位置变化，就可以画出逼真的画像。对于语义基编码，编码和解码过程更确切的描述是对图像中物体的运动状态的语义描述和再现，这种描述被物体的运动参数表示，图像的传输实际上是运动参数的传输。

通过分析典型的电视电话图像可以看到，物体的运动包括头部、肩部的整体运动和脸部五官表情的变化。头肩的运动可以近似地认为是一个刚体运动，用旋转、平移等参数进行描述，但脸部表情是一个非刚体的形变运动。将这两方面结合起来，可以用下式近似地描述物体的运动

$$S'=\boldsymbol{R}\cdot S+\boldsymbol{T}+\boldsymbol{D}\cdot S \tag{4-51}$$

式中，$S=(x, y, z)$ 为脸部表面某点的坐标；$S'=(x', y', z')$ 为该点运动后的坐标，$\boldsymbol{R}$ 为旋

转矩阵，$\boldsymbol{T}$ 为平移矩阵，$\boldsymbol{D}$ 为形变矩阵。对人的生理学研究发现，人的面部表情可以近似用若干表情单元的组合来描述，即面部表情的变化可用下式表示

$$\boldsymbol{D}\cdot S=E\cdot O \tag{4-52}$$

式中，$O=(o_1,\ o_2,\ \cdots,\ o_m)$ 为 m 个面部表情参数。这样可以得到新的运动数学模型

$$S'=S+M\cdot U \tag{4-53}$$

式中，$U=(o_1,\ o_2,\ \cdots,\ o_m,\ w_x,\ w_y,\ w_z,\ t_x,\ t_y,\ t_z)$，它是要估计的运动参数；$\boldsymbol{M}$ 为模型矩阵，它取决于表情元矩阵 $\boldsymbol{E}$ 和参加估值的三角形顶点位置。根据这一模型，再结合一些光学方面的约束条件及运动参数的一些时域特性，就可以进行运动估计。

根据运动参数和编码的第一幅定标图像，就可以用内插的方法得到各小三角形区域的灰度值，从而得到恢复图像，即图像的综合。

尽管语义基编码能达到极高的压缩比，但还很不成熟，有不少难点尚未解决，主要体现在以下几个方面：

首先，模型必须能描述待编码的对象。以对人脸建模表达为例，要求模型能够反映人物的各种脸部表情，如喜、怒、哀、乐等；能够表现面部，如口、眼等的各种细小变化。显然，这有大量的工作需要完成，同时，模型的精度也很难确定，只能根据对编码对象的了解程度和需要，建立具有不同精度的模型。先验知识越多，模型越精细，模型也就越能逼真地反映待编码的对象，但模型的适应性就会越差，所适用的对象就越少。反之，先验知识越少，越无法建立精细的模型，模型与对象的逼近程度就越低，但适应性反而会强一些。

其次，当建立了适当的模型后，参数估计也是不可低估的一个难点。原因在于计算机视觉理论本身尚有很多基本问题没有圆满解决，如图像分割与图像匹配问题等。而要估计模型的参数，如头部的尺寸，就需要在图像中将头部分割出来，并与模型中的头部相匹配；如要估计脸部表情参数，则需要将与表情密切相关的器官，如口、眼分割出来，并与模型中的口、眼相匹配。

相比之下，图像综合部分难度要低些。由于计算机图形学等技术已经相当成熟，而用常规算法计算模型表面的灰度，难以达到逼真的效果，图像有不自然的感觉。现在采用的方法是，利用计算机图形学方法，实现编码对象的尺度变换和运动变换，而用蒙皮技术恢复图像的灰度。所谓蒙皮技术就是通过建立经过尺度和运动变换后模型中的点与原图像中的点之间的对应关系，求解模型表面灰度。

语义基编码中的失真和普通编码中的量化噪声性质完全不同。例如，待编码对象是一幅头肩像，则用头肩语义基编码时，即使参数估计不准确，结果也是一幅头肩图像，不会看出有什么不正确的地方。语义基编码带来的是几何失真，人眼对几何失真不敏感，而对方块效应和量化噪声最敏感，所以不能用均方误差作为失真的度量。而参数估计又必须有一个失真度量，以建立参数估计的目标函数，并通过对目标函数的优化来估计参数。寻找一个能反映语义基编码失真的准则，也是语义基编码的难点之一。

4.9　图像压缩编码标准

数字图像存储和传输在压缩格式上需要制定全球广泛接受的标准，使得不同厂家的各

种产品能够兼容并互通。目前，图像压缩标准化工作主要由国际标准组织、国际电工委员会(IEC)、国际电信联盟(ITU-T)进行，已出现了几种应用广泛的国际标准，如 JPEG 标准和 JPEG2000 标准等。

4.9.1　JPEG 标准

JPEG 是联合图像专家组(Joint Photographic Experts Group)的英文缩写，该专家组制定了 JPEG 标准和 JPEG2000 标准。

JPEG 标准于 1992 年正式通过，全称为“连续色调静止图像的数字压缩编码”，具有较高压缩比，是用于彩色和灰度静止图像的一种完善的压缩方法。该方法对于相邻像素颜色相近的连续色调图像有很好的处理效果，但不适于处理二值图像。采用 JPEG 标准压缩的文件使用.jpg 或.jff 等作为文件名的扩展名。

JPEG 的主要特点如下。

(1)压缩比高，压缩质量较好。

(2)能够大范围地调整图像压缩比和相应的图像保真度。解码器可参数化，使用户在具体应用时可根据需要选择所需的压缩比或图像质量。

(3)能够应用于任何连续色调的数字源图像，即无论连续色调图像的维数、彩色空间、像素宽高比或其他特征如何，都能获得较好的压缩效果。

(4)处理速度快，且有价格低廉的硬件电路支持。

(5)JPEG 支持的图像尺寸最大可达 65535 行，每行最多 65535 个像素。JPEG 由于算法的复杂度低，且压缩性能较好，因而得到了广泛的应用，现在的数字照相机几乎都支持 JPEG 压缩，以节约存储空间。JPEG 中定义了如下四种操作模式可供选择：

① 无损压缩编码模式(lossless encoding)：这种模式保证准确恢复数字图像的所有样本数据，与原始图像相比不会产生任何失真。

② 基于 DCT 的顺序编码模式(DCT-based sequential encoding)：以 DCT 变换为基础，按照从左到右、从上到下的顺序对原始图像数据进行压缩编码。重建图像时，也是按照上述顺序进行。

③ 基于 DCT 的累进编码模式(DCT-based progressive encoding)：也是以 DCT 变换为基础，但使用多次扫描的方法对图像数据进行编码，以由粗到细逐步累加的方式进行。在解码器端重建图像时，在屏幕上首先看到的是图像的大致情况，而后进行逐步的细化，直至全部还原出来为止。

④ 基于 DCT 的分层编码模式(DCT-based hierarchical encoding)：以多种分辨率进行图像编码，先从低分辨率开始，逐步提高分辨率，直至与原图像的分辨率相同为止。解码时，重建图像的过程也是如此，其效果与基于 DCT 的累进编码模式相似，但处理起来更复杂，所获得的压缩比要高一些。

1. 无损压缩编码模式

为了满足一些应用领域的需求，如传真机、静止画面的电视电话会议等，JPEG 选择了一种简单的线性预测技术，即用 DPCM 作为无损压缩编码方法。这种编码的优点是易于实现、重建图像质量好，但缺点是压缩比小，约为 2∶1。无损预测编码器的工作原理如图 4-27

所示，编码过程中，首先对采样点 x 进行预测，然后将实际值与预测值之差进行熵编码，编码方法可选择 Huffman 编码或算术编码。

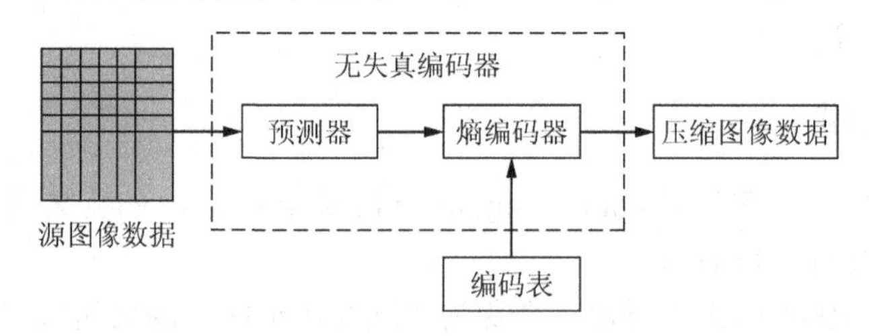

图 4-27　无损压缩编码器

图 4-28(a)所示为邻域预测模型，其中 a、b、c 分别表示与当前采样点 x 相邻的 3 个相邻点的采样值，图 4-28(b)所示为 x 的 8 种预测方法。

	c	b	
	a	x	

(a)

预测方法	预测值
0	非预测
1	a
2	b
3	c
4	$a+b-c$
5	$a+(b-c)/2$
6	$b+(a-c)/2$
7	$(a+b)/2$

(b)

图 4-28　邻域预测模型和 8 种预测方法

2. 基于 DCT 的顺序编码模式

图 4-29 示出了顺序 DCT 编码模式的编码结构框图。

需要说明的是，图中表示的是单一分量的压缩编码和解码过程。对于彩色图像信号而言，传输的是 Y、U、V 三个分量，因此是一个多分量系统，它们的压缩与解压缩原理相同。

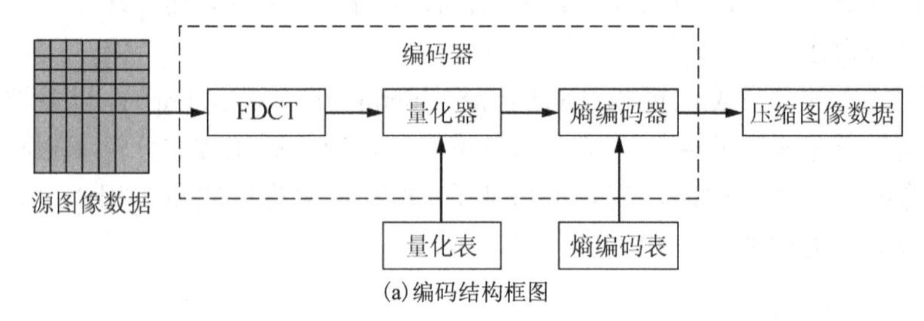

(a)编码结构框图

图 4-29　顺序 DCT 编码和解码结构框图

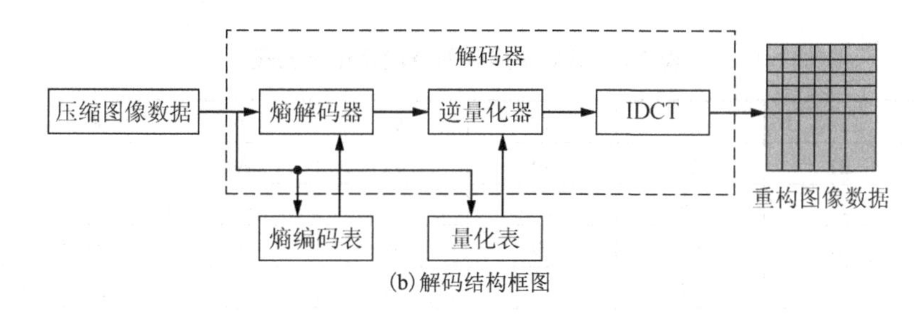

(b) 解码结构框图

图 4-29　顺序 DCT 编码和解码结构框图(续)

顺序 DCT 编码模式的一般处理过程如下。

1) DCT 变换

在编码器中，首先对源图像 8×8 的样本数据块(子图像块)进行正向离散余弦变换(forward discrete cosine transform，FDCT)，变换公式如式(4-43)所示，FDCT 将输出 64 个 DCT 系数。但变换之前不仅要将原始图像分割成若干 8×8 的子图像块，而且要将采样值从无符号整数转换为有符号整数，即将范围为 $[0,2^8-1]$ 的整数映射为 $[-2^{8-1},2^{8-1}-1]$ 范围内的整数。

DCT 变换可以看作是将 8×8 的子图像块转变成 64 个正交的基信号，变换后输出的 64 个系数就是这 64 个基信号的幅值，其中第 1 个为 DC 系数，其他 63 个为 AC 系数，即将空间域表示的图变换成频率域表示的图。

2) 量化

经 DCT 变换输出的数据必须进行量化，即完成一个数值范围到另一个数值范围的映射。量化的目的是去除那些无显著视觉意义的高频信息，即减少 DCT 系数的幅值，增加零值，以达到数据压缩的目的。JPEG 标准中采用线性均匀量化器，将 64 个 DCT 系数分别除以它们各自对应的量化步长，然后按四舍五入取整数，量化的计算公式为

$$Q(u, v)=\text{round}\left[\frac{F(u, v)}{S(u, v)}\right] \tag{4-54}$$

式中，$F(u, v)$ 为经过 DCT 变换后的 DCT 系数；$S(u, v)$ 为量化器步长。64 个量化步长构成了一张量化表，供用户使用。表 4-2 和表 4-3 分别给出了 JPEG 推荐的亮度和色度量化步长表。

表 4-2　JPEG 推荐的亮度量化步长表

16	11	10	16	24	40	51	61
12	12	14	19	26	58	60	55
14	13	16	24	40	57	69	56
14	17	22	29	51	87	80	62
18	22	37	56	68	109	103	77
24	35	55	64	81	104	113	92
49	64	78	87	103	121	120	101
72	92	95	98	112	100	103	99

表 4-3　JPEG 推荐的色度量化步长表

17	18	24	47	99	99	99	99
18	21	26	99	99	99	99	99
24	26	56	99	99	99	99	99
47	66	99	99	99	99	99	99
99	99	99	99	99	99	99	99
99	99	99	99	99	99	99	99
99	99	99	99	99	99	99	99
99	99	99	99	99	99	99	99

量化的作用是在图像质量达到一定保真度的前提下，忽略一些次要的信息。由于不同频率的基信号(余弦函数)对人眼视觉的作用不同，因此可以根据不同频率的视觉范围值来选择不同的量化步长。通常人眼总是对低频成分较为敏感，所以量化步长较小；人眼对高频成分不太敏感，所以量化步长较大。量化处理的结果一般都是低频成分的系数较大，而高频成分的系数较小，甚至大多数为零。

由于量化的结果取的是四舍五入后的整数，因此量化处理是压缩编码过程中图像信息产生失真的主要原因。

3) 编码

在 64 个 DCT 系数中，DC 系数实际上等于子图像块中 64 个采样值的平均值。由于源图像被分割成若干个 8×8 的子图像块进行 DCT 处理，因此相邻子块之间的 DC 系数有很强的相关性。所以 JPEG 将所有子图像量化后的 DC 系数集合在一起，采用差分编码的方法来表示，对相邻两子块的 DC 系数的差值，即对 $(DC_i - DC_{i-1})$ 进行编码。

而对于 63 个 AC 系数则采用行程编码的方法。这是因为 63 个 AC 系数在量化后往往会出现很多的零值。为了增加零值的长度，JPEG 建议在 8×8 子块中采用 Z 字形的扫描顺序，如图 4-30 所示。

4) 熵编码

熵编码用于进一步压缩经 DPCM 编码后的 DC 系数差值和 RLE 编码后的 AC 系数。在 JPEG 有损压缩算法中，熵编码采用 Huffman 编码器。Huffman 编码可以使用简单的查表方法进行编码。Huffman 编码器对出现频率高的符号分配较短的代码，而对出现频率低的符号分配较长的代码。这种可变长的 Huffman 码表可事先定义。最后，JPEG 将各种标记代码和编码后的图像数据按帧组成数据流，用于保存和传输。

基于 DCT 顺序模式的解码过程和编码过程相反，首先是熵解码过程；然后进行逆量化过程，将量化值乘以量化步长的计算结果作为 IDCT 的输入；最后执行 IDCT，重建 8×8 样本数据块，形成重建图像。

3. 基于 DCT 的累进编码模式

基于 DCT 的顺序编码过程是对每一个 8×8 子图像块采用从左到右、从上到下的顺序扫描方式，且扫描一次完成。而 DCT 的累进编码模式与顺序编码模式虽然算法相同，但每个子块的编码要经过多次扫描才能完成，每次扫描均传输一部分 DCT 量化系数。第一次扫描只进行一次粗糙图像的压缩，以很快的速度传输粗糙的图像，在接收端重建一幅质量较低但尚可识别的图像。在随后的几次扫描中再对图像进行较细的压缩，这时只传输增加的信息，接收端可将重建图像的质量逐步提高。这样不断地累进，直至得到满意的图像为止。

为了实现累进编码，必须在图 4-29 所示编码器的量化器输出和熵编码输入之间增加一个缓存器，用以存放量化后的全部 64 个 DCT 系数，然后对缓存器中存储的这些系数进行多次扫描，分批进行熵编码。累进的方式可以采用频谱选择法和连续逼近法。

(1) 频谱选择法：指每一次对 DCT 系数进行扫描时，只对 64 个系数中某些频段的系数进行编码和传输。在随后进行的扫描中，再对其他频段的系数进行编码和传输，直到全部系数都处理完毕为止。

(2) 连续逼近法：指沿着 DCT 系数的高位到低位的方向逐渐累进编码。第一次扫描只取最高 n 位进行编码和传输，然后在随后的扫描中，再对其余位数进行编码和传输。

4. 基于 DCT 的分层操作模式

分层模式下的编码方法是将一幅原始图像的空间分辨率分成多个低分辨率图像进行金字塔形的编码。例如，水平方向和垂直方向分辨率均以 2^n 的倍数改变，如图 4-31 所示。

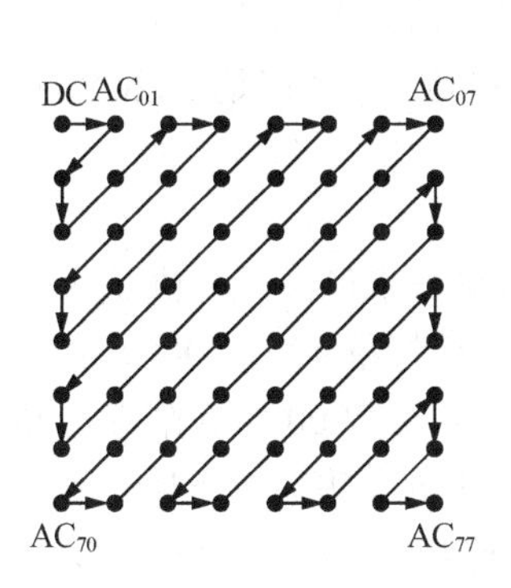

图 4-30　AC 系数的 Z 字形扫描

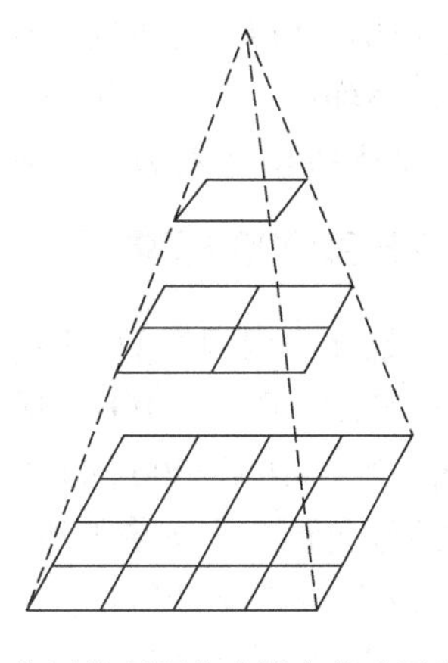

图 4-31　分层编码图像分辨率的分层降低示意

分层编码的处理过程如下。

(1) 将原始图像的分辨率分层降低。

(2) 对已降低分辨率的图像采用无失真预测编码、基于 DCT 的顺序编码、基于 DCT 的累进编码中的任何一种方式进行压缩编码。

(3) 对低分辨率图像进行解码，重建图像。

(4) 采用插值、滤波的方法，使重建图像的分辨率提高至下一层图像分辨率的大小。

(5) 将升高分辨率的图像作为原始图像的预测值，将它与原始图像的差值采用以上三种编码方式中的任何一种进行编码。

(6) 重复上述 (3)、(4)、(5) 步骤，直至图像达到原图像的分辨率为止。

JPEG 的分层编码方式使图像具备了一定程度的硬件适应能力。假设原始图像大小为

1024×1024，显然在普通计算机上显示该幅图像不存在任何问题，但当在手持设备上显示这幅大尺寸图像时，由于手持设备的屏幕尺寸非常小，为了正确显示图像内容，需要在显示前对图像进行缩放以满足硬件设备的要求。采用分层编码后，原始输入图像在编码后会形成多个码流，不同的码流具有不同的分辨率。例如，最低分辨率为 128×128，其次为 256×256，中等分辨率为 512×512，最高为 1024×1024，不同的硬件设备可根据实际情况选择接收基本流或是附加码流。接收的附加码流越多，重建图像的分辨率就越高。

5. JPEG 的实现

JPEG 标准规定，JPEG 的算法结构由三个主要部分组成。

(1) 独立的无损压缩编码。采用线性预测编码和 Huffman 编码(或算术编码)，可保证重建图像与原始图像完全一致。

(2) 基本系统。提供最简单的图像编码、解码能力，实现图像信息的有损压缩，对图像的主观评价能达到失真难以觉察的程度。采用了 8×8 DCT 变换、线性量化、Huffman 编码等技术，只有顺序操作模式。

(3) 扩展系统。它在基本系统的基础上再增加一组功能。例如，熵编码采用算术编码，并采用累进构图操作模式、累进无损编码模式等。它是基本系统的扩展或增强，因此也必须包含基本系统。

实践表明，JPEG 的压缩效果与图像的内容有较大关系，含有高频成分少的图像可以得到较高的压缩比，且重建图像能够保持较好的质量。对于给定的图像品质系数(即 Q 因子，可分为 1～255 级)，必须选择相应的量化步长表和编码参数等，才能达到相应的压缩效果。

4.9.2 JPEG2000 标准

随着多媒体应用领域的不断扩大，传统的 JPEG 压缩技术已经无法满足人们对多媒体影像资料的要求。因此，JPEG 制定了新一代静止国像压缩标准 JPEG2000，其文件扩展名为.jp2、.jpx 等。JPEG2000 的开发工作从 1996 年启动，并于 2000 年底陆续公布，其目标是提高对连续色调数字图像的压缩效率，而又不使图像质量有明显的下降。

JPEG2000 与传统 JPEG 最大的不同是它放弃了传统 JPEG 采用的以 DCT 变换为主的区块编码方式，而采用以小波变换为主的多解析编码方式，其主要目的是将影像的频率成分抽取出来。

JPEG2000 标准主要由六个部分组成。第一部分是图像编码系统，它是 JPEG2000 标准的核心部分，具有最小的复杂性，可以满足 80%的应用需要，其地位相当于 JPEG 标准中的基本系统，这部分是公开并可以免费使用的。第二部分是编码扩展部分，增强了压缩性能并可以压缩不常用的数据类型。第三部分提出运动图像的解决方案，称为 Motion JPEG2000。第四部分包括一致性/兼容性方面的内容。第五部分是参考软件，提供了实现标准可参考的样本文件。第六部分是混合图像文件格式，规定了以文字、图形混合图像为对象的代码格式，主要针对印刷和传真应用。以下将重点介绍第一部分。

1. JPEG2000 标准的新特性

JPEG2000 标准的第一部分与 JPEG 标准的基本系统相比，具有如下优点：

(1) 高压缩比。JPEG2000 格式的图像压缩比可在 JPEG 的基础上再提高 10%～30%，而且压缩后的图像显得更细腻平滑。尤其在低比特率的条件下，具有良好的率失真性能，能够适应窄带网络、移动通信等带宽有限的应用需求。

(2) 有损压缩和无损压缩。JPEG2000 标准通过参数选择，可以提供有损和无损两种压缩方式，因为有些应用领域要求必须进行无损压缩。例如，医学图像对图像质量的要求非常高，JPEG2000 通过嵌入式码流的组织方法，可以实现待恢复图像从有损到无损的渐进式解压。

(3) 渐进传输。目前网络上的 JPEG 图像下载按块传输，因此只能一行一行地显示，而在 JPEG2000 格式中，图像支持渐进传输。渐进传输指先传输图像的轮廓数据，再逐步传输其他数据，从而不断地提高图像质量。该特性使得用户不需要等待图像完全下载完毕才能决定是否需要该图像，这有助于快速地浏览和选择大量图片，特别适合于图像文档的分级打印或存储、Internet 上图像浏览和选择等应用场合。

(4) 感兴趣区域压缩。这是 JPEG2000 的一个重要特性。用户可以指定图片上感兴趣的区域，然后在压缩时对这些区域指定压缩质量，或在恢复时指定某些区域的解压缩要求。这是因为小波变换在空域和频域上具有局部性，要完全恢复图像中的某个局部，并不需要所有编码都被精确保留，只要对应这个局部的一部分编码没有误差即可。这样就可以很方便地突出图像中的重要内容。

(5) 码流的随机访问和处理。这一特征允许用户在图像中随机的定义感兴趣的区域，使得这一区域的图像质量高于图像中其他的区域，码流的随机处理允许用户进行旋转、移动、滤波、特征提取等操作，以提高到所需要的分辨率和细节。

(6) 容错性。JPEG2000 在码流中提供了容错措施，通过设计适当的码流格式和相应的编码措施，可以减少因解码失败而造成的损失。例如，在无线通信等传输误码较高的通信信道中传输图像时，必须采用容错措施才能达到一定的重建图像质量。

(7) 开放的框架结构。为了在不同的图像类型和应用领域提供最优化的编码系统，JPEG2000 提供了一个开放的框架结构。在这种开放结构中，编码器只实现核心的工具算法和码流的解析，如果解码器需要，可以要求数据源发送未知的工具算法。

(8) 基于内容的描述。图像索引和搜索是图像处理中的内容，JPEG2000 允许在压缩的图像文件中包含对图像内容的说明。这为用户在大量资料中快速、有效地找到感兴趣的图像提供了极大的帮助。

2. JPEG2000 标准的核心技术

与 JPEG 相比，JPEG2000 之所以具有更好的压缩性能，主要在于它采用了以下两项核心技术：

1) 离散小波变换

与 JPEG 中的 DCT 编码方式不同，JPEG2000 采用以离散小波变换(discrete wavelet transform，DWT)为主的多解析(多分辨率)编码方式。它利用 DWT 变换的多尺度分析特性对图像按照分辨率等级逐步变换，从而获得图像的高频和低频信息，并将低频信息作为图像的下一级概貌信号进行同样的变换，直至达到设定的变换次数，克服了 DCT 变换不能体现局部频域特性的缺点。

2) 最佳截断嵌入码块编码

最佳截断嵌入码块编码(embedded block coding with optimized truncation，EBCOT)是一种对小波变换产生的子带系数进行量化和编码的方法。它的基本思想是将每一个子带的小波变换系数分成独立编码的码块，并对所有的码块采用完全相同的编码算法。对每一个码块进行编码时，编码器不用其他码块的任何信息，只是用码块自身的信息产生单独的嵌入码流。每一码块的嵌入码流可以被截断成长度不等的码流，从而生成不同的码速率，这就是 EBCOT 算法中截断的含义。

针对每一个码块的嵌入码流应该截断到什么程度才符合特定的目标码速率、失真限度或其他图像评价指标，陶布曼(Taubman)提出一种认为是最佳的方法来截断每一个独立码块的码流，这就是 EBCOT 算法中最佳的含义。概括地说，EBCOT 的主要思想是将嵌入码块编码方法和码流的最佳截断方法结合在一起，使重建图像的失真最小。

JPEG2000 的基本编码方法源自 EBCOT 算法。它将预处理后的图像位平面从最高位平面到最低位平面进行扫描，对于每个位平面按照从上到下的顺序对条带扫描，条带内按照从上到下、从左到右的顺序扫描。经历显著性传播、幅值细化和清理三个扫描过程，从而形成每一位的上下文环境。由此就可以根据概率估计有限状态机，获得在后续的算术编码中需要的符号概率，进行图像编码。

3. JPEG2000 的基本结构

JPEG2000 在结构上的特点之一是将 JPEG 的四种工作模式都集成到一个标准之中。在编码端，以最优的压缩质量和最大的图像分辨率来压缩图像；在解码端，可以从码流中以任意的图像质量和分辨率解压图像，最大可达到编码时的图像质量和分辨率。JPEG2000 的编码器、解码器的原理框图如图 4-32 所示。

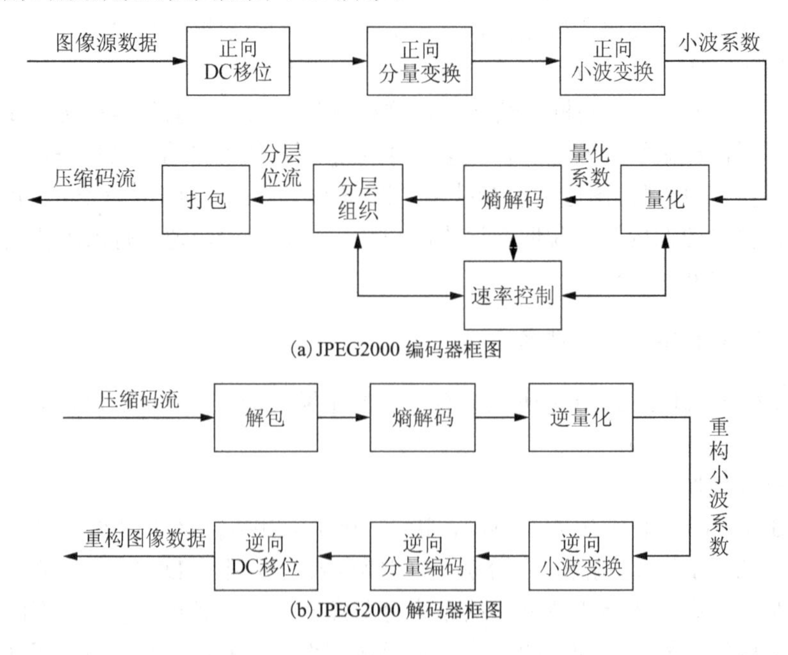

图 4-32　JPEG2000 原理框图

在编码时，首先对源图像进行离散小波变换，根据变换后的小波系数进行量化，接着对量化后的数据进行熵编码，最后形成输出压缩码流。解码的过程相对简单些，根据压缩码流中存储的参数，对应于编码器各部分进行逆向操作，输出重建图像数据。

1) 分块

JPEG2000 标准以图像块作为单元进行处理。这就意味着图像数据在进行编码器之前要对它进行分块，将图像分成大小相同、互不重叠的子块。子块的尺寸任意，可以大到整幅图像、小到一个像素，每个子块使用自己的参数进行独立的编、解码操作。

2) 直流电平移位

在对每个子块进行正向小波变换之前，子块分量的所有样本都减去一个相同的量，称为直流电平(direct current，DC)移位。其目的是去掉图像的直流分量，使其值的范围关于 0 电平对称，即使小波变换后系数取正值和取负值的概率基本相等，提高后续自适应熵编码的效率。假设比特深度为 n，当子块分量的采样值为无符号数时，则每个采样值减去 2^{n-1}；当采样值是有符号数时，则无须处理。

3) 分量变换

彩色图像是由多个分量组成的。分量之间存在一定的相关性，分量变换可以减少数据间的冗余度，提高压缩效率。JPEG2000 标准的第一部分中有两种分量变换可供选择，一种是不可逆分量变换(irreversible component transform，ICT)，即为 RGB 到 YC_bC_r 的变换，其变换公式如式(4-5)所示，ICT 只能用于有损压缩。另一种是可逆分量变换(reversible component transform，RCT)，它是对 ICT 的整数近似，既可用于有损压缩，也可用于无损压缩。

4) 离散小波变换

JPEG2000 标准使用基于子带编码的快速小波变换。首先进行子带分解，即将样本信号分解成低通样本和高通样本。低通样本表示降低了分辨率的粗糙图像数据样本，高通样本表示降低了分辨率的细节图像数据样本。

在编码时，对每个子块分量进行 Mallat 塔式小波分解算法。该算法的优点在于速度快、运算复杂度低、所需存储空间少，而且得到的小波系数与传统小波变换结果相同。首先对二维图像数据分别进行列方向和行方向的一维滤波，然后将滤波后的数据进行解交织，得到相应的 LL、HL、LH、HH 子带。与正向提升小波变换过程相反，反向提升小波变换则先将 LL、HL、LH、HH 子带交织成一个二维矩阵，然后进行行方向和列方向的反向一维滤波。

虽然经过小波变换后的变换系数个数与原图像采样点个数相比并未减少，但信息的分布却发生了很大的变化，大部分的能量集中在少数的小波系数中。

5) 量化

JPEG2000 编码系统中，每个子块分量经过 N 级小波分解后，得到 $3N+1$ 个子带。由于每个子带上的小波系数反映了图像不同频域的特征，具有不同的统计特性和视觉特性，因此，对每个子带采用不同的量化步长进行量化，量化后的小波系数用符号和幅度值来表示。通过量化，将会进一步减少幅度很小的系数所携带的能量，从而提高整体压缩效率。量化的关键是根据变换后图像的特征重建图像质量要求等因素设计合理的量化步长。

6) 熵编码

图像经过变换、量化后，在一定程度上减少了空域和频域上的冗余度，但是这些数据在统计意义下还存在一定的相关性，熵编码就是利用统计特性来消除数据间的相关性，以达到进一步压缩的目的。

4. JPEG2000 的应用

作为新型的图像压缩编码标准，JPEG2000 采用了先进的设计思想和有效的算法，其应用领域比 JPEG 广泛得多，包括互联网、打印、扫描、彩色传真、医疗图像、移动通信、遥感等领域。但需要指出的是，虽然在一些有较高的图像质量、较低的比特率或者是一些特殊要求的应用方面，JPEG2000 将会是最佳的选择，但是在一些低复杂度的应用中，JPEG2000 还不能完全取代 JPEG，这是因为 JPEG2000 的算法复杂度不能满足这些领域的要求。

4.9.3　二值图像编码标准 JBIG

二值图像是一类非常特殊的图像，它只有两个灰度等级，通常只取黑、白两个亮度值。其最典型的应用是传真。二值图像所具有的特点，使它在编码上与灰度图像有着不同的要求。

ITU-T 先后制定了用于传真二值图像编码的标准 G3 和 G4。由于它们存在如下缺点：不能自适应地跟踪不同图像统计特性的变换；其编码不适应对多分辨率、逐渐显示的编码模式的要求等。于是，JBIG 标准应运而生。JBIG 是二值图像专家组(Joint Bi-level Image expert Group)制定的二值图像压缩编码的国际标准，该标准于 1993 年获得通过。

JBIG 标准具有以下几方面的特征。

(1)高压缩性能。JBIG 采用自适应算术编码作为主要压缩手段，对于印刷文字的计算机生成图像，压缩比相对 G3、G4 高出 5 倍；对于半色调或抖动技术生成的具有灰度效果的图像，压缩比高出 2～30 倍。

(2)逐渐显示编码模式。JBIG 标准中采用 G3、G4 标准所不具备的分级编码方式。该标准中的分级编码是一种多清晰度编码算法。一幅被采集的图像可分解为一幅低清晰度的压缩图像和一系列的增量文件，顺序地使用每个增量文件，就可以逐步提高编码图像的清晰度。当一幅分级编码图像被解码时，由原图像分解出的低清晰度图像首先被重建出来，然后随着更多的增量数据被解码，图像的清晰度也逐步增加。

(3)适应灰度和彩色图像的无失真编码。将这些图像分解成比特面，然后对每个比特面分别进行编码。实验表明，当灰度图像的比特深度小于 6 位/像素时，JBIG 的压缩效果要优于 JPEG 的无失真压缩模式；当比特深度为 6～8 时，两者的压缩效果相当。

4.10　视频压缩编码标准

数字视频图像的压缩编码标准具有极其广泛的应用领域，包括可视电话、视频会议、视频游戏、数字式视频广播等。这些应用按其视频质量划分，大致可分为三类。

(1)低质量视频：画面较小，通常为 QCIF(quarter common intermediate format)或 CIF 格式。帧速率为 5～10 帧/s，既可以是黑白视频也可以是彩色视频。典型的应用有可视电话、视频邮件等。

(2) 中等质量视频：画面中等，通常为 CIF 或 CCIR601 视频格式。帧速率为 25～30 帧/s，多为彩色视频。典型的应用有会议电视、远程教育等。

(3) 高等质量视频：画面较大，通常为 CCIR601 视频格式，甚至高清晰度电视视频格式。帧速率大于等于 25 帧/s，多为高质量的彩色视频。典型的应用有广播质量的普通数字电视、高清晰度电视等。

不同质量的视频信号，其帧频和适用格式均不相同。针对以上三类不同的视频应用，国际上制定了相应的视频压缩编码标准。常用的压缩编码标准有 ISO/IEC 制定的 MPEG-×系列标准和 ITU-T 制定的关于电视电话/视频会议的 H.26×系列标准等。多数情况下，这两个组织都是各自制定自己的标准，但也曾合作制定了两个标准：MPEG-2/H.262 标准和 MPEG-4 AVC/H.264，如图 4-33 所示。需要说明的是，尽管不同的标准有着不同的应用领域，但目前这些标准的总体框架几乎相同，只是在部分实现细节上有所区别。

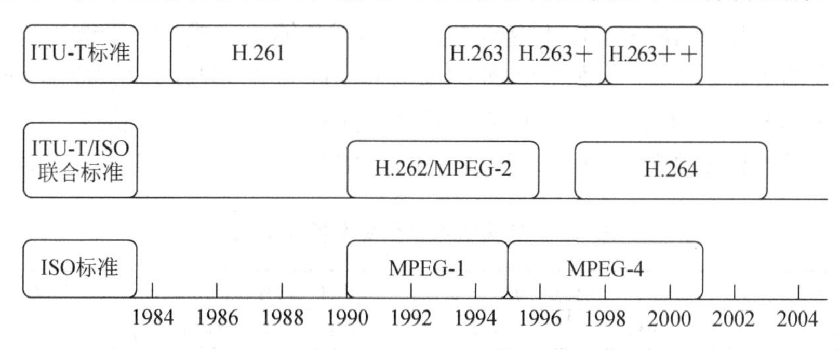

图 4-33　视频编码国际标准

现有的 MPEG-×系列视频压缩编码标准包括 MPEG-1 video、MPEG-2 video、MPEG-4 Visual 和 MPEG-4 AVC/H.264 等。这些标准具有许多共同点，基本概念类似，数据压缩和编码方法基本相同，它们的核心技术都采用以图像块作为基本单元的变换、量化、移动补偿、熵编码等技术，在保证图像质量的基础上获得尽可能高的压缩比。

H.26×是 ITU-T 制定的视频压缩编码标准，其中应用最为广泛的是 H.261、H.262、H.263 及 H.264 标准。H.261 产生于 20 世纪 90 年代，现已逐渐退出历史舞台。H.262 是 MPEG-2 的视频部分；H.263 是目前视频会议所采用的主流编码；H.264 为新出现的视频压缩标准，是 MPEG-4 的第 10 部分。在相同的图像质量条件下，H.264 具有更高的压缩效率，这是一种市场潜力很大的视频压缩标准。

下面分别介绍几种主要的视频压缩标准。

4.10.1　H.261 标准

H.261 标准的全称为“$p\times$64kb/s (p=1～30) 视听业务的视频编/解码器”标准，主要应用于可视电话和会议电视等。它是世界上第一个得到广泛承认、针对动态图像的视频压缩标准，随后出现的 MPEG-×系列标准、H.262、H.263 等标准的核心都是 H.261。可见 H.261 占有非常重要的地位。其系统结构如图 4-34 所示。

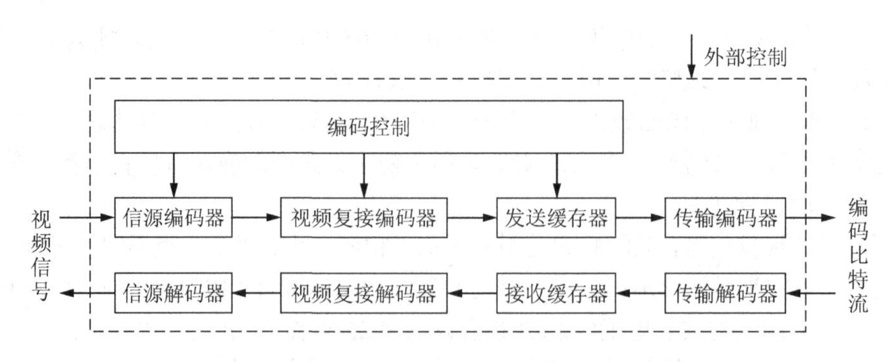

图 4-34　H. 261 标准的视频编码/解码系统结构框图

1. 视频编码格式

H.261 标准采用 QCIF 和 CIF 作为可视电话的视频编码格式。至于选用哪一种，则取决于信道容量的大小。当 $p=1$ 或 2 时(即码率为 64kb/s 或 128kb/s 时)仅支持 QCIF 视频格式，用于帧速率较低的可视电话；当 $p\geqslant 6$ 时可支持 CIF 图像分辨率格式，由于 CIF 的分辨率高，更适于会议电视的应用。关于 CIF 和 QCIF 格式的主要参数如表 4-4 所示。

表 4-4　常见视频编码标准信号格式

采用的标准		ITU-R BT601		ITU-TH.261		ISO/MPEG-1	
参数		PAL	NTSC	CIF	QCIF	SIF	
每秒帧数		25	30	29.97		25	30
每帧行数	亮度	576	480	288	144	288	240
	色度	288	240	144	72	144	120
每行像素数	亮度	720		352	176	360	
	色度	360		176	88	180	

2. H.261 标准中视频流的数据结构

视频数据结构是视频编码标准中的一项重要内容，以便解码器对接收到的码流进行准确的解释。H.261 标准中采用层次化的数据结构：将 QCIF 和 CIF 视频帧结构划分成四个层次，即图像层(picture，P)、块组层(group of block，GOB)、宏块层(macro-block，MB)、块层(block，B)。

GOB 包含 33 个 MB，横向 11 块，纵向 3 行，如图 4-35(a)所示。一个 MB 由 4 个 8×8 亮度块(Y)和 2 个色度块(U、V)组成。因此，一个 MB 含 6 个数据块，如图 4-35(b)所示。每个数据块包含 8×8 个像素，这是亮度和色度信号的基本编码单元。

按 CIF 格式的设计，一帧 CIF 图像有 12 个 GOB 组成，即 12×33 个 MB，相当于 936×6=2376 个数据块(B)。其中含 1584 个 Y 块、396 个 U 块、396 个 V 块，共 152064 个像素。一帧图像的 GOB 排列如图 4-35(c)所示：对于 CIF 格式有 12 个 GOB；对于 QCIF 格式有 3 个 GOB，QCIF 格式是 CIF 的四分之一。

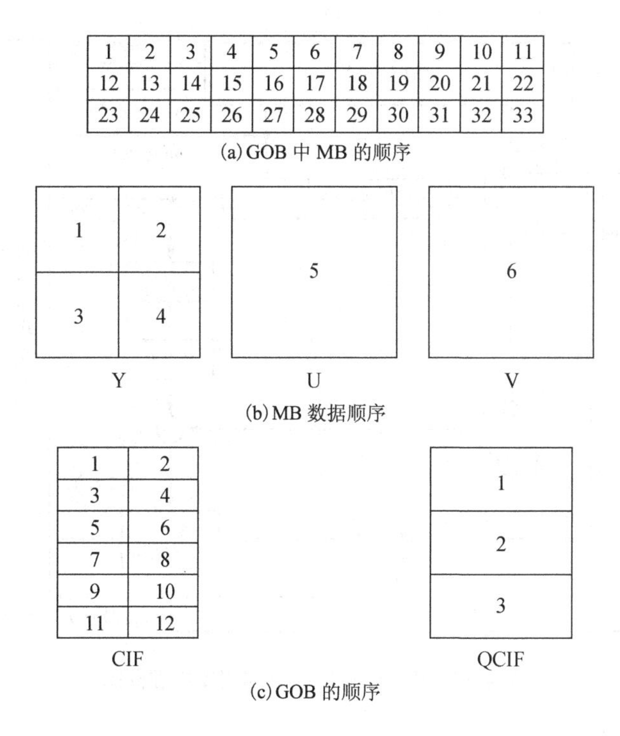

图 4-35　视频数据结构

图像复用编码将以上层次的数据按一定的方式连接起来，构成一帧数据流。数据流的安排如图 4-36 所示。图中图像标题和块尾是定长码，其余都是可变长码，这种以块为单位的层次结构对于高压缩比的视频编码来说非常重要。

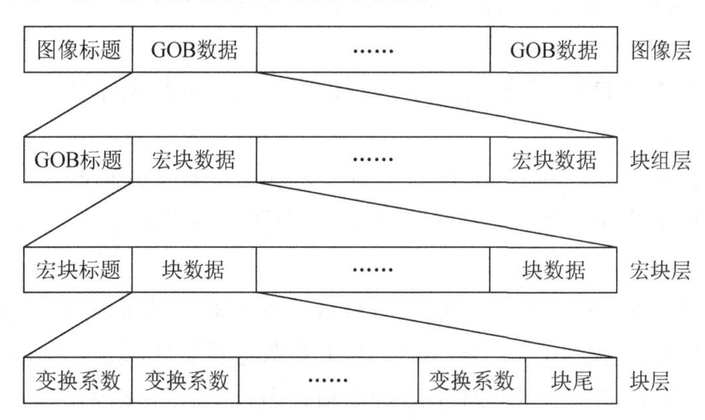

图 4-36　视频帧数据结构

3. 视频编码算法

H.261 标准视频编码器原理框图如图 4-37 所示。

由图可见，编码器主要由帧内预测、帧间预测、DCT 变换、量化组成。其工作原理如下：

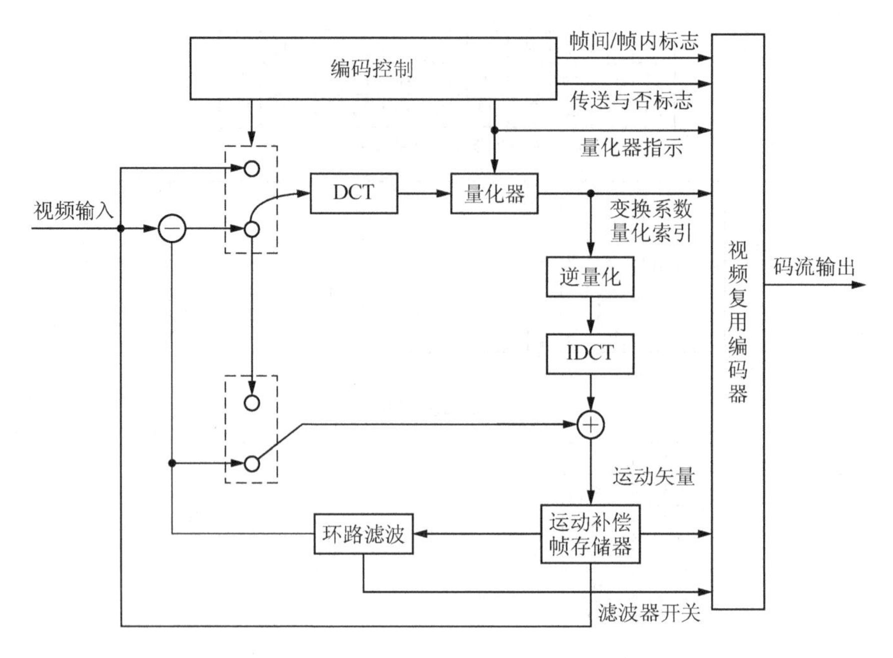

图 4-37　H. 261 标准视频编码器原理框图

1) 帧内变换编码

对图像序列中的第一幅图像或景物变换后的第一幅图像，应采用帧内变换编码。图 4-37 中的双向选择开关同时接上路时，对第一帧中所有的 MB 采用帧内变换编码，其大致过程如下：

(1) 整个图像帧被分成互不重叠的若干个 8×8 像素的子块。

(2) 对这些子块进行 DCT 变换。

(3) 对产生的 64 个 DCT 系数按 Z 字形扫描展开成一维数据序列，再经行程编码后送往量化器。

(4) 为帧间编码准备参照帧，即使用逆量化器和 IDCT 在编码器内对该帧进行解码，生成与接收端解码器完全一致的参照帧，并存放在图像存储器中供帧间编码使用。

2) 帧间预测编码

当双向选择开关同时接下路时，输入信号将与预测信号相减，从而获得预测误差。然后对该误差值进行 DCT 变换，再对产生的 DCT 系数进行量化输出，此时编码器工作于帧间编码模式。其中的预测信号经过如下路径获得：首先量化输出经逆量化和 IDCT 后，直接送往带有运动估计和运动补偿的帧存储器中，其输出为带运动补偿的预测值。该值经过环形滤波器，再与输入数据信号相减，由此得到预测误差。

应当注意的是，环路滤波器是一种低通滤波器，它起消除高频噪声的作用，以达到提高图像质量的目的。

3) 工作状态的确定

除了将量化器输出数据流传至接收端之外，还要传送一些辅助信息，其中包括运动估计、帧内/帧间编码标志、量化器指示、传送与否的标志、滤波器开关指示等。这样可以清楚地说明编码器所处的工作状态，即是采用帧内编码还是采用帧间编码，是否需要传送运动矢量，是否需要改变量化器的量化步长等。这里需要进行如下说明。

(1) 在编码过程中应尽可能多地消除时间上的冗余，因此必须将最佳运动矢量与数据码流一起传送，这样接收端才能准确地根据最佳运动矢量重建图像。

(2) 在 H.261 编码器中，并不是总对带运动补偿的帧间预测 DCT 进行编码，它根据一定的判断标准来决定是否传送由 DCT 变换所得的 8×8 像素块信息。例如，当运动补偿的帧间误差很小时，会使得 DCT 系数量化后全为零，这样可以不传送此信息。对于传送块而言，它又可分为帧间编码传送块和帧内编码传送块两种。为了减少误码扩散给系统带来的影响，最多只能连续进行 132 次帧间编码，其后必须进行一次帧内编码。

(3) 数据经过线性量化、变长编码后，将被存储到缓存器中。通常根据缓存器的空度来调节量化器的步长，以控制视频编码数据流，使其与信道速率相匹配。

H.261 标准采用的是混合编码方法，同时利用图像在空间和时间上的冗余进行压缩，可以获得较高的压缩比。H.261 标准对随后出现的各种视频编码标准都产生了深远的影响。

4.10.2　MPEG-1 标准

MPEG-1 标准于 1993 年正式通过，其全称为“适用于约 1.5Mb/s 以下数字存储媒体的运动图像及伴音的编码”。它由 MPEG-1 audio、MPEG-1 video 和 MPEG-1 系统三个部分组成，主要涉及音频压缩、视频压缩、多种压缩数据流的复合和同步问题。其 Audio 部分已在 3.4 节中详细介绍，下面仅就 MPEG-1 video 的有关内容进行简要说明。

1. 输入视频格式

MPEG-1 视频编码器要求输入视频信号应为逐行扫描的 SIF 格式(standard interchange format)，如表 4-4 所示。如果输入视频信号采用其他格式，如 ITU-R 601，则必须转换成 SIF 格式才能作为 MPEG-1 的输入。

2. 三种图像帧

在设计动态图像的编码算法时，面临的主要矛盾：一方面，在保证良好的画面质量前提下，仅仅依靠帧内编码方法无法达到很高的压缩比；另一方面，采用单一的帧内编码方法可以很好地满足随机存取的要求。为使高压缩比和随机存取这两方面的要求都能得到满足，MPEG 推荐的标准化算法必须同时采用帧间和帧内两种编码技术。MPEG-1 video 采取了预测和内插两种编码技术。因此，在 MPEG-1 video 标准中，将图像帧分为以下三类。

(1) 内帧(intra- frame，I 帧)：包含内容完整的图像，用于为其他帧图像的编码和解码作参照，因此也称为关键帧。它不需要参照其他帧，能独立地以静止图像压缩方法编码处理，且压缩比较低。I 帧必须进行传送。

(2) 预测帧(predicted-frame，P 帧)：可以使用前一个 I 帧或前一个 P 帧经预测编码得到(前向预测)，如图 4-38 所示。对 P 帧的预测误差进行有条件的传输，同时预测帧又可以作为下一个 B 帧或 P 帧的参照帧。也就是说，预测帧以参照帧 I 帧或 P 帧为基础进行预测编码，它又是后面 B 帧或 P 帧的参照帧。预测帧利用了瞬间冗余特性，可获得较高的压缩比。

(3) 双向预测帧(bidirectionally-predictive frame，B 帧)：一种双向预测编码图像帧，它由同时利用前面和后面的 I 帧、P 帧进行编码和解码而得到。但它本身不可作为参照帧，因此不需要进行传送，但需传送运动补偿信息。由于 B 帧采用了双向运动补偿预测技术，所以它的压缩比最高。

这三种帧图像的典型排列如图 4-38 所示。

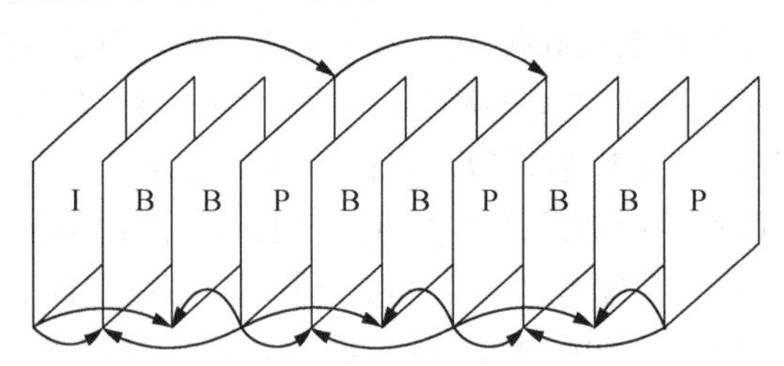

图 4-38　MPEG 专家组定义的三种帧图像

3. 视频流的数据结构

为了尽量去除冗余数据，MPEG 专家组为视频数据定义了数据结构。将视频看成是由一系列静态图像组成的序列，而这个序列可以分成许多画面组(group of picture，GOP)；画面组中的每一帧图像又可以分成许多像片(slice)，每个像片由 16 行组成；将像片分成 16 行×16 像素/行的 MB，而将宏块分成若干个 8 行×8 像素/行的图块(B)。其数据结构如图 4-39 所示。使用子采样格式为 4∶2∶0 时，一个宏块由 4 个亮度图块(Y)和 2 个色度图块(C_b 和 C_r)组成，如图 4-40 所示，图中方框内的数字为图块的编号。由图可知，一个宏块由一个 16×16 的亮度块(即 4 个亮度块)和 2 个 8×8 的色度块组成，宏块是进行运动补偿运算的基本单元。

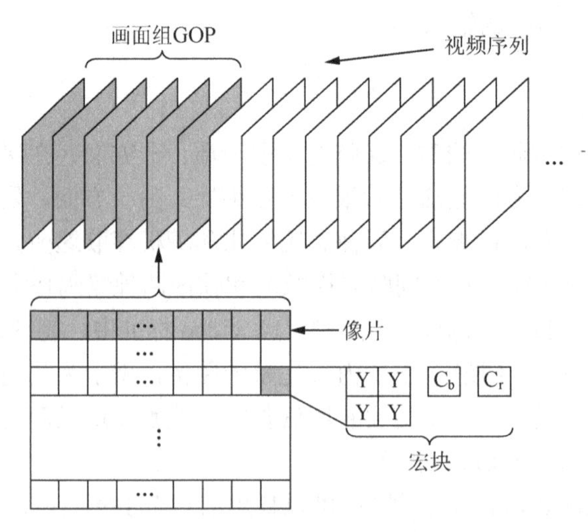

图 4-39　视频数据的组织

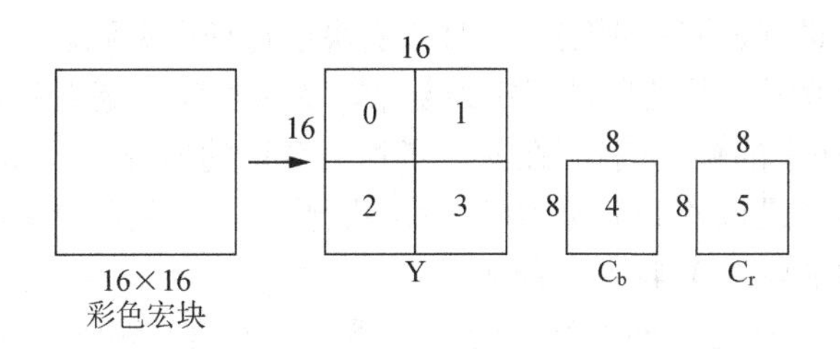

图 4-40　宏块的结构

需要说明的是，GOP 中有一个固定数量的连续帧集合，并保证 GOP 的第 1 帧就是 I 帧。GOP 指示 MPEG 编码器哪些帧应被编码成 I 帧、哪些帧被编码成 P 帧或 B 帧。由于 B 帧的引入，使得 MPEG-1 视频流的组成比 H.261(只有 I 帧和 P 帧)更加复杂。为了满足不同的使用要求，MPEG-1 采用了更为灵活的视频流组织方式。

(1) 允许编码端自行选择 I 帧的使用频率和在视频流中的位置。在需要保证图像的随机存储性或要求对从视频图像序列中截取的景象进行定位的应用场合，就要有选择 I 帧的自由。如果随机存储对应用很重要，则 I 帧一般每秒使用两次。

(2) 允许编码端自行选择任何两帧(I 帧或 P 帧)之间的 B 帧的数目。在参照帧之间增加一定数量的 B 帧，既可降低 B 帧与参照帧之间的相关性，也可降低参照帧之间的相关性。但是 I 帧、P 帧之间插入的 B 帧数目越多，编码器所需的帧存储器就越多，而用户对编码器的体积、成本等因素的承受能力也不相同；同时随应用对象的不同，具体的图像序列的统计特性也会有较大差异。但对大多数视频内容而言，在参照图像之间插入两个 B 帧较为适宜。图像的组合形式为 IBBPBBPBB……IBBPBB。

4. MPEG-1 video 编码、解码原理

MPEG-1 video 标准和 H.261 标准的算法有很多共同之处，两者采用相同的混合编码方法，它们的视频压缩算法都采用两种基本技术：①基于块的运动补偿预测，目的是去除时间方向上的冗余；②与 JPEG 类似的基于 DCT 的变换编码，目的是去除空间方向上的冗余数据。

MPEG-1 video 标准和 H.261 标准的不同之处在于，在传输码率上 H.261 可覆盖较宽的信道，而 MPEG-1 则定位于 1.5Mb/s 的传输码率。由于算法本身对于传输和随机存取而言都是通用的，因此 MPEG-1 编码器的主要功能模块与图 4-37 所示的 H.261 编码器原理框图类似。只是在有 B 帧时，要有两个帧存储器分别存储过去和将来的两个参照帧，以便进行双向运动补偿预测。

下面对照原理图说明其编码、解码的一般过程。

(1) 每个 GOP 的第一帧总是 I 帧，它按块顺序编码，因而不必对它进行运动估计和补偿，只需要将输入图像块信号进行 8×8 变换，然后对变换系数进行量化，接着对量化系数采用熵编码进行中度压缩，并作为参照帧和随机访问点。

(2) 当 GOP 中出现 B 帧或 P 帧时，将启动运动补偿预测过程，以获得最佳的压缩比。

(3) 对于 P 帧的编码，运动补偿预测算法使用最近的一个 I 帧或 P 帧作为参照帧。如果在当前帧的宏块与参照帧的宏块之间找到一个较好的匹配，则对当前帧宏块的运动矢量

和所得到的预测误差进行编码；否则，只对该宏块进行帧内编码。

(4) 对于 B 帧的编码，其处理过程较为复杂，因为必须考虑四种可能性：前向预测、后向预测、内插、宏块中的帧内编码(在前三者均不合适的情况下)。如果使用内插的方法，则必须使用前、后两个最近的 I 帧或 P 帧作为参照帧，并产生两个运动矢量和一个预测误差块，应当首先传输 P 帧和 B 帧的参照帧。

(5) MPEG-1 video 采用了两种结构的量化器。根据帧内编码和帧间编码不同的 DCT 系数性质，可以采用不同的量化矩阵，通过 Q 系数来控制编码，以适应编码器的输出码率。由于预测误差块主要是高频信号，可以采用粗糙的量化器以降低码率；帧内编码块的信号频率范围较宽，则应当采用细粒度的量化器进行编码。否则，对于那些光滑边界的块，很小的误差都会产生可察觉的块边界，即块效应现象。因此，为了适应人的视觉特性，必须对量化器进行修正，重点对图像中视觉效应敏感部分进行精确编码，以消除块效应现象。这样，既可以满足图像码率的要求，又能改善图像质量。

(6) MPEG-1 video 的熵编码过程可分为两步：首先，进行可变长行程编码(对出现概率较小的代码)和定长行程编码(对出现概率最大的代码)；然后，使用带有预定义表的 Huffman 曼编码。通过熵编码进一步提高了 DCT 的压缩比，同时减少了运动信息对总码率的影响。

MPEG-1 video 中典型的解码过程：先对码流进行解码，将码流分解成运动信息、量化器步长、块、量化 DCT 系数几个部分。量化 DCT 系数经过解码后送入 IDCT。由 IDCT 输出的重建波形还需叠加预测结果。

4.10.3 MPEG-2/H.262 标准

MPEG-2 标准由 ISO 的活动图像专家组和 ITU-T 共同制定，在 ITU-T 的协议系列中，被称为 H.262 标准。MPEG-2 是 1994 年 11 月发布的“活动图像及其伴音通用编码”标准，该标准可以应用于 2.048～20Mb/s 的各种速率和各种分辨率的应用场合。它能在很宽范围内对不同分辨率和不同输出比特率的图像信号有效地进行编码，如多媒体计算机、多媒体通信、常规数字电视、高清电视等。MPEG-2 标准中除包括系统、音频、视频三部分以外，还包括符合性测试、软件、数字存储媒体的指令和控制等六个部分的内容。

MPEG-2 标准中的 MPEG-2 video 是 MPEG-1 video 标准的扩展版本，它在全面继承 MPEG- 1 video 视频数据压缩算法的基础上，增加了许多新的语法结构和算法，用于支持顺序扫描和隔行扫描，支持 NTSC、PAL、SECAM 和 HDTV 格式的视频，支持视频的实时传输。为适应种类不同的应用需求，MPEG-2 video 标准还定义了多种视频质量可变的编码方式。

1. 数据码流的结构

MPEG-2 与 MPEG-1 视频数据码流的结构类似。考虑到它在软硬件系统开发中的重要性，现以子采样 4∶2∶0 为例，描述 MPEG-2 视频数据码流的结构，如图 4-41 所示。由图可见，一个视频序列被分成 g 个 GOP，每个组包含 p 帧图像，每帧图像分为 s 条像片，每条像片分成 m 个宏块，每个宏块包括 4 个 8×8 的亮度(Y)图块和 2 个 8×8 的色度(C_b 和 C_r)图块。

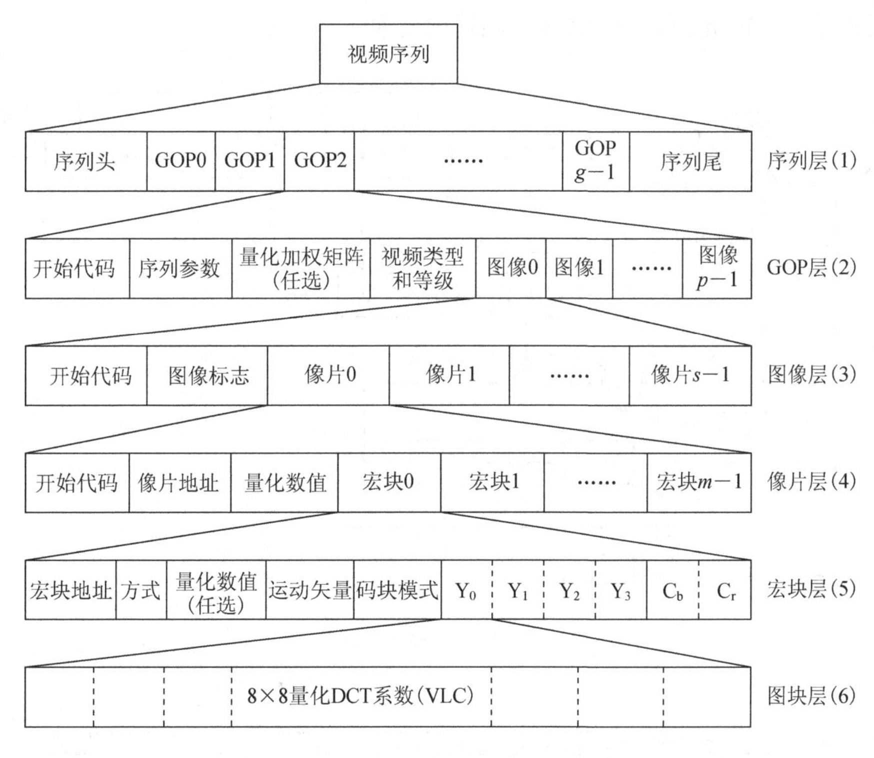

图 4-41　MPEG-2 视频数据码流结构(子采样为 4∶2∶0)

2. 编码器和解码器

MPEG-2 视频编码器和解码器的结构框图如图 4-42(a)所示，图中虚线框内部分为内置解码器。在原理上，它与 MPEG-1 视频编码、解码器结构类似。图 4-42(a)所示的框图有如下说明。

(1)运动估计器(motion estimation，ME)：用于计算运动矢量，它将当前输入图像的每一个宏块与先前存放在帧存储器(frame store，FS)中的参考图像宏块进行比较，找出最佳的匹配宏块，从而计算出运动矢量。

(2)内置解码器：用于产生预测图像，它的输入包括运动矢量、量化 DCT 系数、用于控制数据速率的量化参数控制信号。预测图像由运动矢量和存储在 FS 中的先前图像通过运动补偿预测器(motion-compensated prediction，MCP)生成，而先前图像是由量化 DCT 系数经过逆量化(inverse quantization，IQ)和逆离散余弦变换之后与先前预测图像生成的重建图像。

(3)输入视频和预测图像通过加法器产生预测误差，经过 DCT 和量化之后送给可变长编码器(variable length coding，VLC)。运动矢量也送入 VLC，它们在 VLC 经过编码和复合之后送到传输媒体或存储媒体。VLC 采用的编码方法是行程编码和 Huffman 编码。

(4)量化器量化因子的调整可以改变视频质量和数据速率。量化器量化因子的值除了可以取［1，31］之间的整数以外，还提供了一组可选值，范围是［0.5，56.0］之间的实数。

MPEG-2 视频解码器的结构如图 4-42(b)所示。其解码过程与编码过程恰好相反。在这个解码系统中，可变长解码器(variable length decoding，VLD)的功能与 VLC 的功能相反，采用的是 Huffman 编码和行程编码的逆向技术。

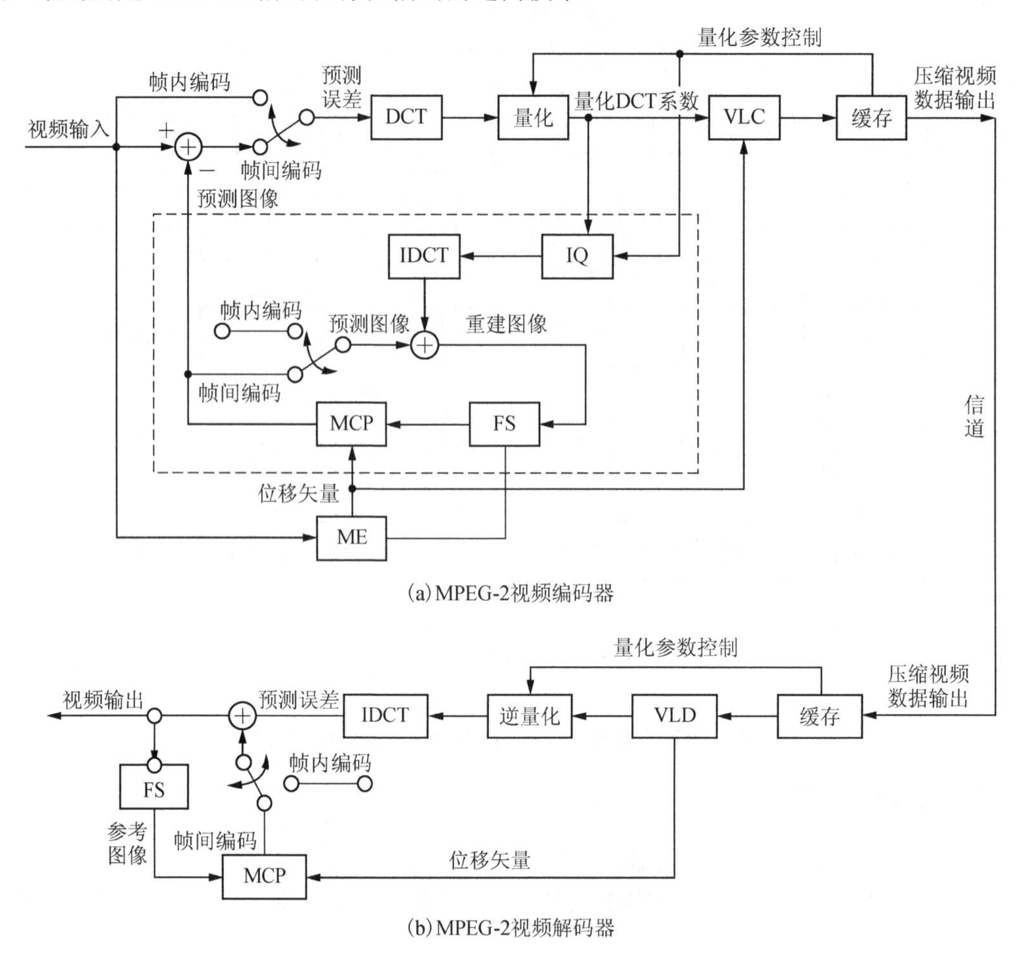

(a) MPEG-2视频编码器

(b) MPEG-2视频解码器

图 4-42　MPEG-2 编码器、解码器结构框图

3. 视频质量可变编码

为了适应各种传输速率不同的互联网络和电视网络等领域的应用，MPEG-2 视频标准定义了多种视频质量的可变编码方式。MPEG-2 视频可变编码采用分层编码技术，通常分为基层编码和增强层编码。基层的编码、传输、解码可独立进行，增强层的编码、传输、解码则要依赖于基层或先前的增强层才能完成。MPEG-2 视频标准中可变编码的优点是可以提供不同等级的视频 QoS；缺点是增加了编码、解码的复杂性，降低了压缩的效率。

MPEG-2 视频标准支持的可变编码方式主要有如下四种。

(1) 信噪比可变编码，它针对需要多种视频质量的应用场合，使用信噪比增强层编码提供各种信噪比的视频。

(2) 空间分辨率可变编码，针对需要同时广播多种空间分辨率视频的应用，使用空间增强层编码提供各种空间分辨率的视频。

(3) 时间分辨率可变编码，针对高清电视、远程通信等应用场合，使用时间增强层编码提供各种时间分辨率的视频。

(4)数据分割编码，针对有两个信道传输视频数据码流的应用场合，将量化的DCT系数进行分割，编码后分别送往不同的信道。

4. 信噪比可变编码

MPEG-2 SNR可变编码方式是在基层编码的基础上提高信噪比的技术。在这种编码方式下，基层编码和增强层编码的视频有相同的空间分辨率，但提供的视频质量却有所不同。在基层编码时，对DCT系数的量化较为粗糙，提供基本的视频质量；增强层编码对来自基层的DCT系数的量化误差进行编码，为基层的DCT系数提供细节数据，以提高视频质量。

SNR可变编码器的结构与图4-42(a)所示的非变长编码器结构类似，它将产生两种视频数据码流。

(1)基层编码码流：采用的方法是对DCT系数进行比较粗糙的量化，因而生成的数据位数较少，在解码器还原的视频质量也比较低。

(2)增强层编码码流：采用的方法是对DCT系数的量化误差进行量化，提供细节数据，在解码器中还原较高质量的视频。

5. 空间分辨率可变编码

在空间分辨率可变编码方式中，基层编码和增强层编码的视频有不同的空间分辨率。基层编码提供基本空间分辨率；增强层使用来自基层的经过空间插值的视频数据，在解码器中生成空间分辨率较高的视频。例如，基层编码的空间分辨率是352×288，经过空间内插后，增强层编码的视频分辨率可达704×576。

6. 时间分辨率可变编码

时间分辨率可变编码是指帧频可变的编码，它也包含基层编码和增强层编码。各层的编码视频与输入视频有相同的空间分辨率和颜色空间。

由前面介绍可知，MPEG视频标准定义了I帧、P帧、B帧，I帧包含解码时所需要的所有数据，无须其他参照帧；P帧包含它与I帧的差值，解码时还需I帧的数据；B帧包含I帧和P帧的差值，解码时需要两幅I帧或P帧的数据。时间分辨率可变编码就是根据这个事实将视频帧指派到编码层上，基层编码对较低帧频的视频进行编码；增强层编码则对基层或先前增强层的预测数据进行编码。

7. 数据分割编码

数据分割编码是针对有两个信道传输视频数据码流的应用。它将量化的DCT系数分割成两部分，编码后分别送到不同的信道。比较关键的视频数据(如数据码流中的开始代码、位移矢量、频率较低的DCT系数)在性能较好的信道上传输，不影响大局的数据(如频率较高的DCT系数)则可在性能较差的信道上传输。

4.10.4　H.263、H.263＋和 H.263＋＋

1. H.263

H.263 标准由 ITU-TGF 于 1995 年 8 月公布，它是一种极低码率通信的视频编码标准，主要用于支持低码率下(低于 64kb/s)的视听信号传输服务。

1)与 H.261 的主要区别

H.263 标准吸取了 MPEG 的经验，对 H.261 进行扩展和改进，其编码原理和数据结构与 H.261 类似，但主要存在以下区别。

(1)H.263 支持更多的图像格式。H.263 不仅可以支持 QCIF 和 CIF 图像格式，还可以支持更多原始图像数据格式，如 Sub QCIF、4CIF、16CIF，各种格式的相关参数对比如表 4-5 所示。同时，H.263 还支持广泛的用户自定义视频格式。

表 4-5　H. 263 文件格式相关参数

图像格式	亮度像素数/行	亮度行数	色度像素/行	色度行数
QCIF	176	144	88	72
Sub-QCIF	128	96	64	48
CIF	352	288	176	144
4CIF	704	576	352	288
16CIF	1408	1152	704	576

(2)H.263 建议的两种运动估计。H.261 要求对 16×16 像素的 MB 进行运动估计，而在 H.263 标准中，不仅可以对 16×16 像素的宏块进行运动估计，同时还可以根据需要采用 8×8 像素子块进行运动估计。

(3)采用半像素精度的预测值和高效的编码。在 H.261 中，运动估计精度范围为(−16，15)，而在 H.263 中运动估计的精度范围为(−16.0，15.5)，可见采用了半像素精度。半像素精度预测采用双线性内插技术，所获得的结果如图 4-43 所示。

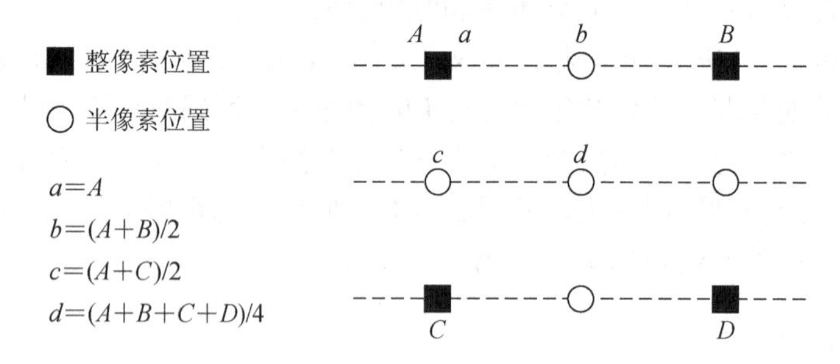

图 4-43　双线性内插预测半像素精度

H.261 对运动矢量采用一维预测与可变长编码(VLC)相结合的编码，在 H.263 中则采用更复杂的二维预测与 VLC 相结合的编码方式。

(4)提高数据压缩效率。H.263 标准中没有对每秒的帧数进行限制，这样可以通过减少帧数达到数据压缩的目的。此外，在 H.263 中取消了 H.261 的环路滤波器，并改进了运动估计的方法，从而提高了预测质量。同时，还精减了部分附加信息以提高编码效率。采用Huffman 编码、算术编码进一步提高压缩比。

2) 四种有效的编码方法

在编码方法上，H.263 标准提供了四种可选的编码模式，分别为无约束运动矢量算法、基于语法的算术编码、高级预测模式和 PB 帧模式，从而进一步提高了编码效率。

(1) 无约束运动矢量算法。通常运动矢量的范围被限制在参照帧内，而在无约束运动矢量算法中取消了这种限制，运动矢量可以指向图像之外。这样，当某运动矢量所指的参考像素位于图像之外时，可以用边缘图像值代替这个不存在的像素。这种方法可以改善边缘有运动物体的图像质量。

(2) 基于语法的算术编码。在 H.261 标准中建议采用 Huffman 编码，但在 H.263 中所有的可变长编码和解码过程均采用算术编码，这样就克服了 H.261 中每一个符号必须用固定长度整比特数编码的特点，进一步提高了编码效率。

(3) 高级预测模式。在图像的亮度信息中采用这种可选模式。通常运动估计以 16×16 像素的宏块为基本单位进行，而在 H.263 标准中的预测模式下，编码器既可以一个宏块使用一个运动矢量，也可以允许宏块中的 4 个 8×8 子块各自采用一个运动矢量。

采用 4 个运动矢量需要占用更多的比特数，但能够获得更好的预测精度。特别是在此模式下对 P 帧的亮度数据采用交叠块运动补偿(overlapped block motion compensation，OBMC)方法，即某一个 8×8 子块的运动补偿不仅与该块的运动矢量有关，而且还与其周围的运动矢量有关，这就大大提高了重建图像的质量。

(4) PB 帧模式。H.263 标准吸取了部分 MPEG-×系列标准的优点，PB 帧的名称正是来自 MPEG-×系列标准。在 H.263 中的一个 PB 帧单元包含了两帧。其中的 P 帧经前一个 P 帧预测得到；B 帧则是经前一个 P 帧和本 PB 帧单元中的 P 帧通过双向预测所得的结果。由此可见，P 帧的运动估计与一般 P 帧的运动估计相同。但 B 帧则有所不同，它需要利用双向运动矢量来计算 B 帧的前、后向预测值。通常是以它们的平均值作为该 B 帧的预测值。使用 PB 帧模式可以在不增加数据量的前提下，增加图像的帧率。

为了进一步改善压缩性能，更好地支持没有 Q_OS 保证的互联网，使多媒体通信在更多的传输信道、更复杂的通信环境中得到应用，ITU-T 又陆续推出了 H.263 的增强版本，分别是 H.263＋标准和 H.263＋＋标准。

2. H.263＋

ITU-T 于 1997 年推荐了 H.263 的第二个版本，即 H.263＋。H.263＋增加了以下新的选项。

(1) 为了在误码率、丢包率较大的网络或异构网络中改变视频信号的传输质量，增加了一种具有时间可伸缩性和两种具有信噪比或空间可伸缩性的编码。

(2) 改进的 PB 帧模式增强了频繁使用 PB 帧的稳健性。

(3) 为了适应更广泛的应用，允许使用用户自定义的图像格式。

(4) 提供九种新的编码模式，使得编码效率进一步提高。例如，对 DCT 系数进行预测的先进帧内编码、降低块效应的自适应滤波、改善在分组网上传输的性能和防止错误传播的措施等。

3. H.263＋＋

2000 年 ITU-T 在 H.263＋的基础上制定了 H.263＋＋标准，相比于 H.263＋，H.263＋＋增加了三个选项，目的是增强码流在恶劣信道中的抗误码能力，这三个选项如下。

(1) 增强的参照帧选择：这种模式能够提供更好的编码效率和信道的错误再生能力(尤其是在丢包时)，在实现这个模式时，需要设计多个缓存区用于存储多个参照帧图像。

(2) 数据分区模式：该模式能够提供更好的抗误码能力(尤其是在传输过程中本地数据被破坏的情况下)。其思想是分离视频码流中 DCT 系数和运动矢量数据，将运动矢量的数据采用可逆编码的方式进行保护。

(3) 辅助信息：这种模式增强了码流的反向兼容性，这些信息包括指定采用的定点反 DCT、图像信息和信息类型、任意的二进制数据、文本、交替的场指示、稀疏的参照帧识别等。

4.10.5 MPEG-4 标准

MPEG-4(标准号为 ISO/IEC 14496)于 1998 年 11 月公布，正式的名称为“信息技术——视听对象编码”，它是针对一定比特率下的音频、视频编码，更加注重多媒体系统的交互性和灵活性。该标准主要应用于可视电话、可视电子邮件等，对传输速率要求极低，为 4.8～64kb/s，分辨率为 176～144。该标准定义的语法和语义规则由 23 个部分组成，其主要组成部分如下。

(1) Part 1 (MPEG-4 System)：系统标准，描述视频和声音的同步和复合。

(2) Part 2 (MPEG-4 Visual)：可视对象编码标准，描述自然图像、纹理、合成视频等可视对象的编码和解码。

(3) Part 3 (MPEG-4 audio)：声音编码标准，描述感知声音数据的编码和解码，包括高级声音编码(Advanced audio coding，AAC)、话音编码等。

(4) Part 4 (MPEG-4 DMIF)：传送多媒体集成框架，用来管理多媒体数据流。

(5) Part 10(MPEG-4 AVC)：高级视频编码，描述视频编码和解码，技术上与 H.264 一致。

MPEG-4 利用很窄的带宽，通过帧重建技术及数据压缩技术，以求用最少的数据获得最佳的图像质量。例如，移动通信中的声像业务、与其他多媒体数据(如计算机产生的图形、图像)的集成和交互式多媒体服务等。MPEG-4 支持的图像格式从每行几个像素、每帧几行到 CIF 格式，帧频从 0Hz(静止)到 15Hz。

MPEG-4 比 MPEG-2 的应用更广泛，最终希望建立一种能被多媒体传输、多媒体存储、多媒体检索等应用领域普遍采纳的统一的多媒体数据格式。由于所要覆盖的应用范围广阔，同时各种应用本身的要求又各不相同，因此 MPEG-4 不同于过去的 MPEG-2 和 H.26×系列标准，其压缩方法不再是限定的某种算法，而可以根据不同的应用，进行系统裁剪，选取不同的算法。例如，对 I 帧的压缩就提供了 DCT 和小波两种变换方法。

MPEG-4 采取以功能为基础的策略，即并不支持任何特殊的应用，而是力图尽可能地支持对多种应用均有帮助的功能组。MPEG-4 支持的功能有八项，可以分为三类：

(1) 基于内容的交互性。

① 基于内容的操作和码流编辑：支持无须编码就可进行基于内容的操作和码流编辑。

② 自然与合成数据的混合编码：提供将自然视频图像同合成数据(如文本、图形等)有效结合的方式，同时支持交互性操作。

③ 增强的时间域随机存取：提供有效的随机存取方式，在有限的时间间隔内，可按帧或任意形状的对象，对音频、视频序列进行随机存取。

(2) 高压缩比。

① 提高编码效果：在可比拟速率下，MPEG-4 提供的主观视频质量要优于已有的或其他正在制定的标准。

② 对多个并发数据流的编码：MPEG-4 将提供对场景的有效多视角编码，加上伴音声道编码及有效的视听同步。在立体视频应用方面，MPEG-4 将利用同一场景的多视点观察所造成的信息冗余来有效描述三维自然场景。

(3) 通用存取。

① 错误易发环境中的稳健性：有助于低比特率视频信号在易发生严重错误的应用环境中(如移动通信等)的存储和传输。MPEG-4 是第一个在音频、视频规范中考虑信道的标准，目的不是取代现有通信网提供的误码控制技术，而是提供一种抗误码的稳健性。

② 基于内容的尺度可变性：内容可变性意味着给图像中各个对象分配优先权，比较重要的对象采用较高的分辨率表示。基于内容的尺度可变性是 MPEG-4 的核心，对于极低比特率应用来说，它提供了自适应使用可用资源的能力，可有效利用资源。

1. MPEG-4 编码特性

MPEG-4 采用了视频对象(video object，VO)和视频对象平面(video object plane，VOP)的概念。不同的数据源被视为不同的 VO，而数据的接收者不再是被动的，而可以对不同的对象进行添加、移动、删除等操作。这种基于对象的操作方法是 MPEG-4 与 MPEG-1/MPEG-2 的不同之处。MPEG-4 标准不仅支持对象的添加和删除，而且可以对对象进行属性改变，可以控制对象的行为，即可以进行交互式应用。

MPEG-4 根据人眼感兴趣的一些特征，如纹理、运动、形状等，对视频图像进行分割，将场景中的各对象截取出来。每个对象所截取的图像区域不同，其各自的形状也不同，通常将这些区域称为 VOP，如图 4-44 所示。该图像包含三个对象：人、树和背景，截取出三个 VOP。图 4-44(b)所示为三个对象与场景的逻辑关系。必要时，一个对象还可以进一步分解，如图中的树可以分解为树干和树枝，每个对象可以用三类信息描述，即运动信息、形状信息、纹理信息。

与 H.263 相比，MPEG-4 的视频编码标准要复杂得多，支持的应用要广泛得多。为了达到广泛应用这一目标，MPEG-4 提供了一组工具与算法。通过这些工具与算法，从而支持诸如高效压缩、视频对象伸缩性、空域和时域伸缩性、对误码的恢复能力等功能。因此，MPEG-4 视频标准就是提供上述功能的一个标准化工具箱。

MPEG-4 提供技术规范满足多媒体终端用户和多媒体服务提供者的需要。对于技术人员，MPEG-4 提供关于数字电视、图像动画、Web 页面相应的技术支持；对于网络服务提供者，MPEG-4 提供的信息能被翻译成各种网络所用的信令消息；对于终端用户，MPEG-4 提供较高的交互访问能力。

(a) 场景　(b) 对象的逻辑关系

图 4-44　VOP 的截取及其关系

2. MPEG-4 标准的视频编码/解码器

MPEG-4 是基于对象的视频编码系统。与传统的压缩标准中基于帧的压缩编码方法相比，MPEG-4 非常便于操作和控制对象。例如，用户可以根据喜好为某些对象分配较多的比特，而对不感兴趣的对象分配较少的比特，从而在达到低速的同时又能满足图像的主观质量。

图 4-45 所示为 MPEG-4 标准基于 VOP 的视频编码、解码框图。其工作过程如下：首先在 VOP 分解单元中对输入的视频信息进行 VOP 分割，再由编码器分别针对不同视频对象的形状、纹理、运动状态进行码率分配。各 VO 分别在各自的编码器中进行编码，然后合成为一个输出码流。在接收端首先经过多路分解，从而得到各个 VOP 码流，然后对各 VOP 分别进行解码，最后将解码后的合成场景输出。

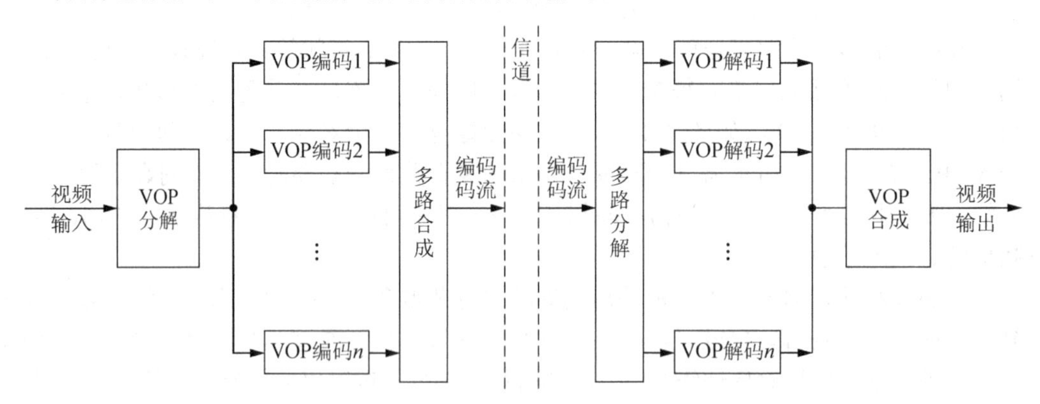

图 4-45　MPEG-4 标准基于 VOP 的视频编码、解码框图

在基于对象的视频压缩编码中，编码单元为对象，而且是针对对象的纹理、形状、运动三种信息进行编码。图 4-45 所示的编码器包括纹理、形状、运动三个模块。其中值得注意的是形状编码，这是图像编码标准中第一次引入形状编码技术。为了支持基于内容的功能，编码器可对图像序列中任意形状的 VOP 进行编码。

3. MPEG-4 视频编码策略

1) 基于对象的编码

MPEG-4 标准中对对象几乎没有任何限制，对象既可以是自然界中各种物体的图像，也可以是合成的图像，包括二维对象、三维对象、静止图像、运动图像等。MPEG-4 标准的系统部分用来描述组成一幅画的各个视频对象之间的时间和空间关系。MPEG-4 允许随机访问各个视频对象，具体地说就是能以一定的时间间隔访问对象，单独解码对象的形状信息，而不解码对象的纹理信息，也可以对视频对象进行剪贴、平移、旋转等编码操作。

2) 运动信息编码

与其他现有的视频编码标准类似，MPEG-4 采用预测和运动补偿技术来去除图像信息中的时间冗余，而这些运动信息的编码技术可看成是现有标准向任意形状的 VOP 的延伸。VOP 的编码有三个模式：帧内编码模式(I-VOP)、帧间预测编码模式(P-VOP)和帧间双向预测编码模式(B-VOP)。

MPEG-4 中预测和运动补偿可以是基于 16×16 像素宏块，也可以是基于 8×8 像素宏块。为了能适应任意形状的 VOP，MPEG-4 引入了图像填充技术和多边形匹配技术。图像填充技术利用 VOP 内部的像素值来外推 VOP 外的像素值，以此获得预测的参考值。多边形匹配技术则将 VOP 轮廓宏块的活跃部分包含在多边形内，以此来增加运动估计的有效性。此外，MPEG-4 采用 8 参数仿射运动变换来进行全局运动补偿，支持静态或动态的 Sprite 全局运动预测。对于连续图像序列，可由 VOP 全景存储器预测得到描述摄像机运动的 8 个全局运动参数，利用这些参数来重建视频序列。

3) 形状编码

MPEG-4 引入了形状信息的编码。尽管形状编码在计算机图形学、计算机视觉等领域不是新技术，但却是第一次将其纳入完整的视频编码标准中。VO 的形状信息有两类，分别为二值形状和灰度形状信息。通常一个 VOP 的形状被限制在一个矩形方框(称之为边界框)之内，该方框的长和宽都是 16 像素的整数倍，同时可以选择边界框的位置，使所包含的 16×16 像素宏块数最少，如图 4-46 所示。

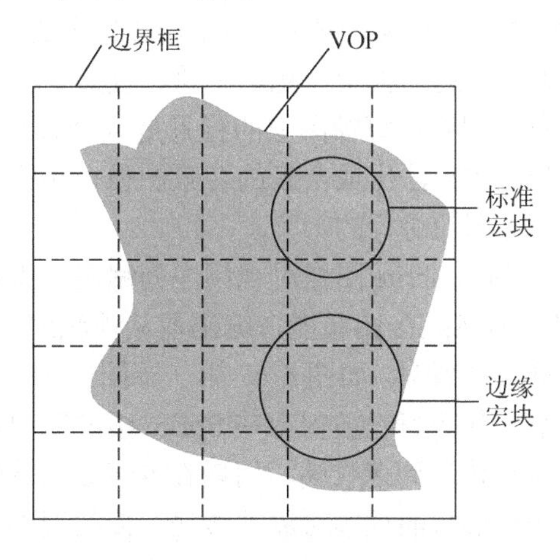

图 4-46　从场景中截取 VOP

二值形状信息通常用 0 和 1 来表示 VOP 形状。0 表示非 VOP 区域，即该像素处于 VOP 区域之外；1 表示 VOP 区域，即处于 VOP 区域之内。对于二值形状信息编码，通常采用基于块的运动补偿技术，可以是无损编码，也可以是有损编码。

灰度形状信息的表示方法与二值形状信息的表示方法类似，只是每一个像素的取值为 0～255。对于灰度形状信息编码，采用基于块的运动补偿 DCT 变换技术，是一种有损编码。

4) 纹理编码

对于帧内编码的 I-VOP 信息、帧间编码的 P-VOP 和 B-VOP 运动补偿后的预测误差信息都可以采用纹理编码。编码方法基本上仍采用基于 8×8 像素块的 DCT 变换方法。在帧内编码模式中，对于完全位于 VOP 内的像素块，采用经典的 DCT 方法；对于完全位于 VOP 外的像素块则不进行编码；对于部分像素在 VOP 内，而部分在外的像素块，则先采用图像填充技术来获取 VOP 以外的像素值，然后再进行 DCT 编码。帧内编码模式还对 DCT 变换生成的 DC 系数和 AC 系数进行有效预测。在帧间编码模式中，为了对 P-VOP 和 B-VOP 运动补偿后的预测误差进行编码，可将那些位于 VOP 活跃区域以外的像素值设为 128。此外，还采用 SADCT 方法(shape-adaptive DCT)对 VOP 内的像素进行编码，该方法可在相同码率下获得较高的编码质量，但运算的复杂程度稍高。变换之后的 DCT 因子还需进行量化、变长编码等，这些过程与以前的标准基本相同。

5) 分级编码

与 MPEG-2 一样，MPEG-4 也采用了可分级技术，但 MPEG-4 中的可分级技术是通过视频对象层(video object layer，VOL)的数据结构来实现的。基于对象的可分级扩展编码技术，可以提供两种可分级扩展方式：空间可分级扩展和时间可分级扩展。

每一种分级编码都有两层 VOL，低层称为基本层，高层称为增强层。空间可分级扩展可通过增强层强化基本层的空间分辨率来实现，因此在对增强层中的 VOP 进行编码之前，必须先对基本层中相应的 VOP 进行编码。同样，对于时间可分级扩展，可通过增强层来增加视频序列中某个 VO(特别是运动的 VO)的帧率，使其与其余区域相比更加平滑。

6) 全局运动估计和 Sprite 编码

块匹配运动补偿技术对摄像头运动所产生的整幅图像的变化不是很有效。因此，MPEG-4 定义了二维和三维全局运动模型，包括平移、旋转、映射、投影等来补偿这类运动。如果一段视频序列的背景固定，每帧图像的背景是这个大的固定背景图像的一部分，MPEG-4 可以通过静态或动态的方法生成全景的背景图像，称为 Sprite 图像。视频对象的运动估计和补偿是参照 Sprite 图像进行的。

图 4-47 表述了 MPEG-4 利用 Sprite 图像对视频序列编码的思路。假设视频中的前景(运动员)能从背景中分割出来，而 Sprite 图像能在编码前从视频序列中抽取出来。Sprite 图像就是出现在一个视频序列静止的背景，如图 4-47 第一幅图所示。这个大的全景的背景图像仅在第一帧被传送到接收端，作为背景被保存在 Sprite 缓冲区中。而在后续的视频帧中，仅仅将与背景相关的摄像参数传送到接收端，用以在 Sprite 的基础上为每一帧重建背景图像。运动的前景物体则以任意形状的视频对象被传送，接收端将前景对象和背景合成为每一帧(图 4-47 第三幅图)。在低延迟应用中，就可以将背景图像分成若干小块在视频序列分别传送，在解码端渐进地重建背景。

图 4-47　Sprite 编码示例

4.10.6　H.264 标准

1. H.264 标准的由来

H.264 标准是联合视频组(Joint Video Team，JVT)制定的先进视频编码标准(Advanced Video Coding，AVC)——新一代视频编码标准。JVT 于 2001 年 12 月成立，由 ITU-T 的视频编码专家组(Video Coding Experts Group，VCEG)和 ISO 的活动图像专家组(Motion Picture Expert Group，MPEG)联合组成。H.264/AVC 标准制定的主要目的在于，使这一先进视频编码标准适应于高压缩比活动图像不断增长的应用需求，如电视会议、电视广播、Internet 上的流式传输等，同时能够以灵活的视频编码表现方式适用于不同的网络环境，并且允许将运动视频作为计算机数据的一种形式便捷地处理和使用，从而实现视频的高压缩比、高图像质量、良好的网络适应性等目标。

由于 H.264 标准由 ITU-T 和 ISO 联合制定，人们通常称这一标准为 H.264/AVC 标准。这是因为对于 ITU-T 而言，H.264 作为 H.261、H.263 标准的衍生发展；对于 ISO 而言，这个新一代视频编码标准称为 MPEG-4 AVC，作为 MPEG-4 标准的第 10 部分，是原有 MPEG-4 标准第 2 部分的衍生发展。MPEG-4 标准的第 2 部分是 MPEG-4 的视频部分，即 MPEG-4 Video 部分。对于过去的 MPEG-4 标准，若不加以说明，就视频编码而言就是特指第 2 部分。

H.264/AVC 标准草案的制定工作于 2003 年完成，以后又不断修订。根据应用需求的不同，H.264/AVC 标准可分为三个档次，即基本档次、主要档次和扩展档次。其中，基本档次是简单版本，其应用面广；主要档次采用了多项提高图像质量和增加压缩比的技术措施，可用于标准清晰度电视(standard definition television，SDTV)、HDTV、DVD 等；扩展档次可用于各种网络的视频流传输。

2. H.264/AVC 标准的特点

H.264/AVC 标准作为继 MPEG-4 之后的新一代数字视频压缩编码标准，既保留了以往压缩技术的优点和精华，又具有其他压缩技术无法比拟的许多优点。

从应用角度来分析，H.264/AVC 的主要特点如下。

(1) 低码流：与 MPEG-2 和 MPEG-4 等压缩技术相比，在相同的重建图像质量下，采用 H.264/AVC 技术压缩后，数据量只有 MPEG-2 的 1/8，MPEG-4 的 1/3。此外，H.264/AVC 标准比 MPEG-4 减小 50%的码率。

(2) 高质量图像：H.264/AVC 能提供连续、流畅的高质量图像(DVD 质量)。

(3) 容错能力强：H.264/AVC 提供了解决在不稳定网络环境下容易发生的丢包等错误的必要工具。

(4) 网络适应性强：H.264/AVC 提供了网络提取层(network abstraction layer，NAL)，使得 H.264/AVC 的文件能容易地在如码分多址(code division multiple access，CDMA)、通用分组无线业务(general packet radio service，GPRS)、Internet 等不同网络上传输。

3. H.264/AVC 标准的关键技术

从技术角度来分析，H.264/AVC 的优势主要体现在以下几个方面：

1) 分层设计

H.264/AVC 的算法在概念上可以分为两层，即视频编码层(video coding layer，VCL)和网络提取层(NAL)。VCL 负责高效的视频内容表示，NAL 负责以网络所要求的恰当方式对数据进行打包和传送。在 VCL 和 NAL 之间，定义了一个基于分组方式的接口，打包和相应的信令属于 NAL 的一部分。这样，高编码效率和网络友好性的任务分别由 VCL 和 NAL 来完成。

2) 高精度、多模式运动估计

H.264/AVC 的运动估计具有四个新特点，即 1/4 像素精度或 1/8 像素精度的运动估计、七种大小不同的宏块匹配、前向和后向多参照帧和去块效应滤波器。其中，相对于整像素预测，采用 1/4 像素精度的运动估计，可以节省约 20%的码率；采用多种大小不同的块进行运动估计，可节省 15%以上的码率(相对于 16×16 的块)；采用 5 个参照帧预测，可降低 5%～15%的码率(相对于一个参照帧)，这一特性特别适合于周期性的运动、平移运动、在两个不同的场景之间来回变换摄像机的镜头等应用场合；在 H.263 基础上引入的自适应去除块效应滤波器，对预测环路中的水平和垂直块边缘进行滤波，在提高压缩效率的同时，可以减少方块效应，改善图像的主观效果。显然，不同的视频信号因其细节特征与运动情况的不同，改进的效果会存在一些差异。

需要说明的是，不同大小和形状的宏块分割和运动补偿是 H.264/AVC 运动估计的显著特点之一。对于每一个 16×16 像素宏块的运动补偿，H.264/AVC 标准支持 7 种模式，即一个 16×16 宏块可以被分割为 16×8、8×16、8×8 的块，而 8×8 的块被称为子宏块，又可以被分割为 8×4、4×8、4×4 的块，如图 4-48 所示。在这种方式下，每个宏块中可以包含 1、2、4、8 或 16 个运动矢量。小块模式的运动补偿为运动详细信息的处理提高了性能，减少了方块效应，提高了图像的质量，但处理时间相对较长。

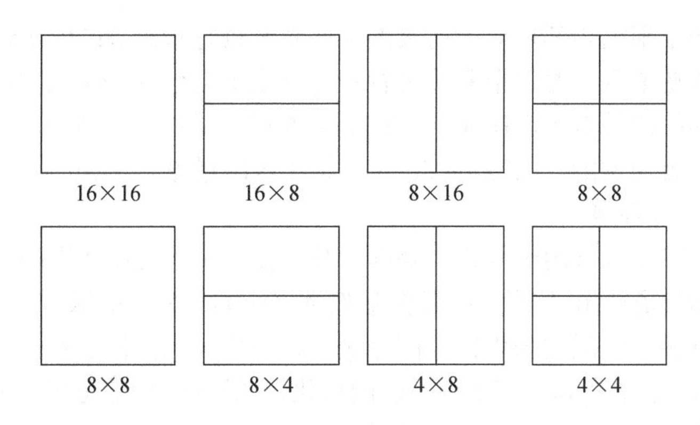

图 4-48　宏块的分割方法

3) 4×4 块的整数变换

相对于以往标准(H.263 或 MPEG-4)所采用的 8×8 的 DCT 变换，H.264/AVC 采用了 4×4 块的整数变换，可以明显减小块效应。与以往的标准相似，H.264/AVC 对差值采用基于块的变换编码，但变换是整数操作而不是实数运算，其过程与 DCT 变换基本相似。H.26L(H.264/AVC 的早期版本)中引入了整数变换方法，其优点在于，在编码器和解码器中允许精度相同的变换和逆变换，便于使用简单的定点运算方式，降低了算法的复杂度，也避免了逆变换的失配问题。与浮点运算相比，虽然整数 DCT 变换会引起一些额外的误差，但因为 DCT 变换后的量化也存在量化误差，相比之下，整数 DCT 变换引起的量化误差影响并不大。

4) 统一的 VLC

统一的 VLC 也称为 UVLC(universal VLC)，是对所有待编码的符号采用统一的变长编码。UVLC 使用一个长度无限的码字集，设计结构非常有规则，用相同的码表可以对不同的对象进行编码。UVLC 的优点是很容易产生一个码字，解码器也很容易识别码字的前缀，在发生比特错误时能快速获得重同步；缺点是单一的码表由概率统计分布模型得出，没有考虑到编码符号间的相关性，在中高码率时效果不是很好。H.264/AVC 采用的熵编码有两种：内容自适应的变长编码(context-base adaptive variable length coding，CAVLC)与统一的变长编码(UVLC)的结合；另一种是内容自适应的二进制算术编码(context-base adaptive binary arithmetic coding，CABAC)，CABAC 是可选项，其编码性能比 CAVLC 和 UVLC 稍好，但计算复杂度较高。

5) 帧内预测与帧间预测

视频编码通过去除图像的空间和时间相关性来达到压缩的目的。空间相关性通过帧内有效的变换编码来去除，如 DCT 变换、H.264/AVC 的整数变换；时间相关性则通过帧间预测来去除。在 H.26×系列和 MPEG-×系列标准中，大多采用的是帧间预测的方式。H.264/AVC 的运动补偿支持以往视频编码标准中的大部分关键特性，而且灵活地添加了更多的功能，除了支持 P 帧、B 帧之外，H.264/AVC 还支持一种新的流间传送帧(switching predictive-frame，SP 帧)。码流中包括 SP 帧后，能在有类似内容但有不同码率的码流之间快速切换，同时支持随机接入与快速回放模式。此外，在 H.264/AVC 中，当编码帧内图像时，采用了基于空域的帧内预测技术。H.263＋与 MPEG-4 中虽然也引入了帧内预测技术，但主要是在变换域中根据相邻块对当前块的某些系数进行预测。H.264/AVC 则是在空域中，利用当前块的相邻像素直接对每个系数进行预测，更加有效地去除相邻块之间的相关性，极大地提高了帧内编码的效率。H.264/AVC 提供 6 种模式进行 4×4 像素宏块预测，包括 1 种直流预测和 5 种方向预测。H.264/AVC 也支持 16×16 的帧内编码。

6) 面向 IP 和无线环境

H.264/AVC 标准中包含用于差错消除的工具，便于压缩视频在误码、丢包多发环境中传输，以保证移动信道或 IP 信道中传输的稳健性。例如，为了抵御传输差错，H.264/AVC 视频流中的时间同步可以通过采用帧内图像刷新来完成，空间同步由条结构编码来支持。同时，除了利用量化步长的改变(32 种不同的量化步长)来适应信道码率外，在 H.264/AVC 中，还常利用数据分割的方法来应对信道码率的变化，以支持网络中的 Q_OS。此外，在无线通信的应用中，一般可以通过改变每一帧的量化精度或空间/时间分辨率来支持无线信道的大比特率变化。可是，在组播的情况下，要求编码器对变化的各种比特率进行响应是不可能的。因此，不同于 MPEG-4 中采用的精细分级编码(fine granular sealability，FGS)方法(效率较低)，H.264/AVC 采用流切换的 SP 帧来代替分级编码。

4. H.264/AVC 标准的系统架构

在系统架构上，H.264/AVC 提出了一个分层设计的新概念，在视频编码层(VCL)和网络提取层(NAL)之间进行概念性分割。前者是视频内容的核心压缩内容的表述，后者是通过特定类型网络进行递送的表述，这样的结构便于信息的封装和对信息进行更好的优先级控制。H.264/AVC 的系统编码框图如图 4-49 所示。

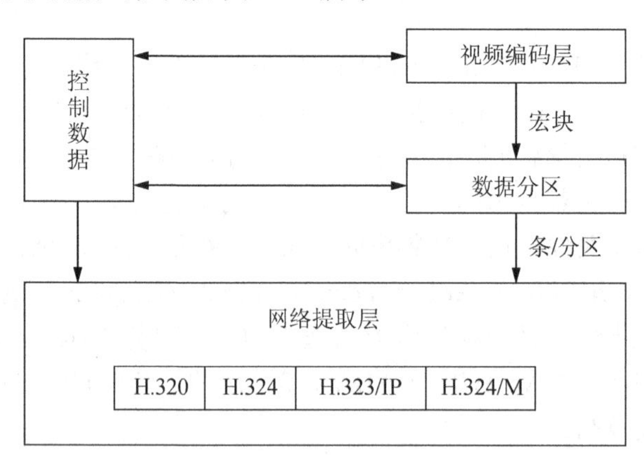

图 4-49　H. 264/AVC 的系统框图

在图 4-49 中，H.264/AVC 系统中(VCL)和(NAL)两部分的功能可描述为 VCL 包括 VCL 编码器和 VCL 解码器。主要功能是视频数据压缩编码和解码，包括运动补偿、变换编码、熵编码等压缩单元；NAL 则用于为 VCL 提供一个与网络无关的统一接口，负责对视频数据进行封闭打包后使其在网络中传送。NAL 采用统一的数据格式，包括单个字节的包头信息、多个字节的视频数据与组帧、逻辑信道信令、定时信息、序列结束信号等。包头中包含存储标志和类型标志，存储标志用于指示当前数据不属于被参考的帧，类型标志用于指示图像数据的类型。VCL 可以传输按当前网络情况调整的编码参数。

5. H.264/AVC 视频编码器原理

H.264/AVC 视频编码的基本原理与 H.261、H.263 类似，同样是一种基于块的混合编码，都是先通过帧间预测和运动补偿来消除时域冗余，通过变换来消除频域冗余，然后再经过量化、熵编码，产生压缩码流。H.264/AVC 视频编码器原理框图如图 4-50 所示。

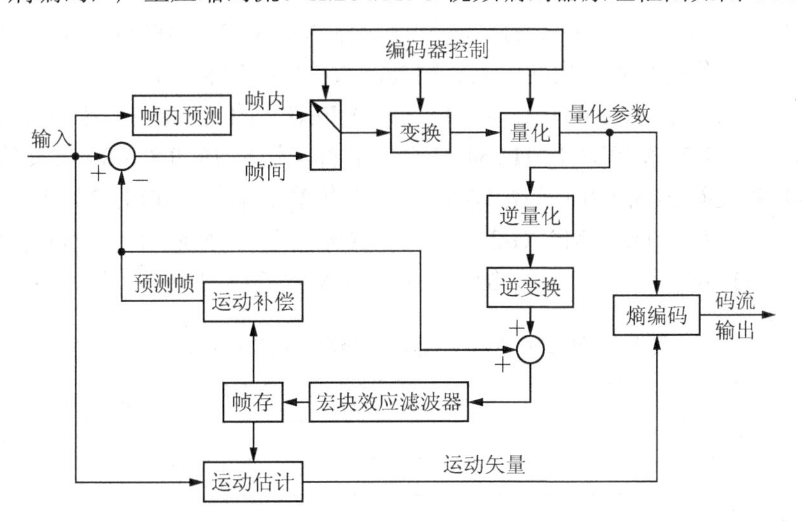

图 4-50　H. 264/AVC 的系统编码器原理框图

由图 4-50 可以看出，H.264/AVC 建立在 MPEG-4 技术基础之上，其编码和解码流程主要包括五部分，即帧内和帧间预测、变换和逆变换、量化和逆量化、环路滤波和熵编码。

6. H.264/AVC 标准与以往标准的区别

1) H.261、H.263、H.264/AVC 三者的性能比较

与 H.261、H.263 编码模式一样，H.264/AVC 也采用 DCT 变换编码加 DPCM 差分编码模式，即混合编码模式。同时，H.264/AVC 的混合编码框架下引入了新的编码方式(如 4×4 块的整数变换、UVLC 等)，提高了编码效率，更贴近实际应用。此外，在系统架构、网络适应性等方面也加以改进，主要体现在以下几个方面。

(1) 更好的运动估计方式。例如，高精度估计(采用 1/4 像素或 1/8 像素的运动估计)、多宏块划分模式估计(一个宏块可划分成 7 种不同模式的尺寸)、多参数帧估计等。

(2) 更精确的帧内预测。例如，每个 4×4 块中的每个像素都可用 17 个最接近先前已编码像素的不同加权和来进行帧内预测。

(3) 统一的 VLC。例如，对所有待编码的符号采用统一的变长编码。

(4) 更简洁的系统设计。例如，采用回归基本的简洁设计，没有烦琐的选项，可以获得比 H.263++更优越的压缩性能。

(5) 更强的容错能力。例如，提供网络友好的结构和语法，有利于对误码和丢包的处理，增强了对各种信道的适应能力。

(6) 更广泛的网络适应性。例如，面向 IP 和无线环境，可以满足不同速率、不同分辨率及不同传输场合的需求。

2) MPEG-2、MPEG-4 第 2 部分、H.264/AVC 三者的性能比较

与 MPEG-2、MPEG-4 第 2 部分相比，H.264/AVC 也有一些明显的特性。虽然 MPEG-4 已是针对 Internet 传送而设计的，能够提供比 MPEG-2 更高的视频压缩效率，更灵活、弹性变化的播放采样率，但 H.264/AVC 的功能更强，更能适应于视频会议、流媒体通信、IP 网络、无线网络等应用场合的需要。

(1) 更高的数据压缩比和更低的传输带宽。与 MPEG-2、MPEG-4 第 2 部分相比，H.264/AVC 的最大优势仍然体现在它具有很高的数据压缩比和良好的网络适应性。在同等流畅的图像质量条件下，H.264/AVC 的压缩比是 MPEG-2 的 2 倍以上，是 MPEG-4 的 1.5～2 倍。此外，MPEG-2、MPEG-4、H.264/AVC 三者都能达到 1920×1080（非交错）的高清晰度、24 帧/s（每秒更新 24 张画面）的影像画质，但在传输带宽上，MPEG-2 需要 12～20Mb/s，H.264/AVC 只要 7～8Mb/s（MPEG-2 带宽的 40%左右），MPEG-4 则是介于两者之间（MPEG-2 带宽的 60%左右）。表 4-6 给出了 H.264/AVC 在各种分辨率下所需的传输带宽。

表 4-6　H. 264/AVC 在各种分辨率下所需的传输带宽

视频分辨率	每秒画面更新数(帧/s)	播放流畅时所需带宽
176×144	10～24	50～60kb/s
640×480	24	1～2Mb/s
1280×720	24	5～6Mb/s
1920×1080	24	7～8Mb/s

在表 4-6 中，1920×1080 是最高标准的分辨率。如果将 H.264/AVC 用在手机上，在 176×144、24 帧/s 的情况下，H.264/AVC 只需要 50～60kb/s 的带宽。此时，利用现有的 GPRS 网络（提供数据速率 115.2kb/s），就足以进行在线视频播放。

(2) 数字视频播放环境和市场应用趋势。H.264/AVC 制定的目标之一是适应于网络环境下的视频播放，以突破 MPEG-2 必须在本地播放的局限。这一点与 MPEG-4 接近。一个典型的例子就是 H.264/AVC 在视频会议中的应用。事实上，除了能与 MPEG-4 一样可以实现流式传输——流媒体通信，并有所改进以外，H.264/AVC 标准的应用还有其他优点。例如，可将家庭播放、远程传送、移动终端播放等多种视频应用的格式标准尽可能统一，减少再次转换的麻烦，并且能适用于不同的网络环境。

此外，对于运营商和用户而言，与 MPEG-4 相比，H.264/AVC 在相关技术的授权机构、方式和费用等方面，也是一个新的选项，并且由于推出一些优惠的措施，从而得到许多主流运营商的支持。例如，H.264/AVC 的基本系统无须使用版权，具有开放的性质，能很好地适应 IP 网络和无线网络的使用，这对在 Internet 上传输多媒体信息，在移动网中传输宽带信息具有重要意义。因此，目前国际上几个主要的数字广播视频运营商都使用 H.264/AVC。同时，适用于全球移动通信系统（GSM）的第三代合作伙伴计划（3GPP）和适用于 CDMA2000 的 3GPP2 等移动终端多媒体格式制定组织，也支持 H.264/AVC。

H.264/AVC 标准使运动图像压缩技术上升到一个更高的阶段，在较低带宽上提供了高质量的图像传输。H.264/AVC 的推广应用对视频终端、网关、微控制单元（micro control unit，MCU）等系统的要求较高，将有力地推动视频会议软硬件设备在各个方面的不断完善。

近年来，H.264/AVC 在技术实现方面有着突飞猛进的进步，其优越的编码压缩效率使之

在许多环境中得到应用。其中，由于电信线路的带宽限制，在开展交互式网络电视(internet protocol television，IPTV)和手机电视时，无法采用 MPEG-2/H.263 编码标准，因此需要 H.264/AVC 这样的高效编码技术。世界各国计划在不远的将来停止模拟电视广播，全部采用数字电视广播，到时 HDTV 必然会得到迅猛发展，采用 H.264/AVC 可使传播费用降低为原来的 1/4。随着 H.264/AVC 编码效率的进一步提高，相关解码产品的成本必会进一步降低，在今后视频编码的各个应用领域，H.264/AVC 必将会成为视频的主流编码标准。

4.10.7　其他视频编码标准

除了上述 MPEG 系列和 H.26×系列的视频编码标准外，还有一些标准，如 AVS(audio video coding standard)和 WMT(windows mobile test)等。其中，AVS 是由我国自主制定的音/视频编码技术标准，以 H.264/AVC 框架为基础，强调自主知识产权，同时充分考虑了实现的复杂度，主要面向高清晰度电视、高密度光存储媒体等应用；WMT 则是 Microsoft 公司开发的数字媒体技术，以此技术为基础开发的 VC-9(video codec 9)视频压缩算法，之后改称为 VC-1。VC-1 以 MPEG-4 为基础，其视频压缩效率明显高于 MPEG-2、MPEG-4(SP)及 H.263，而与 H.264/AVC 相当。

习　题

4-1 用 YUV 和 YIQ 颜色模型来表示彩色图像的优点是什么？为什么黑白电视机可看彩色电视图像？

4-2 数字图像处理包括哪些内容？简述数字图像处理系统的组成模块和各模块的作用。

4-3 简述预测编码的基本思想，并说明它与变换编码的区别。

4-4 简要说明运动补偿的概念，并说明在预测编码器中使用这项技术的原因。

4-5 简述前向预测、后向预测的概念。

4-6 简述小波变换在图像压缩编码方法中的应用。

4-7 试述 JPEG 标准中的四种不同工作模式。

4-8 试述 JPEG2000 的主要特点，并说明它与 JPEG 的不同之处。

4-9 简要说明 H.263 与 H.261 的区别。

4-10 详细说明 MPEG-2、MPEG-4 标准中采用的压缩方法分别有哪些，并说明其各自的应用场合。

第 5 章　多媒体通信中的关键技术

5.1　多媒体通信中的关键问题

在多媒体通信中，不同的业务有不同的 QoS 要求，如比特率、传输延时与延时抖动、误码率等。此外，还有实时性、同步性及多点通信等需求。而网络故障、网络拥塞、网络瓶颈点和缓冲区容量等在一定程度上也会影响多媒体通信系统的性能。例如，实时音频和视频可在带宽足够宽的条件下正常工作，信息包的时延和抖动都非常小。但当遇到拥挤链路时，声音和图像的质量有可能下降到无法接受的程度。因此，多媒体通信应该解决包括提高网络带宽、减少时延、减少抖动、改善 QoS 等问题。

此外，多媒体通信在遵守通信基本原则的基础上，还需要考虑多媒体信息带来的新问题：多媒体框架结构、QoS、同步机制，以及多媒体信源模型和数据库管理等技术。

5.2　多媒体通信框架

随着多媒体技术的成熟，通信已从过去单纯的传送声音发展到文字、视频、图像等多种媒体信息，由此产生了多种典型的多媒体应用模式，如视频点播(VOD)、远程教学、计算机辅助协同、视频会议等，依托互联网的多媒体应用也越来越多。

此外，从用户、系统和网络的不同角度来看，多媒体通信系统的需求也各不相同。多媒体通信需要提供多种类型、不同 QoS 的通信服务。因此，对多媒体框架结构模型的研究也至关重要。

5.2.1　基于 QoS 的多媒体通信系统框架结构

多媒体通信系统的 QoS 不仅要考虑到通信网络的支持，而且要对端系统提出 QoS 的要求。基于 QoS 的多媒体通信系统框架分为应用层、应用支撑平台层、协调层、网络层和多媒体设备层，以及 QoS 控制与管理部分，其通信系统结构模型如图 5-1 所示。

1. 应用层

应用层的主要模块包括用户界面、应用构件和信息内容，其功能是完成用户提出的应用需求，包括多媒体会议、多媒体邮件、多媒体信息查询、VOD 播放、交互电视、文件传输等。

2. 应用支撑平台层

应用支撑平台层包含媒体代理和控制构件，不同的媒体(音频、视频、共享数据等)和不同的控制功能(会话控制、QoS 控制、安全控制等)都有特定的代理构件，可根据需求进行组合。该层采用主动服务和应用自适应相结合的方式来面向新应用，如果下面的多媒体网络提供可编程服务，则应用可以选择主动服务，否则只能采用自适应网络所提供的服务。此外，该层次还将应用的QoS请求抽象映射到可编程网络，将下层网络提供的服务抽象提交给应用层，从而使多媒体应用与底层使用何种网络进行传输无关。这样就给应用程序提供了一系列的透明性，即应用层对于位置、网络通信协议是透明的。此外，应用支撑平台层还应该提供多种分布式多媒体应用设计模型，以满足应用的多样性。

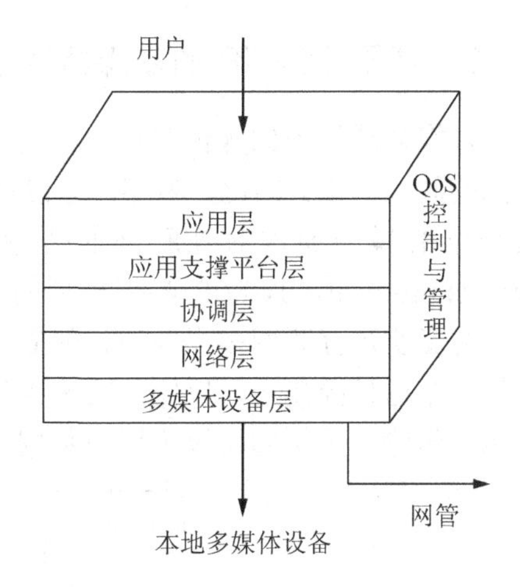

图 5-1　基于 QoS 的多媒体通信系统结构模型

3. 协调层

多媒体通信的复杂性主要源于连续媒体数据。在处理连续媒体数据时，不仅需要保持统一媒体内的时间连续性，而且常常需要维持不同媒体间的同步关系。协调层支持这种媒体间同步关系的实现，提供实时同步机制以控制时间定序和多媒体交互作用之间的准确定时。同时，协调层还需要提供对分布式多媒体应用所需的多方同步支持。

4. 网络层

网络层的功能是向网络层用户提供通信服务，该层并不关心传输数据所表示的内容。对于每个通信会话，端到端的通信特性由 QoS 参数决定。而这些参数由网络层用户传递给网络层，即从应用支撑平台层、协同层或者应用层传递而来。网络层提供了一系列网络服务接口以完成对网络的访问和服务。

5. 多媒体设备层

多媒体设备层提供了应用程序或应用支撑平台中可使用的函数和过程，从而控制多媒体设备。多媒体设备服务接口提供了控制这些设备的通用接口，以及控制由这些设备产生或接收的信息流接口。

6. QoS 控制与管理

QoS 允许用户指定所需要的 QoS 级别，在不同层的接口中，这个 QoS 级别的含义是不同的，各个层次所采用的 QoS 参数也不完全相同。用户 QoS 参数指明了用户希望听到/看到的 QoS(如电话质量的音频、电视质量的视频)。应用层 QoS 参数描述了应用服务的请求，以及可能为媒体质量或面向应用的端到端传输服务所能提供的等级说明(如端到端的延迟界限)，它们可以由用户 QoS 参数映射过来或直接来自于用户的 QoS 参数说明。系统层的 QoS 参数描述了应用层 QoS 定义的对通信服务和操作系统服务的请求。操作系统服务要求的资源(处理时间、辅助存储器、缓存区)被应用层和网络层任务用于解决与媒体有关的输入/输出及发送/接收等问题。

5.2.2　基于 TCP/IP 的多媒体通信模型

多媒体通信中的媒体数据除了具有实时性、等时性等基本特点外，还需要保证各种媒体间的同步关系。因此，多媒体通信对最大时延、延时抖动等 QoS 参数都有严格要求。下面介绍的模型通过对互联网的传输控制协议/互联协议(transmission control protocol/internet protocol，TCP/IP)参考模型的增强来提高多媒体通信的 QoS。

为了实现互联网多媒体通信的 QoS 保证，在 TCP/IP 参考模型的传输层和应用层之间增加一个通信控制层，以实现对多媒体通信的支持。通信控制层分为三个子层，如图 5-2 所示。传输层采用的协议为用户数据报协议(user data protocol，UDP)。

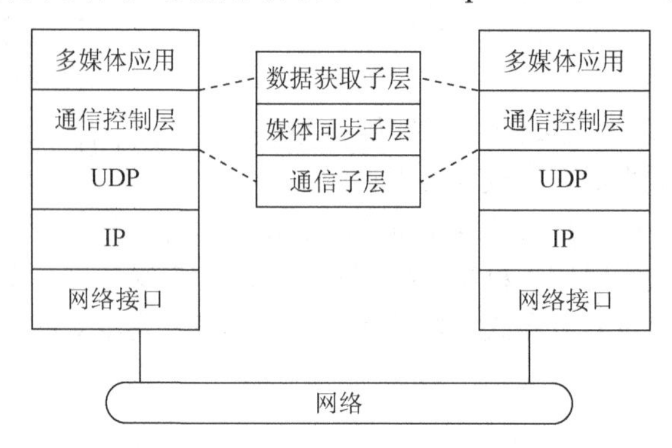

图 5-2　基于 TCP/IP 的多媒体通信系统结构模型

1. 数据获取子层

数据获取子层的功能包括以下两点。

(1) 从应用层获取各种媒体数据，并按照其获取时间排队，然后提交给媒体同步子层。

(2) 分解由媒体同步子层获取的多媒体数据，并根据同步信息，将不同的媒体信息提交给相应的媒体播放设备。

2. 媒体同步子层

媒体同步子层的功能包括如下三种。

(1) 将数据获取子层获得的各种媒体信息合成为多媒体信息，交给通信子层发送。

(2) 分解通信子层接收的信息包，提取相应的媒体信息和同步信息，然后提交给数据获取子层。

(3) 实现多媒体同步失调监测和强制同步。

3. 通信子层

完成多媒体信息的发送和接收。

5.2.3　异构环境下的多媒体通信模型

下一代网络(NGN)以软交换为核心，采用开放、标准体系结构，能够提供话音、视频、数据等多媒体综合业务，是未来网络发展的方向。

对未来网络的研究离不开当前网络的现状及技术条件。目前，由于多种接入技术并存，各标准之间的竞争愈演愈烈，因此很难在短时间内统一标准；同时，多种网络并存也能解决不同用户及不同业务的需求，如不同的用户业务速率和响应速度及质量需求等。而如何充分利用现有的网络资源，实现资源共享、协同工作、降低信息使用成本也成为业界备受关注的问题。

异构环境下的多媒体通信模型应融入到 NGN 整体框架的研究和发展中，NGN 是一个基于交换技术、分组方式、开放结构的融合网络。在 NGN 中，软交换起到业务控制节点的作用，并提供媒体网关间或与 IP 端点间的智能融合，从而实现异构环境下的多媒体通信和服务。

5.3　多媒体通信中的恒、变比特率传输

多媒体传输可分为恒比特率传输和变比特率传输两种方式。电路交换网络的信道性能、信息速率是恒定的，所以采用恒比特率传输，即多媒体信源按给定比特率提供码流；分组交换网络的信道特性是统计复用的，因而能够支持变比特率传输，即多媒体信源按给定目标比特率要求提供码流，码流速率可根据应用需求和信道条件发生变化，从而获得最优质量。

实际应用中，不同的应用经编码后所产生的比特率通常会有很大差异，如果不经过缓存器平滑和速率控制，码流必然是变速率的。如果信道允许理想的变比特率传输，则可以在编码过程中保持量化阶不变。当随着图像活动性变化而产生的变比特率码流直接进入信道时，由于没有经过缓存器的平滑，信噪比将会大大提高。

恒比特率和变比特率传输的比较。

(1) 速率控制方面：采用恒比特率传输时，为了适应恒定速率信道的要求，在编码器中必须进行速率控制，而速率控制往往是以牺牲多媒体数据的质量为代价的；采用变比特率传输时，编码器则不必进行非常严格的速率控制，速率控制的代价也比恒比特率传输时要小。

(2) 比特率的分配方面：在相同多媒体数据质量的情况下，采用恒比特率传输产生的平均速率约为采用变比特率传输时的 50%。

5.3.1　恒比特率传输

由于编码器所产生的数据流速率是变化的，当多媒体信息按恒比特率传输时，为了适应恒定速率信道的要求，在编码器和信道之间需要设置一个缓存器。当数据流的速率高于信道的传输速率时，缓存器会越来越满；当数据流的速率低于信道速率时，缓存器会越来越空。为了防止缓存器溢出或变空，需要对编码压缩数据流的速率进行控制，如通过改变量化器量化阶的大小方式来解决。如果量化阶加大，则码率下降，数据质量也会因此下降。速率控制问题就是在尽可能地保证数据质量稳定的条件下，使压缩码流的速率适应恒定信道速率的要求。常用的恒定比特率控制方案主要有以下三种。

1. SM3 速率控制

SM3 (simulation model 3) 为压缩编码标准 MPEG-1 的仿真模型，它提供了一种简单的速率控制方法，包括目标比特分配和码率调整两个过程。

(1) 目标比特分配：根据多媒体数据编码所产生的码流平均速率应该与信道速率相匹配的原则，为每帧数据预先规定编码的比特数。

(2) 码率调整：在每一帧的编码过程中，通过调整量化阶的大小，使该帧编码实际产生的比特数接近其预分配值。在每一帧中，帧目标比特数平均地分配给该帧中的所有各块。然后，根据缓存器的充满程度来改变当前量化阶的大小。当缓存器数据增多时，即实际编码比特数超过预定值时，增大量化阶，从而使码率下降。

通过以上两个步骤，可以基本达到使编码器输出码流与信道速率相匹配的目的。

2. TM5 速率控制

TM5 (test model 5) 为压缩编码标准 MPEG-2 测试模型，如图 5-3 所示。其原理是根据虚拟缓冲区饱和度情况调节量化因子，尽量降低目标分配比特数和实际使用比特数之间的偏差，从而达到控制码率的目的。TM5 码率控制过程可分为如下三个步骤。

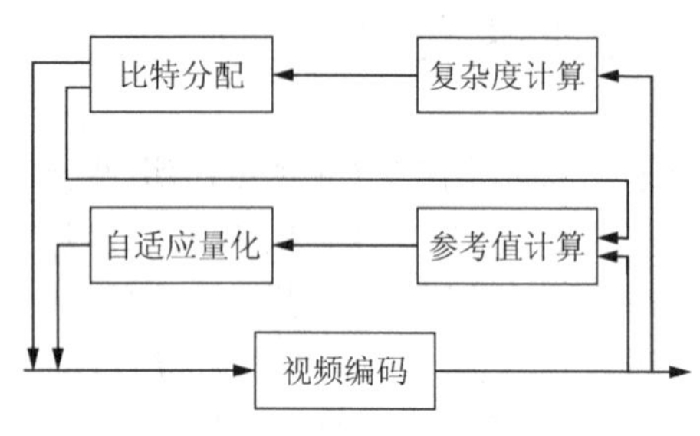

图 5-3　TM5 速率控制图

(1) 目标比特分配：在编码前，根据预测的图像复杂度，为不同编码类型帧分配一个目标比特数。

(2) 码率控制：根据当前帧目标比特数和虚拟缓冲区饱和程度，计算每个宏块量化参数的参考值。

(3) 自适应量化：根据当前宏块的空间活动性，调节量化参考值，直至得到最终的量化阶。

在 TM5 中，图像复杂度是根据前一个相同编码类型帧预测得到的，一旦序列中发生场景切换，则两帧之间的相关性就会降低，复杂度将偏离实际情况，导致目标比特数分配不合理，最终引起图像质量恶化。场景切换后，由于前一帧平均活动性不能准确反映当前帧活动性状况，使得码率控制过程的第 3 步失效，造成图像质量不稳定。TM5 为 3 种类型编码帧分别设立了虚拟缓冲区，在场景变化较小或图像复杂度较小，且编码时间较短时，TM5 能够基本保证缓冲区的约束要求和图像质量的相对稳定，但当图像复杂度变化较大，且编码时间较长时，由于不同的缓冲区之间控制不同步，就有可能导致缓冲区溢出。

3. 基于 DCT 域复杂度计算的速率控制

视频压缩码流 MPEG-2 由量化后的 DCT 系数和运动信息编码后复合形成。通常，DCT 系数编码比特数占整个码流的绝大部分，因而用 DCT 域信息反映编码复杂度是非常合理的。基于 DCT 域复杂度计算的速率控制方法的控制流程如图 5-4 所示。

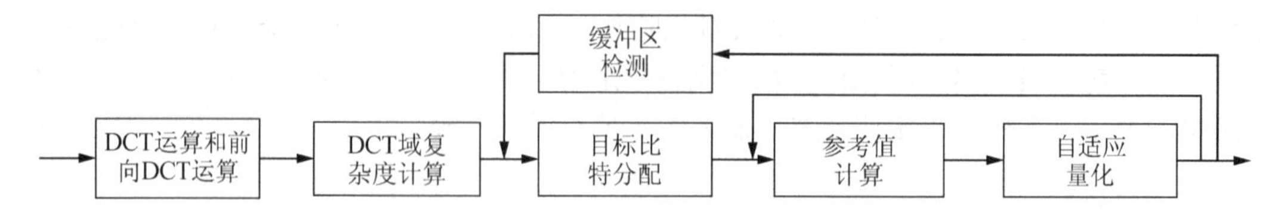

图 5-4　基于 DCT 域复杂度的速率控制框图

(1) 帧复杂度计算和目标比特数分配：首先计算帧复杂度，再根据帧复杂度和编码类型(I、P、B)分配不同的目标比特数。

(2)根据虚拟缓冲区饱和度及所分配目标比特数计算量化参数的参考值：与 TM5 不同的是，虚拟缓冲区不再按编码帧类型设置，而是使用同一个虚拟缓冲区，从而保证了虚拟缓冲区的一致性。

(3)自适应量化：根据宏块复杂度调节量化阶的大小。

(4)更新：在完成一帧编码后，更新虚拟缓冲区状态及填充比特。

5.3.2　变比特率传输

由于分组交换网络在多媒体通信方面表现出极强的竞争力，使得变比特率传输得到了越来越广泛的应用。

为了支持变比特率传输业务，网络需要一种反馈机制以通知信源端可以发送的数据量，即网络状态由资源管理(resource management，RM)分组带回给源节点，源节点根据反馈信息得知网络的状态，从而相应地增大或减少发送速率，防止网络发生拥塞，保证网络正常运行和各用户的 QoS。目前两种主要的控制方法为基于速率的流量控制和基于凭证的流量控制。这两种控制方法都为闭环控制，其工作原理是通过反馈网络中的拥塞状况动态地调整发送速率，以提高剩余带宽的利用率并及时消除网络拥塞。

漏桶法是比较常用的基于速率的流控方法。使用该方法时，发送方将数据输入到桶中，随后在网络上按一定速率发送数据，直到数据逐渐排出桶底。数据实际进入网络的速率由位于桶底的调节器控制。

令牌桶法是比较常用的基于凭证的流控方法。在这种方法中，漏桶中装的不是数据，而是令牌。每隔一个固定的时间间隔就有一个令牌产生并装入漏桶，每个数据包必须取走一个令牌才能进入网络。若主机在某段时间内空闲(不产生数据)，桶中的令牌就会增多。当令牌数超过桶的容积时，多余的令牌将被丢弃；若主机在某段时间内产生突发性数据，这些数据将会消耗集存在桶中的令牌，但连续发送的数据包的个数不会超过桶的容积。漏桶法是将输出流的速率严格控制在平均速率中，令牌桶法则允许输出流有一定的突发性，突发长度由令牌桶的大小确定。

因此，如何将基于速率的流量控制和基于凭证的流量控制结合起来将显得十分重要。

5.4　服 务 质 量

随着高速网络技术和多媒体技术的飞速发展，人们越来越多地提出了包括多媒体通信在内的综合服务要求。在高速网络中按照用户的要求提供 QoS 控制已成为普遍的要求，多媒体信息传输与管理中的 QoS 控制技术是下一代网络的核心技术之一。

多媒体通信的 QoS 是多媒体通信能够大规模发展和应用的前提，多媒体通信的 QoS 问题面临很多新的挑战，如连续媒体的同步问题、端到端的 QoS 问题、QoS 的层次化自适应问题等。

5.4.1　QoS 概述

QoS 具有多种等价或互补的定义形式。

互联网通信协议文档(request for comments，RFC)2386 中描述为 QoS 是网络在传输数据流时要求满足的一系列服务请求，具体可以量化为带宽、延迟、延迟抖动、丢失率、吞吐量等性能指标。此处的服务是指数据包(流)经过若干网络节点所接受的传输服务。QoS 反映了网络元素(应用程序、主机或路由器)在保证信息传输和满足服务要求方面的能力。

另一种描述为 QoS 是指发送和接收信息的用户之间，以及用户与传输信息的综合服务网络之间关于信息传输的质量约定，包括用户的要求和网络服务提供者的行为两个方面，是用户与服务提供者两方面主客观标准的统一。其中，用户要求是指用户在网络上进行多媒体通信时所要求的服务类型及相应的传输性能和质量等。网络服务提供者的行为则指在网络中针对某一类服务所能提供和达到的性能与质量。

QoS 控制的目标是为互联网应用提供服务区分和性能保证。服务区分是指根据不同应用的需求为用户提供不同的服务；性能保证则要解决诸如带宽、丢失、延迟、延迟抖动等性能指标的保证问题。

为了适应不同的应用对 QoS 的不同需求，系统需提供多种不同的 QoS 服务，主要分为三类。

1. 确定型 QoS

确保 QoS 要求，不允许对 QoS 要求有任何违背，否则可能会造成严重后果。这类服务一般用于强实时、高可靠性应用。例如，在远程医疗系统中，X 光照片数据必须采用实时无差错的传输。互联网综合服务中的保证服务和区分服务中的快速转发服务均属于确定性的 QoS。

2. 统计型 QoS

允许对 QoS 要求有一定的违背，适合于准实时应用。例如，对于网络化多媒体信息点播服务中的影片点播来说，用户通常可以容忍一定数量误比特帧的丢失。

3. 尽力而为型 QoS

不提供任何 QoS 保证，网络性能随着负载的增加而明显下降。由于带宽的限制，广域网中的网络化多媒体服务大多属于这类服务。

不同的多媒体应用具有不同的 QoS 描述方法，包括定量(如吞吐量、容错率、传输延时和延迟抖动等)和定性描述(如服务等级等)。另外，可以从不同层次描述 QoS，如基于应用层的帧率和同步质量，基于传输层的流内和流间同步容限，基于网络层的比特率、差错率和延迟等。下面介绍一种较为典型的 QoS 参数集定义：

QoS＝{吞吐量，容错率，传输延时，延迟抖动}

吞吐量：指有效的网络带宽，定义为物理链路的传输速率减去各种传输开销，如物理传输开销及网络冲突、瓶颈、拥塞和差错等开销，反映了网络的最大极限容量。网络的吞吐量是随时间变化而变化的，影响吞吐量的因素主要有网络故障、网络拥塞、瓶颈、缓冲区容量和流量控制等。

容错率：反映了网络传输的可靠性，共有三种定义。位差错率，定义为出错的位数与所传输的位数之比；帧差错率，定义为出错的帧数与所传输的总帧数之比；分组差错率，定义为出错的分组数与所传输的总分组数之比。

传输延时：定义为信源发送出第 1 个比特信号到信宿接收到第 1 个比特信号之间的时间差，其中包括信号传播延时和处理延时。另一个常用的表示延时的参数是端到端延时，即一组数据在信源终端上准备好发送的时刻到信宿收到这组数据的时刻之间的时间差，包括网络接收这组数据的时延、传送这组数据的时间和网络传输延时三部分。

延迟抖动：指在一条连接上分组延迟的最大变化量，即端到端延迟的最大值与最小值之差。抖动产生的原因可能是介质访问时间的变化、流量控制的等待时间和存储转发机制中的排队时间等。理想情况下端到端延迟是一个恒定值(零抖动)，但由于网络故障、传输错误及网络拥塞等原因，延迟抖动总是不能避免的。具体应用中，在接收端设置足够的缓冲区容量可以缓和延迟抖动的问题。

表 5-1 所示为 QoS 参数举例。

表 5-1　QoS 参数举例

多媒体对象	最大延迟 /ms	最大延迟抖动 /ms	平均吞吐量 /(Mb/s)	容错率
语音	0.25	10	0.064	$<10^{-1}$
视频	0.25	10	100	$<10^{-2}$
压缩视频	0.25	1	2～10	$<10^{-6}$

5.4.2　QoS 控制和管理

为了实现 QoS 的控制和管理，首先必须明确在设计 QoS 控制和管理机制时应遵循的基本原则，其次要对 QoS 进行准确而细致的描述，然后针对端到端 QoS 的控制过程制定出相应的 QoS 控制和管理机制，最后还要明确综合服务网络系统在不同层次的 QoS 实现是不同的。

1. QoS 设计的基本原则

将 QoS 控制过程引入网络系统必须考虑以下五个基本原则。

1)集成原则

该原则阐述了为了满足用户的端到端 QoS 控制要求，在所有的层次系统上 QoS 都必须是可配置、可预测和可维护的。当多媒体信息流从源媒体设备产生，向下经过协议栈，并穿过网络，再向上经过接收端协议栈进入媒体播放设备时，所穿越的系统各个层次的资源模块(如 CPU、内存和网络等)都必须提供 QoS 的可配置性(基于 QoS 描述)、资源担保(由 QoS 控制机制提供)，以及流的 QoS 维护(由 QoS 的管理机制实现)。

2)分离原则

该原则阐述了媒体的传输、控制和管理是系统的不同功能行为。这个任务的分离一方面是需要区分控制信令和媒体数据的传输，另一方面是由于两者所要求的服务不同造成的。媒体数据流通常要求高带宽、低延迟、低抖动并容许一定丢失率的服务，而控制信令的传输通常要求低带宽、无抖动限制和高可靠性的服务。

3) 透明原则

该原则阐述了应用必须被屏蔽在底层复杂的 QoS 控制和管理机制之外。透明性的一个重要方面是用户期望得到的 QoS 能够通过一个基于 QoS 的应用程序接口(application programming interface，API)来描述。透明性的优点表现在三个方面：①可以将 QoS 功能与多媒体应用设计相分离，从而简化应用设计并增强可移植性；②可以向应用层屏蔽底层网络的服务细节；③可以将复杂的 QoS 控制和管理任务交给底层的网络实现。

4) 异步资源管理原则

由于在分布式通信环境中不同行为(如调度、流控、路由和 QoS 管理等)的产生在时间上是不同的，因此对综合服务网络系统资源的管理是异步的。为了协调这些异步管理的资源，从而为用户应用提供一致的端到端 QoS 控制，必须在这些资源之间周期性地交换控制信息。

5) 性能原则

该原则阐述了 QoS 控制和管理机制的设计必须以提高网络系统的性能为目的。综合服务网络既要能担保多媒体应用的 QoS，又要能灵活机动地支持不同的用户应用，从而使网络利用率得到较大的提高。

2. QoS 的控制和管理机制

QoS 的控制和管理机制是由用户的 QoS 描述、资源能力及资源管理策略所驱动的，也称为 QoS 保障机制。

完整的 QoS 保障机制应包括 QoS 规范和 QoS 机制两大部分。QoS 规范表明应用所需要的 QoS，而如何在运行过程中达到所需要的质量，则由 QoS 机制来完成。QoS 机制根据用户提出的 QoS 规范，对可利用的资源进行配置和管理。

QoS 机制可以分为静态和动态两大类，静态资源管理负责处理流建立和端到端 QoS 再协商过程，即 QoS 提供机制；动态资源管理负责处理媒体传递过程，即 QoS 控制和管理机制。

1) QoS 提供机制

QoS 提供机制包括四个方面的内容。

(1) QoS 映射。QoS 映射完成不同级(如操作系统、传输层和网络)的 QoS 表示之间的自动切换，即通过映射各层都将获得适合于本层使用的 QoS 参数。例如，将应用层的帧率映射成网络层的比特率，供协商和再协商之用，以便各层次进行相应的配置和管理。

(2) QoS 协商。用户在使用服务之前应将其特定的 QoS 要求通知系统，进行必要的协商，以便就用户可接受、系统可支持的 QoS 参数值达成一致，使这些达成一致的 QoS 参数值成为用户和系统共同遵守的合同。用户和系统之间的协商包括双边对等协商、双边层间协商，以及三边层间协商等类型。

① 双边对等协商是在呼叫方和被呼叫方之间进行，不允许服务提供者修改由服务用户提出的建议值。

② 双边层间协商在服务用户和服务提供者之间进行。

③ 三边协商在两个服务用户(呼叫方和被呼叫方)及服务提供者之间进行，三边协商可以看作是双边对等协商和双边层间协商的合成。

(3) 接纳控制。接纳控制首先判断能否获得所需的资源，这些资源主要包括端系统及沿途各节点上的处理时间、缓冲空间和链路的带宽等。若判断成功，则为用户请求预约所需的资源。如果系统不能按用户所申请的 QoS 接纳用户请求，则用户可以通过再协商选择较低的 QoS。

(4) 资源预留与分配。按照用户 QoS 规范安排合适的端系统、预留和分配网络资源，然后根据 QoS 映射，在每一个经过的资源模块(如 CPU、存储器和交换机等)进行控制，分配端到端的资源。

2) QoS 控制机制

QoS 控制机制是指在业务流传送过程中的实时控制机制，主要包括以下五个方面的内容。

(1) 流调度。调度机制是向用户提供并维持所需 QoS 水平的一种基本手段，流调度是在终端及网络节点上传送数据的策略。

① 最早最后期限优先(earliest deadline first，EDF)算法。在该算法中，调度器从已就绪但还没有完全处理完毕的任务中选择最后期限最早的任务，即首先传送时间要求最紧迫的数据，并分配资源。延迟 EDD(Delay Earliest Due date，EDD)算法为排队策略的一种，EDF 算法可扩充为延迟 EDD 算法或抖动 EDD 算法。使用延迟 EDD 算法时，服务提供者根据合同将分组的最后期限设置为应该发送该分组的时间，该时间实际上就是该分组的预计到达时间与交换机延迟界限两者之和。通过预约峰值速率带宽，延迟 EDD 可以确保每条连接的延迟界限。采用抖动 EDD 算法时，在为某个分组提供服务之后，交换机就为该分组打上一个戳，该戳用来指示该分组的最后期限和实际结束时间之差。由此可提供最小和最大延迟保证，从而有效地控制延迟抖动。

② 加权公平排队(weighted fair queuing，WFQ)算法。假设 N 个流汇合进入一条干线，则每个流应分享 $1/N$ 的总带宽。当某个流实际使用的带宽小于分配值时，其他流则可均分其剩余带宽。这种公平队列准则通过在流之间进行按比特的轮巡(bit-by-bit round robin，BR)来实现，即在 N 个队列中，依次传送每个队列中的一个比特。如果该队列中无待传送的数据，则服务下一个队列。当每个流需要有不同的优先级时，则可给流分配不同的权值，在每次轮巡中传送与权值对应的比特数，即可构成加权公平队列。

(2) 流成形。按照用户对业务流性能的要求，如确定的吞吐量(如峰值速率)，或与吞吐量有关的统计值(如平均速率、突发概率等)，在业务源与网络接口处对业务量进行平滑、或整形，使进入网络的业务量变化较为规则，这个过程称为流成形(flow shaping)。流成形的目的是在进行端到端的资源预留和进行流调度时，使得流量规则的业务流比较容易处理。典型的流成形方法主要有漏桶法(leaky bucket)和令牌桶法(token bucket)。

(3) 流监管。流监管(flow policing)是指对用户(数据源)在通信过程中是否遵守它与网络在通信建立时商定的 QoS 规范的监测。例如，在 ATM 网络中，当监测结果显示信源违反了约定时，则将该信源的一部分信元丢弃，或加上标记(将信元头的优先级比特设置为低)，等到网络拥塞时再给予丢弃。

(4) 流量控制。多媒体数据，特别是连续媒体数据的生成、传送与播放等都具有较为严格的连续性、实时性和等时性。因此，信源应以目的地播放媒体量的速率发送数据，即使发收双方的速率不能完全吻合，也应该相差甚微。为了提供 QoS 保证，有效地克服抖动现象的发生，维持播放的连续性、实时性与等时性，通常采用流控机制。由此可以建立连续媒体数据流与速率受控传送之间的自然对应关系，使发送方的通信量平稳地进入网络，以便与接收方的处理能力相匹配。

(5) 媒体流同步。在多媒体数据传输过程中，QoS 控制机制需要保证媒体流之间和媒体流内部的同步。

3) QoS 管理机制

QoS 管理机制与 QoS 控制机制类似，不同之处在于 QoS 控制机制一般是实时的，QoS 管理机制则是在一个较长的时间段内进行的。当用户和系统就 QoS 达成一致后，用户就开始使用多媒体应用。在使用过程中，需要对 QoS 进行适当的监控和维护，以便确保用户维持 QoS 水平。QoS 维护可通过 QoS 适配和再协商机制实现，如由于网络负载增加等原因造成 QoS 恶化，则 QoS 管理机制可以通过适当地调整端系统和网络中间节点的 CPU 处理能力、网络带宽、缓冲区等资源的分配与调度算法进行精细调节，从而尽可能恢复 QoS，称为 QoS 适配。如果通过 QoS 适配依然无法恢复 QoS，QoS 管理机制则将有关 QoS 降级的实际情况通知用户，此刻用户可以重新与系统协商 QoS，并根据当前的实际情况就 QoS 达成新的共识，即为 QoS 再协商。

此外，可以通过 QoS 过滤以降低 QoS 要求。QoS 过滤可以在收、发终端进行，也可以在数据流通过时实施。

QoS 过滤不仅可以动态改变 QoS，而且可以解决异构的点对多点通信问题。这里的异构是指发送端到各个接收端之间的 QoS 要求不同，其可能是由于各个接收端的处理能力不同或是由于源端到每个接收者所使用的通信线路不同造成的。

5.4.3　差错控制

多媒体数据在网络上传送时，由于噪声的干扰或网络带宽、缓冲区拥挤，有可能会出现误码或分组丢失。因此为了保证多媒体数据传输的 QoS，必须进行差错控制。早期的多媒体通信系统中，多媒体数据在信宿端的正确提交通常包含两个方面的含义：值域的正确性和时间域的正确性，两者之间通常需要进行适当的权衡。此外，传统通信服务中的差错控制机制通常只是在较低层(如数据链路层、网络层)对数据的畸变、丢失、重复、错序等进行检测、指示与恢复，往往忽略了对差错控制策略与行为做出决策的高层(如应用层)差错控制性能的定义。因此，多媒体系统不能简单地照搬传统数据通信服务中的差错控制机制，不仅需要增加高层的面向应用的差错控制手段，而且还应该提供可配置能力，允许端用户对差错检测、差错指示和差错纠正进行适当的组合，以便得出最适合于应用需求的差错控制策略。例如，对于某些应用来说，即使不提供任何差错控制机制，其 QoS 用户也可能接受，如低收费尽全力型网络播放等。但是，对于如远程医疗诊断中的实时差错敏感型数据的发送，就需要提供支持高可靠性、实时性与等时性的差错控制机制。

近年来，连续媒体及其压缩技术的引入为多媒体通信系统中的差错控制机制提出了新的挑战。例如，在采用预测编码的视频数据中，某些参数即使出现了差错也影响不大，这是因为其持续时间很短，人眼很难察觉到。但是，如果帧边界被破坏了，则差错无法恢复。因此，系统应该保护数据流中的结构信息。这就需要对现有的差错检测机制(如检测和、数据单元定序)进行必要的扩充，以便携带必要的结构信息。

预防型差错纠正模式，如前向纠错(forward error correction，FEC)和优先级信道编码模式，比较适合于多媒体通信，特别是连续媒体通信。采用 FEC 模式时，发送方可以在原始数据流中增加必要的冗余信息，如对关键帧进行复制，以便接收方在检测到差错时可以立即通过冗余信息进行恢复，这对于端到端延迟保证的实现非常有利。然而，增加的冗余信息会相应地提高对系统吞吐量的需求。因此，系统需要知道发送方与接收方之间的连接出错概率及应用所需的可靠性，以便合理地确定所需的信息冗余量，降低对网络带宽的需求。此外，FEC 不能保证丢失的数据中一定能恢复过来(如果丢失的数据恰好没有进行过复制或者源及副本一同丢失，就会出现这种情况)，因此应该对冗余信息的安排进行优化，尽可能地对关键信息进行复制，甚至适当提高其冗余度，从而提高系统的容错能力。而传统的超时重传机制(包括返回 N 重传和选择 N 重传)根本不适应连续媒体通信实时性和等时性的要求，因为连续媒体播放不能容忍由于超时重传带来的高延迟。在多媒体通信系统中，迟到的视频帧和音频帧通常只能被丢掉，其效果等同于帧丢失。

在优先级信道编码方法中，系统将媒体分成多个优先级不同的数据流，对于重建原始数据流相对而言比较重要的媒体赋予较高优先级，其他媒体则赋予相对较低的优先级。在拥塞发生时系统首先丢掉低优先级的包。

5.5 同 步 技 术

5.5.1 多媒体数据与同步

同步性指在多媒体通信终端上显现的图像、声音和文本均以同步方式工作。例如，在视频会议系统中的声音和图像必须严格同步，包括唇音同步等，否则传送的声音和图像将失去意义。

在多媒体通信系统中，各种信息源通过不同的传输途径传送到终端，终端用户接收到的要求是完全同步的多媒体信息。但对于资源受限的通信系统来说，实现严格意义上的同步是非常复杂和困难的。例如，在多媒体通信中，为了获得真实临场感，要求通信网络对语言和图像的传输时延必须小于 0.25s，静止图像要小于 1s 等。

多媒体同步主要受以下六个因素的影响。

1. 延时抖动

造成延时抖动的因素很多，如从数据库中提取多媒体数据时，由于存储位置不同的磁头寻道时间的差异，数据块经历的提取延时有所不同；由于 CPU、存储单元等资源的不足，在终端可能会导致对不同数据块所用的处理时间不等；在网络传输方面也存在许多因素使信源到信宿的传输延时出现抖动。延时抖动将破坏媒体内部和媒体之间的同步，如图 5-5 所示。

2. 时钟偏差

在全局时钟的情况下，由于温度、湿度或其他因素的影响，分布式多媒体通信系统中信源和信宿的本地时钟频率可能存在着偏差。长时间的收、发时钟的漂移会使同步出现问题。多媒体数据的播放由信宿端的本地时钟驱动，如果信宿时钟频率高于信源的本地时钟频率，经过一段时间后，则有可能在接收端产生数据不足的现象，从而破坏了媒体播放的连续性；反之，则有可能造成接收端缓存器的溢出，引起数据的丢失。

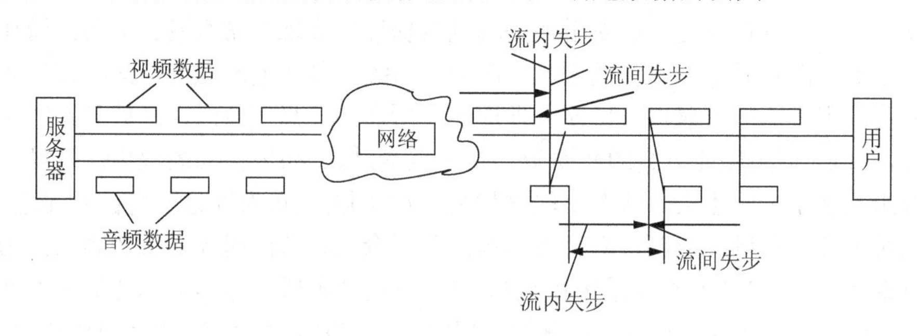

图 5-5　传输时延抖动对多媒体同步的破坏

3. 不同的采集起始时间或不同的延时时间

在多个信源的情况下，信源必须同时开始采集和传输信息。例如，当一个信源采集图像信号，而另一个采集相关联的伴音信号时，如果两者采集的起始时间不同，则接收端同时播放这两个信源送来的媒体单元必然会出现不同步的问题。两个信源到信宿的传输延时不等，或者打包/拆包、缓存等时间的不同，也会引起同样的问题。

4. 不同的播放起始时间

在多个信宿的情况下，各信宿的播放起始时间应该相同。在某些应用中，公平性是很重要的。如果用户播放的起始时间不同，获得信息早的用户能较早地对该信息做出响应，这对其他用户是不公平的。

5. 数据丢失

传输过程中的数据丢失相当于该数据单元没有按时间到达播放器，显然会破坏同步。

6. 网络传输条件的变换

在一些重要的网络上，如 IP 网、ATM 网等，网络的平均延时、数据的丢失率均与网络的负载有关。因此，在通信起始时已同步的数据流，经过一段时间后有可能因网络条件的变换而失去同步。

5.5.2　约束关系

多媒体数据所包含的各种媒体对象并不是相互独立的，它们之间存在着多种相互制约的关系。多媒体数据内部所固有的约束关系可概括为时域约束关系、空域约束关系和基于内容的约束关系。

1. 时域约束关系

时域约束关系(或称时域特征)反映媒体对象在时间上的相对依赖关系，主要表现在以下两个方面：

(1) 对象内同步：时间媒体对象的各个时间序列之间的相对时间关系。

(2) 对象间同步：各媒体对象之间的相对时间关系。例如，唇音同步中声音和图像的同步。

媒体对象之间的时域约束关系按照确立这种关系的时间来区分，可以分为实时同步和合成同步两种。实时同步是指在信息获取过程中建立的同步关系，如唇音同步等。合成同步是指在分别获取不同的信息之后，再人为指定的同步关系。合成同步可以事先定义，也可以在系统运行中定义。例如，在导游系统中，根据用户即时输入的要求，系统自动地产生对某条旅游线路的解说，配合介绍该条路线的录像也同时播放。解说和录像之间的时间约束关系就是在运行过程中指定并执行的。

2. 空域约束关系

空域约束关系又称为布局关系，用来定义某一时刻不同媒体对象的空间位置关系。例如，在桌面出版系统中，空域关系通常表达为布局框架。布局框架生成后，就可以往该框架中填入相应的内容。布局框架在文档中的位置既可固定于文档的某一点，也可固定于文档的某一页，并且可相对于其他布局框架来说明位置。

框架概念也可用于指定放置时间相关的媒体对象的表现单元。例如，在视频会议系统中，给会议参加人员一种座位次序感，让用户有一种自然交流的感觉，更容易地进行讨论，并增加用户的认同感。

3. 基于内容的约束关系

基于内容的约束关系指在用不同的媒体对象代表同一内容的不同表现形式之间所具有的约束关系。内容关系定义了媒体对象间的依赖关系，如对于同样的数据进行分析，可以用不同的形式表现出来，如报表、柱状图和饼图等，即同样的数据以不同的方式表达。为了支持这种约束关系，在多媒体数据的更新过程中必须确保不同媒体对象所含信息的一致性。

上述三种约束关系中，时域约束是最重要的一种。当时域约束关系遭到破坏时，用户很可能遗漏或者误解多媒体数据所要表达的信息内容。例如，在观看某场体育比赛的现场直播时，电视画面的暂时中断或是不连贯，会妨碍观众对比赛过程的准确了解，而这种画面的中断或不连贯就是时域约束关系遭到破坏的具体表现。由此可得，时域约束关系是多媒体数据语义的一个重要组成部分，它一旦遭到破坏必将破坏多媒体数据语义的完整性。

5.5.3　多媒体数据的构成

多媒体数据所包含的各种媒体对象并不是相互独立的，它们之间存在着很多相互制约的关系，即同步关系。如图5-6所示，多媒体数据除包括其基本组成元素，如文本、图形、图像、声音、动画和视频图像等，还包括描述同步关系的同步描述数据和描述允许偏差范围的同步容限。多媒体同步技术可以理解为在时间、空间和内容上对多媒体对象的协调、规划和展示技术，此过程将体现在处理多媒体数据的全过程(包括采集、表示、传输、播放等)中。

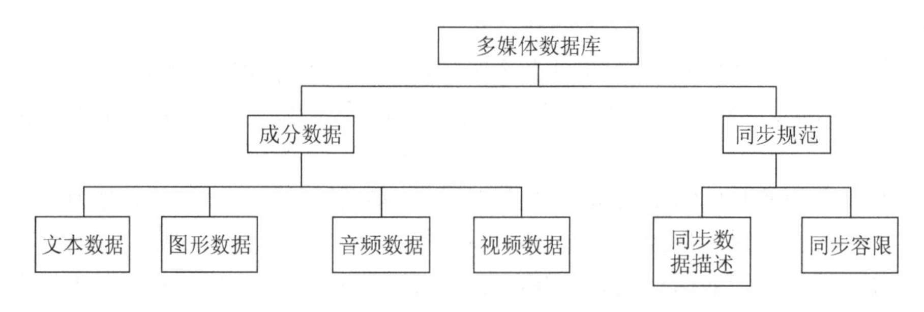

图 5-6　多媒体数据的构成

多媒体数据同步所研究的主要问题如下。

(1) 如何描述多媒体数据的时域特征。

(2) 在处理多媒体数据的过程中(如采集、传输、播放等)，如何维护时域特征，即如何建立和维护多媒体数据的同步机制。

1. 多媒体数据的时域特征表示

在表示时域特征的过程中需要对多媒体数据的时域特征进行抽象、描述并给出相应的同步容限。抽象是指忽略与时域特征不相干的细节，如数据量、压缩及编码方式等，将多媒体数据概括为一个时域场景的过程。通常一个时域场景由若干时域事件构成，每一个时域事件都是与多媒体数据在时域中发生的某个行为(如开始播放、暂停、恢复及终止播放等)相对应的。时域事件可以是瞬时完成的，也可以是持续一段时间的。如果一个时域事件在场景中的位置是完全确定的，称该事件为确定性时域事件，否则就是非确定性时域事件。

将一个多媒体对象抽象为一个时域场景之后，需要采用某种时间模型对场景加以描述。常用的时间模型是一种数据模型，由若干基本部件及这些部件的使用规则构成。它是计算机系统内部为时域场景建模的依据。建模的结果通过某种形式化语言转换为形式化描述，这种形式化描述就是同步描述数据。

此外，为了使同步机制能够了解多媒体对象的时域特征，除了同步描述数据之外，还需要对同步机制提出必要的 QoS 要求。这种要求是指用户和同步机制之间为维持时域特征而达成的某种约定，即同步容限。

同步描述数据和同步容限构成了计算机系统对多媒体数据时域特征的表示，这个过程如图 5-7 所示。

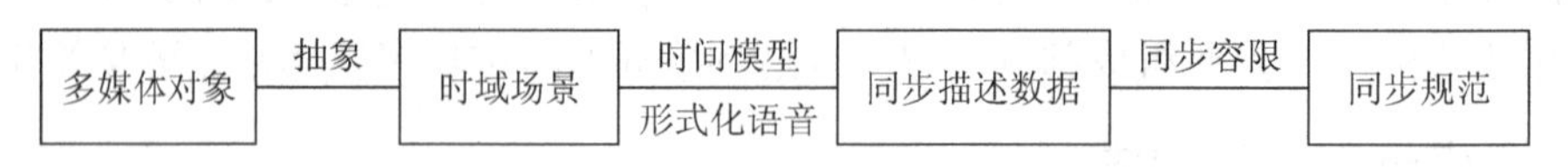

图 5-7　多媒体对象时域特征的表示过程

在对同一时域场景进行描述的过程中，如果采用的时间模型不同，将得到不完全相同的同步描述数据。

时域参考框架是研究多媒体同步的基础，整个框架由多媒体场景、时域定义方案和同步机制三部分组成，如图 5-8 所示。

多媒体场景是对多媒体数据时、空等方面特征抽象的结果，而时域场景又是多媒体场景的重要组成部分，是时域定义方案处理的对象。

时域定义方案是指计算机内部为时域场景建模，并对建模结果进行形式化描述的方法，由时间模型和形式语言两部分组成。时间模型又由基本时间单位、关联信息和时间表示技术三部分构成。通过时域定义方案将时域场景转化为同步描述数据，同步描述数据是同步机制处理的对象。

同步机制是一个服务过程，这个过程可以掌握同步描述数据所定义的时域特征，并根据用户所需求的同步容限，完成对时域特征的维护。

三者之间的关系如图 5-9 所示。

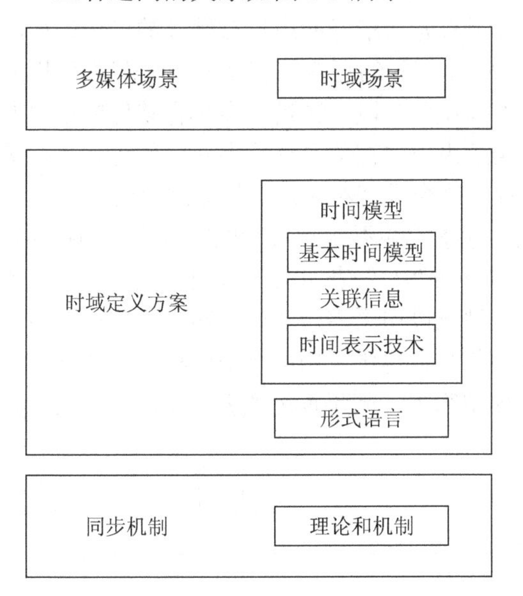

图 5-8　时域参考模型

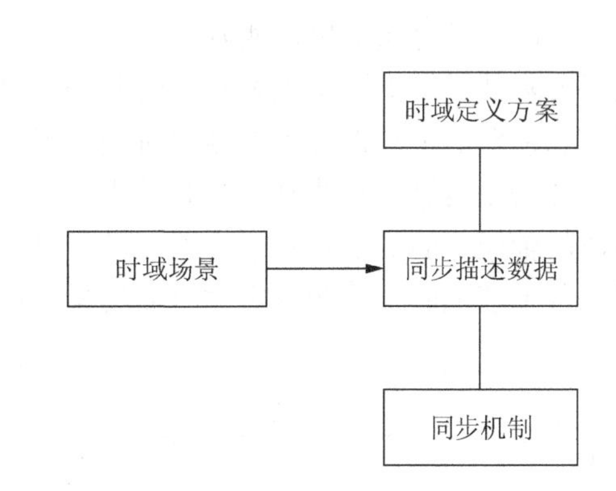

图 5-9　时域场景、定义方案和同步机制之间的关系

2. 同步关系描述的方法

依据时域参考框架建立的时间模型中用来表示时域场景中事件的基本时间单位，共有时刻和间隔两种类型。有的时间模型用时刻来表示时域事件，有的用间隔来表示时域事件。此外，时间模型还利用关联信息反映时域事件的组织方式。关联信息可以分为定量关联信息和定性关联信息两类。根据构成时间模型的三个组成部分的具体内容，同步数据的描述方法分为以下几类。

1)基于间隔的同步描述方法

该模型以间隔为基本时间单位，关联信息为间隔之间的时域关系，时间表示技术为根据时域关系来定义各事件与时间轴之间的对应关系。基于间隔的同步描述方法允许在媒体对象的时间间隔之间说明时序关系。两个间隔的确定时域关系有 13 种，其中 6 种关系可由其他关系的逆来表示。例如 after 可看成 before 的逆，表示为 $before^{-1}$。由于 equals 的逆与 *equals* 是等价的，我们只需要研究其中 7 种时域关系，如图 5-10 所示。

2)基于时刻的同步描述方法

该模型以时刻为基本时间单位，关联信息为时刻之间的时域关系，包括定量和定性关

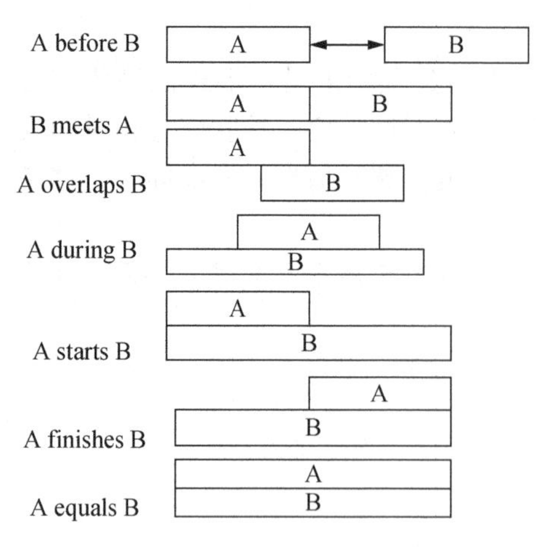

图 5-10　两个间隔之间的时域关系

系，时间表示技术为根据时域关系来定义各事件与时间轴之间的对应关系，该方法是一种基本的和容易理解的建模方法。定量关联信息包含事件发生的准确时间，如将媒体对象的开始播放和终止播放等事件抽象为时刻，建立各时刻与时间轴的对应关系，图 5-11 给出了针对某个时域场景，依据时间轴模型所得到的建模结果，该场景是演示某一应用软件。首先播放的音频/视频片段介绍该软件的特色，记录交互包含了事先采录好的用户对软件的使用情况，幻灯 1、幻灯 2 和幻灯 3 三张图片反映软件使用的结果。动画及第 2 段音频进一步解释软件的使用方法。“交互”为用户在仿真环境中对软件进行实际操作的过程，这个过程结束后的结果通过幻灯 4 反映出来。由于各时域对象是相互对立的，添加或删除事件并不影响对其他时域事件的描述，同时还降低了维护同步描述数据的复杂程度。图中的“？”表明由于时间轴模型的定量关联信息包含的是事件发生的准确时间，因而该模型难以用来表示非确定事件。定性关系中的定性关联信息包含非确定性时域事件的全排序信息，建模采用的是虚轴模型。该方法是对时间轴模型的扩展，它一方面继承了时间轴模型简单、同步描述数据易于维护的优点，又具备了较强的表示非确定性时域场景的能力。

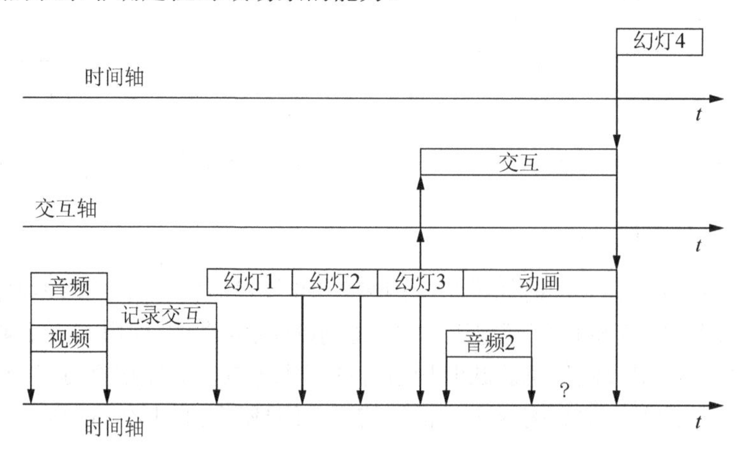

图 5-11　时间轴模型示例

3）基于控制流的同步描述方法

在基于控制流的同步描述中，通常要求并发线程流在一些预定义点获得同步，主要采用的方法为参照点同步描述和层次式同步描述。

（1）参照点同步描述。在参照点同步描述中，可通过说明两个数据流之间一组合适的同点方法来描述两个数据流之间的关联性。例如，最多偏差为±80ms 的唇音同步，需每隔一帧设置一个同步点；如不需要唇音同步，则可每 10 帧设置一个同步点。QoS 偏差的说明也直接集成到同步描述方法中。

图 5-12 给出了时间无关和时间相关对象同步集成的示例，在遇到音频表现中的特定逻辑数据单元时，系统将启动或终止幻灯片的放映操作。

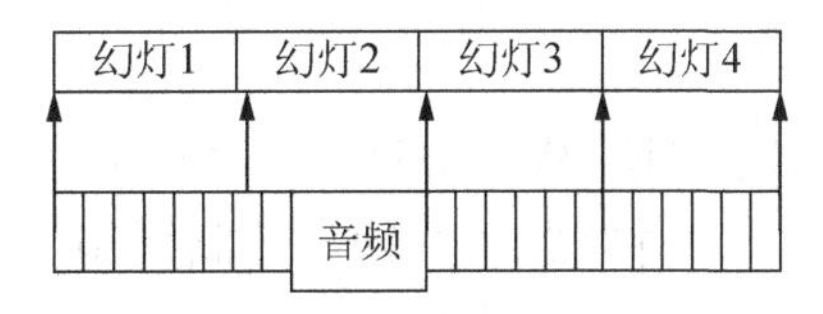

图 5-12　在参照点模型中音频序列与幻灯的放映同步例子

(2) 层次式同步描述。层次式同步描述基于串行同步和并发同步两种主要的同步操作。在层次式同步说明中，多媒体对象被看作是一个树节点，该节点包括被标记为并行和串行表现的子树。

层次式结构容易处理，因而得到广泛使用，但它的每一操作行为只能在其开始或结束时被同步。

4) 基于事件的同步描述方法

该方法通过说明媒体表现的事件来激活相应的表现操作，表现动作由同步事件驱动。典型的表现动作有启动一个表现、终止一个表现、准备一个表现。

由事件驱动的表现动作既可以是外部的(如由定位器产生)，也可以是内部的(如某一时间相关媒体对象达到某一特定逻辑数据单元时而产生)。

基于事件的同步描述方式主要有自动机和 Petri 网。Petri 网是对离散并行系统的数学表示，适合于描述异步的、并发的计算机系统模型。Petri 网既有严格的数学表述方式，也有直观的图形表达方式；既有丰富的系统描述手段和系统行为分析技术，又为计算机科学提供坚实的概念基础。

Petri 网可以用来描述多媒体信息的同步关系，主要有两种模型：对象合成 Petri 网 (object composition petri net，OCPN) 模型和扩展对象合成 Petri 网 (extended object composition petri net，XOCPN) 模型。

3. 同步容限

对多媒体数据时域特征的表示包含同步描述数据和同步容限两个部分，前者决定了多媒体数据在时域中的布局，后者包含了对同步机制 QoS 的要求，两者结合称为同步规范。

在一个多媒体系统实际运行过程中，总存在一些妨碍准确恢复时域场景的因素，如不同进程对 CPU 的抢占、缓冲区不够大、传输带宽不足等，这些因素往往会导致在恢复后的时域场景中，时域事件间相对位置发生变化，称为事件间偏差。属于同一媒体对象的时域事件之间的偏差为对象内偏差，而不同媒体对象的时域事件之间的偏差为对象间偏差。偏差的存在势必造成多媒体同步质量的降低。同步容限是用户与同步机制之间就偏差的许可范围所达成的协议，包含了用户对偏差许可范围的定义，同步机制需要依据同步容限，确保恢复后时域场景中事件间的偏差在许可的范围之内。

用户对偏差许可范围的规定受多媒体质量评估方式的影响。由于很难找到定义偏差许可范围的客观标准，通常采用的办法是主观评估。尽管主观评估所得到的偏差许可范围并不十分准确，仍然可以作为制定多媒体控制机制的参考。

5.5.4 同步控制机制

1. 同步四层参考模型

图 5-13 给出了多媒体同步的四层参考模型，通过层次化分析来理解各种相关的因素，并据此研究同步控制机制。

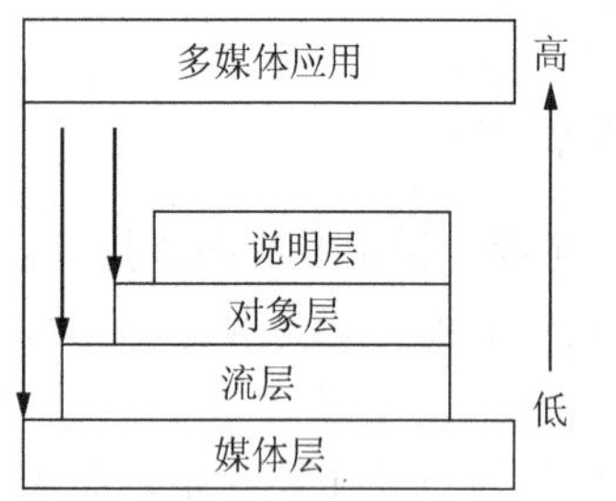

图 5-13 多媒体同步的四层参考模型

1) 媒体层

媒体层是同步控制机制与底层服务系统之间的接口，其内部不包括任何同步控制操作。若多媒体应用直接访问该层，则同步机制全部由应用来完成。

媒体层完成对单一连续的媒体流，即逻辑数据单元 (logical data unit，LDU) 的序列进行操作。LDU 的大小在一定程度上取决于同步容限。偏差的许可范围越小，LDU 越小；反之，LDU 越大。通常，视频信号的 LDU 为 1 帧图像，音频信号的 LDU 则是若干在时域上相邻采样点构成的集合。

在媒体层提供的抽象封装接口是一些与读、写等操作相关但与设备无关的函数。

在媒体层内主要完成两项任务：①申请必要的资源(如 CPU 时间、通信带宽、通信缓冲区等)和系统服务(如 QoS 保障服务等)，为该层各项功能的实施提供支持；②访问各类设备的接口函数，获取或提交一个完整的 LDU。例如，当设备代表一条数据传输信道时，发送端的媒体层负责将 LDU 进一步划分成若干适合于网络传输的数据包，接收端的媒体层则需要将相关的数据包组合成一个完整的 LDU。

2) 流层

流层用于处理码流组，其内部主要完成流内同步和流间同步两项任务。

流层提供的抽象封装接口是具有时间参数的流，这些流主要考虑流内同步和组内流间同步的 QoS。在接口处，流层向用户提供诸如 Start(stream)、Stop(stream)、Create group (list-of-streams)、Start(group)、Stop(group)等功能函数。

流层的实现可根据是否支持分布式、提供同步保证的类型和支持媒体的类型(数字或模拟)等进行分类。流层的应用程序负责流的编组、启动或停止，也可以根据该层支持的时间参数来定义所需的 QoS。同时，它也要对时间无关媒体对象的同步负责。

流层在对码流或码流组进行处理前，首先需要根据同步容限决定 LDU 的大小及对各 LDU 的处理方案(即何时对何 LDU 做何处理)。此外，流层还要向媒体层提交必要的 QoS，这种要求是由同步容限推导来的，是媒体层对 LDU 进行处理应满足的条件，如传输 LDU 时的最大延时抖动范围等。媒体层将依照流层提交的 QoS 要求，向底层服务系统申请资源及 QoS 保障。

在执行 LDU 处理方案的过程中，流层负责使连续媒体对象内的偏差及连续媒体对象间的偏差保持在允许的范围之内，即实施流内与流间的同步控制。

3) 对象层

对象层对各种类型的媒体进行操作，隐藏了离散媒体与连续媒体之间的区别。对象层的主要任务是实现连续媒体对象和离散媒体对象之间的同步，并完成对离散媒体对象的处理。该层弥补了面向流的服务和同步表现的执行之间的断层，功能包括计算和执行完全的表现计划(包括离散媒体对象的表现)，以及调用流层的服务。对象层不处理流内和流间的同步，只使用流层提供的服务。

对象层首先由说明层提供的同步描述数据推导出调度方案(如显示调度方案、通信调度方案等)。为了确保调度方案的合理性及可行性，对象层除了要以同步描述数据为根据外，还要考虑各媒体对象的统计特征(如静态媒体对象的数据量，连续媒体对象的最大码率、最小码率、统计平均码率等)及同步容限；同时，对象层还需要从媒体层了解底层服务系统现有资源的状况。其次，在进行初始化工作时，对象层将调度方案及同步容限中与连续媒体对象相关的部分提交给流层，并要求流层进行初始化。对象层要求媒体层向底层服务系统申请必要的资源和 QoS 保障服务，并完成其他一些初始化工作，如初始化编/解码器、播放设备、通信设备等与处理连续媒体对象相关的设备。最后，对象层开始执行调度方案，通过调用流的接口函数，执行调度方案中与连续媒体对象相关的部分。流层利用媒体层的接口函数，完成对连续媒体对象 LDU 的处理，同时实施流内与流间的同步控制。在调度方案的执行过程中，对象层主要负责完成对离散媒体对象的处理，以及连续媒体对象和离散媒体对象间的同步控制。

对象层接口提供诸如 Prepare、Run、Stop、Destroy 等功能函数，这些函数通常以一个完整的多媒体对象为参数。显然，同步描述数据和同步容限是多媒体对象的必要组成部分。当多媒体应用直接使用对象层的功能时，其内部无须完成同步控制操作。多媒体应用只需利用说明层所提供的工具，便可完成对同步描述数据和同步容限的定义。使用对象层的应用程序的主要任务是提供一个同步关系规范。

4) 同步关系规范层(说明层)

同步关系规范层为开放层，该层的应用程序和工具允许创建同步关系规范要求，如同步编辑器、多媒体文档编辑器和多媒体著作系统等。典型的同步说明编辑器应提供图形界面来完成以下任务：①选择要使用的音频、视频和文本对象；②对象预览；③为被显示的多个点选择子标题；④为这些点的标题说明它们的同步关系；⑤将同步要求存储起来等。

同步关系规范层还要负责将用户的 QoS 要求映射到对象层接口提供的质量参数上。

该参考模型允许对同步系统进行分类和结构化。接口与层的标识使得人们能够将现有的解决方案集成为完整的系统。

2. 同步机制

媒体流内同步与媒体流间同步是同步机制所要完成的两个主要任务，流内同步意在实现对连续媒体对象内部偏差的控制，流间同步是为了控制连续媒体对象间的偏差。

1) 媒体内部同步

(1) 基于播放时限的同步方法。一个连续媒体数据流是由若干逻辑数据单元 LDU 构成的时间序列，LDU 之间存在着固定的时间关系。当网络传输存在延时抖动时，连续媒体内部 LDU 的相互时间间隔会发生变化。这时，在接收端必须采取一定的措施以恢复原来的时间约束关系。如图 5-14 所示，将接收到的 LDU 先存入一个缓存器，对延时抖动进行过滤，使得由缓存器向播放器输出的 LDU 序列是一个连续的数据量。数据流在通过缓存器时会引起播放的延迟，因此须对控制缓存器的容量加以控制，使得既能消除延时抖动的影响，又不过分加大播放时延时间。这种方法不仅可以解决传输时延抖动，而且可以解决由数据提取和数据处理等原因引起的延时抖动。

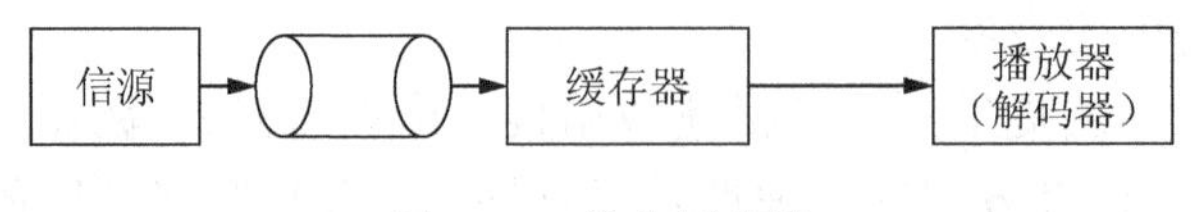

图 5-14　接收缓存器

(2) 基于缓存数据量控制的同步方法。图 5-15 给出了基于缓存数据量控制方法的两种系统模型，模型中均包括环路，两者区别在于环路是否将信源和传输线路包含在内。信宿端缓存器的输出按本地时钟的节拍连续向播放器提供媒体数据单元，缓存器的输入速率则由信源时钟、传输延时和抖动等因素决定。由于信源和信宿时钟偏差或网络传输条件变化等影响，缓存器中的数据量是变化的，因此需要周期性地检测缓存的数据量。如果缓存器溢出或者即将变空，则认为存在不同步的现象，因此需要采取同步手段。图 5-15 (a) 中同步是在信宿端进行的，可以通过加快或者放慢信宿时钟频率，也可删除或复制缓存器中的某些数据单元，使缓存器中的数据量逐渐恢复到警戒线之内的正常水平。图 5-15 (b) 中，类似的同步措施在信源端进行，当缓存数据量超过警戒线时，通过网络向信源反馈需要进行再同步的控制信息。

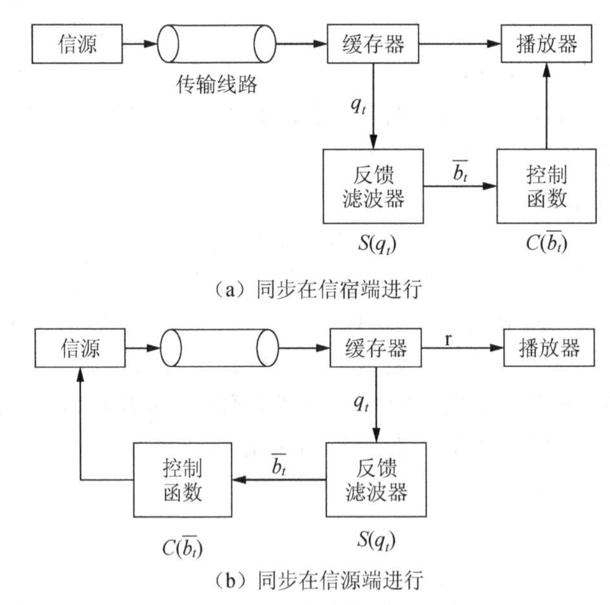

图 5-15　基于缓存数据量控制的系统模型

图中 q_t 为 t 时刻的缓存数据量，$\overline{b_t}$ 为 q_t 经过环路滤波器 $S(q_t)$ 平滑之后的缓存数据量。控制函数 $C(\overline{b_t})$ 将 $\overline{b_t}$ 与预先设定的缓存量警戒线相比较，$\overline{b_t}$ 可以在设定的上、下警戒线之间浮动。如果 $\overline{b_t}$ 高于上警戒线或者低于下警戒线，分别表示缓存器有溢出或变空的状况出现，这时系统应该启动再同步机制。

2) 媒体流间同步

媒体之间的同步包括静态媒体与实时媒体之间的同步和实时媒体流之间的同步。到目前为止，对于媒体流之间同步的方法还未形成通用的模式，许多方法都是基于特定的应用环境提出的。

(1) 基于全局时钟的时间戳方法。这种方法是在所有信源和信宿的本地时钟都与一个全局时钟同步的前提下进行的。如图 5-16 所示，A、B 为信源，C 为信宿，假设信源 A 送出的视频数据流和信源 B 送出的音频数据流应该在接收端 C 同步播放，由 A 至 C 和由 B 至 C 的传输延时分别为 d_1 和 d_2 。

在系统启动时，由启动器 I 向 A、B 和 C 发送有关的控制信息，如参考起始时刻 t_0 和同步区间的起始时间 t_1 等，从而使同步组的信源和信宿有一个共同的时间基准。启动器可以安排在任何一个信源或信宿上。参考起始时间 t_0 必须选在保证所有的信源和信宿都能接收到控制信息之后才开始。由 t_0 至 t_1 的时间为同步的预备时间，这段时间必须足够长，以保证这些信息交换的完成。从 t_1 开始，信源向外发送数据单元，并根据本地时间给每个数据单元打上时间戳。

(2) 基于反馈的流间同步方法。假设在图 5-17 所示的多媒体信息查询系统中，各用户查询到的媒体数据流需要同步播放，如到达 A 的音频流和到达用户 B 的视频流的播放必须符合两者之间的同步要求。由于全局时钟的建立需要借助于有关的协议进行协商和调整，为了适应更一般的情况，假设图中用户及服务器的时钟都是相互独立的，各用户的播放起始时间也不尽相同，并且假设服务器到每个用户的传输延时均在 $[d_{min}, d_{max}]$ 之内。

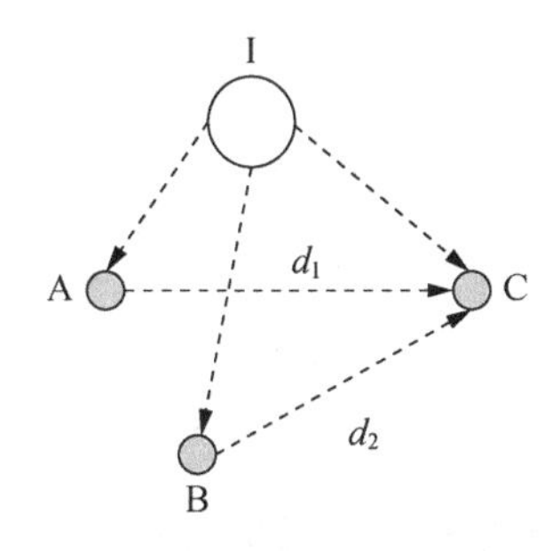

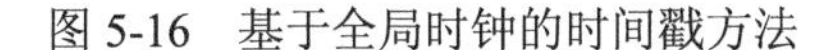

图 5-16　基于全局时钟的时间戳方法

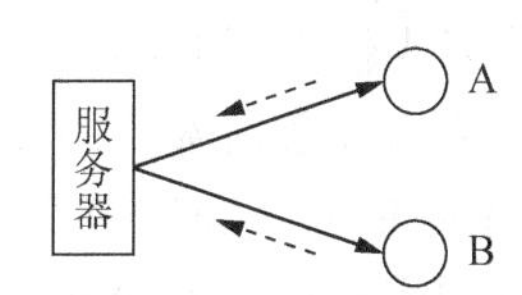

图 5-17　基于反馈的媒体流之间的同步方法

服务器在存储各媒体数据流时采用的是虚轴模型，即每条流都有自己的时间轴，流的数据单元根据各自第一个数据单元起始时间的相对距离标记时间戳，称为相对时间戳。在不同的媒体流之间，需要同步播放的数据单元的相对时间戳相同。当向用户传送数据时，服务器根据相对时间戳进行调度，各个流中具有相同相对时间戳的数据单元被同时提取出来，并送达相关的通信线路上去。

虽然服务器的提取和发送是同步的，但由于每个用户端的播放速率、传输时延抖动和传输过程中数据单元的丢失情况不同，每个用户的播放过程可能很快就不同步了。为了检测同步状况，用户端在播放某个数据单元的同时，须将该数据单元的相对时间戳反馈给服务器。反馈可以每隔一段时间进行一次，由于反馈信息量很小，因而不会显著增加网络的负担。服务器通过周期性地比较反馈得到的相对时间戳的值，便可检测出各条数据流之间的同步情况。

(3) 自适应同步方法。当实现 N 个媒体流间的相互同步时，需要媒体流内播放调度器、媒体流间同步控制器相互配合，即需要由 N 个媒体流内播放调度器和一个媒体流间同步控制器。

实现多个媒体流的流间同步可以采用主从关系方式。所谓主从关系是指在若干个相关媒体流中存在一个主媒体流，其他媒体流作为从媒体流。在实施媒体流之间同步时，从媒体流受主媒体流的约束和制约。依赖主从关系实施媒体流间同步，可以有效地优先保证主媒体流的 QoS。

媒体流间同步控制器主要用于确定一个媒体流同步组的流间同步控制时间，流间同步控制时间由媒体流间同步控制器确定后传输给每个媒体流内播放调度器，作为确定各个媒体流内同步时间的控制参考，流间同步控制时间不是一个确定性的强制时间，而是建议性的参考时间。

3) 分布式多媒体系统同步

将信息的获取、处理、存储和播放都集中在一台多媒体计算机中进行的系统称为单机系统，而信息的提供者和接收者在不同地点、需要由网络连接的系统称为分布式多媒体系统。分布式多媒体系统中的同步问题更为复杂。在分布式多媒体系统中，信源产生的多媒体数据需要经过一段距离的传输才能到达信宿。在传输过程中，由于受到各种因素的影响，多媒体数据的时域约束关系可能被破坏，从而导致多媒体数据不能正确地播放。

在分布式多媒体系统中，同步通常是分多步完成的，并涉及系统的各个部分。

(1) 采集多媒体数据及存储多媒体数据时的同步。

(2) 从存储设备中提取多媒体数据时的同步。

(3) 发送多媒体数据时的同步。

(4) 多媒体数据在传输过程中的同步。

(5) 接收多媒体数据时的同步。

(6) 各类输出设备内部的同步。

分布式多媒体系统同步应注意以下两个问题。

(1) 时钟同步问题。在分布式系统中，必须考虑发送端与接收端时钟同步的精度。这一问题在多源同步中尤为重要，如图 5-18 所示。

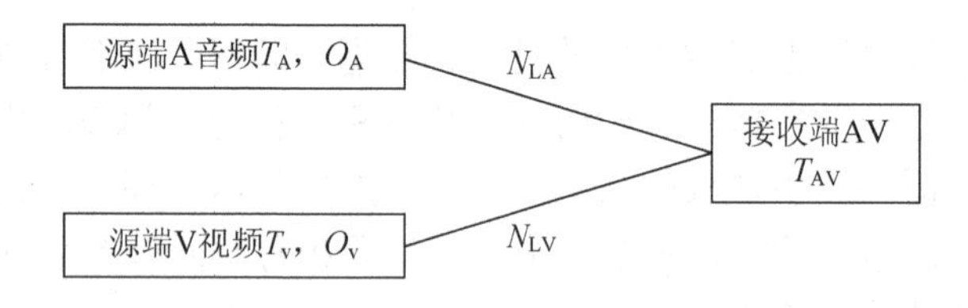

图 5-18　分布式环境中的时间偏差

如果接收端同步的音频、视频表现要求在 T_{AV} 时刻开始，则发送端 A 处的音频传输必须在 $T_A=T_{AV}-N_{LA}-O_A$ 时刻开始，N_{LA} 为已知的网络延迟，O_A 为发送端相对接收时钟的偏移值。在发送端 V 处，视频传输的开始时刻为 $T_A=T_{AV}-N_{LV}-O_V$，其中 N_{LV} 为已知的网络延迟，O_V 为发送端时钟相对接收时钟的偏移值。

通常 O_A 和 O_V 的准确值是无法知道的，如果知道 O_A 和 O_V 的最大值，便可以及时将信息发送到接收端，即通过增大接收端缓冲区，并提前进行视频和音频的传输，以确保所需的媒体单元是可用的。由于接收端所需缓冲区大小依赖于可能的时钟偏移值，因此必须设置缓冲区的大小和限制最大的时钟偏移值。

(2) 表现的处理问题。在分布式环境中，要支持暂停、以不同速度向前或向后、直接存取、停止、重复等功能操作是较为困难的，这是因为一些必要的信息分布在整个环境中。如果为表现而预先准备好的对象必须被删除，网络的连接也必须做相应的变化或重建，而在处理这些问题时不可避免要产生延迟。

3. 唇音同步机制举例

图 5-19 是一个包含了音频和视频通信的 H.323 结构系统。系统中，音/视频信息分别经过数据采集、编码，通过网络到达接收端，解码后的多媒体数据存入各自的播放缓存器中。媒体间的同步是通过播放缓存器之间的媒体同步机制实现的。

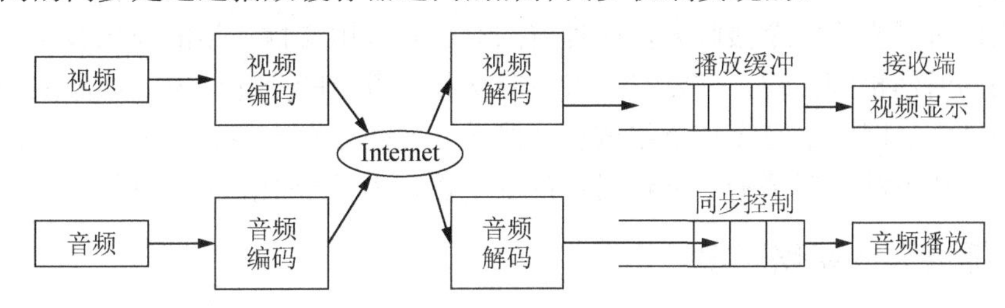

图 5-19　多媒体通信系统网络构架

在采用主从关系方式控制流间同步的多媒体系统中，多个媒体流中有一支是独立于其他媒体流的，即主媒体流。播放时，依赖于该主媒体流的其他媒体流称为从媒体流。通常，主媒体流按照正常速度播放，为了保持与主媒体流的同步，从媒体流的播放可能需要跳过或暂停。在多媒体通信系统中，人耳对声音停顿、重复或播放速度的调整较为敏感。因此，通常将音频流作为主媒体流，而将视频流和其他媒体流作为从媒体流，通过调整从媒体流之间的播放时间实现媒体间同步。

同步要求可以用 QoS 来表达，所需要的 QoS 取决于媒体和应用。视频和音频信号单元的时间差称为偏移。人们对抖动和偏移感受的测量结果表明，如果抖动和偏移限制在一个合适的范围内，通常认为媒体是同步的。研究表明：当偏移范围在－80(音频滞后于视频)～＋80ms(音频超过视频)时，多数用户感觉不到偏移的存在，这就是同步区域；当偏移范围在－160～＋160ms 之外时，人们对播放效果就不再满意，这一区域称为不同步区域；同步区域和不同步区域之间还存在临界区域，当偏移在这个区域时，观众离播放点越近，播放的视频信号和音频信号的分辨率越高，越容易感觉到偏移。

在进行音频和视频同步时，有可能需要改变视频的目标播放时间，通常采用的方法是以音频播放时间为基准时间，每播放几帧音频数据应进行一次同步调整。

5.6　多 播 技 术

现有的多媒体业务(视频会议系统、远程学习系统、远程诊断系统)具有很强的实时交互性，即使采用了先进的数据压缩技术，传输多媒体数据所需的带宽也是巨大的，另外多媒体通信中对突发性业务流和 QoS 等问题又有新的要求。将多播技术引入多媒体通信网络，不仅可以节省有效的网络带宽和服务器资源，而且在一定程度上可以保证网络的 QoS。

5.6.1 多播通信

多播是指将信息同时传递给一组目的地址。多播的使用策略是最高效的，因为消息在每条网络链路上只需传递一次，而且只有在链路分叉时，消息才会被复制。与多播相比，常规点到点的传递被称为单播。当以单播的形式将消息传递给多个接收方时，必须向每个接收者都发送一份数据副本。由此产生的多余副本将导致发送方效率低下，且缺乏可扩展性。与单播模式相比，多播可以节省大量系统资源。

多播通信可分为两大类：一是基于网络层的多播，二是基于应用层的多播。基于网络层的多播包括三种类型：①使用网络硬件提供的多播能力来实现分组通信，通过一次多播将一组报文同时提交给多个接收方，此种方法对分布应用支撑环境的要求较高。②利用一对一进程间的通信机制实现，需要发送方追踪接收方成员的变化情况。该方法造成发送方和网络的开销大，网络中有多少个组成员，发送方就需要发送多少次报文。③使用网络广播机制实现，该方法不仅降低了分组通信的安全性，而且会增加主机开销。

5.6.2 多播需要的网络环境

为了支持多播，多媒体系统的发送端、接收端及收发两端之间的网络设施都必须具备多播功能。

1. 路由器所需的功能

(1) 需要一个共同的约定，以便识别多播地址。
(2) 能进行多播地址之间的转换。
(3) 能够动态地了解用户加入或离开多播组的情况。
(4) 能采用多播路由算法。

2. 主机节点所需要的环境

(1) TCP/IP 中可支持 IP 多播。
(2) 端系统软件支持互联网组管理协议(internet group management protocol，IGMP)，可方便申请参加多播组和接收多播。
(3) 具有多播应用软件，如电视会议软件。
此外在广域网上运行或评估多播还需要具备以下条件：
(1) 收发两端之间的所有路由器都具有多播的功能。
(2) 能识别防火墙，以便使多播畅通。

5.6.3 多媒体通信对多播机制提出的新要求

随着多媒体通信业务的不断发展，对多播机制提出了许多新的要求，主要包括以下几个方面：
(1) 高带宽。这是由多媒体通信巨大的业务量决定的。

(2) 实时性和等时性。这是由多媒体通信本身的特征决定的。

(3) 差错控制。压缩编码技术虽然大大降低了多媒体数据对网络带宽和存储空间的要求，同时也大大降低了数据内在的冗余性，从而增加了差错控制的实现难度。在多媒体系统的多播应用中，应该考虑采用面向应用的差错控制策略。

(4) 媒体间同步。媒体间同步主要是考虑不同媒体间的时间关系，媒体间同步的复杂性与需要同步的媒体数量有关。需要同步的媒体数量越多，同步实现的复杂度越大。

(5) QoS 异构。在多媒体通信系统中，由于各网络成员使用端系统能力(CPU 处理能力、显示器的分辨率与灰度等级、存储器的速度与容量)不同，网络［ATM、光纤分布式数据接口(fiber distributed-data interface，FDDI)、以太网、快速以太网］的性能及愿意支付的费用不同(通常 QoS 越高，收费也越高)，网络中实际用户所达到的 QoS 也不一样。如何在同一网络的多媒体通信中满足不同组成员的异构 QoS 要求，已成为一个需要深入研究的问题。

5.6.4　多媒体通信中多播技术的实现

传统的多播技术虽然能较好地利用带宽，并尽可能转发数据，但无法保证所有多播数据有序、无误地传送给每个组成员。多媒体通信中，可以通过构造多播树寻找最优的路由算法、可靠的多播协议和协调多播协议之间的协同工作来更好地实现多播功能。

1. 多播路由协议

根据多播组成员在整个网络上的分布情况，多播路由协议通常遵循以下两种基本假设之一来制定。

(1) 多播组成员密集分布在整个网络中，并且带宽资源丰富。根据这种假设制定的协议称为密集型多播路由协议。

(2) 多播组成员稀疏分布在整个网络中，带宽资源有限。根据这种假设制定的协议称为稀疏型多播路由协议。

多播树的结构如图 5-20 所示，其中，S 表示多播的源端，R 表示多播的终端，MR(multicast-enabled router) 表示具有多播功能的路由器。

网络通常根据路由协议建立多播树，过程如下。

(1) 多播源将数据或者广播通知发送给所有的路由器。

(2) 不想参加多播的终端逆向发送一个删除消息。

(3) 删除没有成员的分支和不在最短路径树上的分支。

(4) 在多播源生成最短路径树。

(5) 使用连接和删除功能改变多播组成员之间的关系。

1) 密集型多播路由协议

密集型多播路由协议包括距离矢量多播路由协议、多播开放最短路径优先协议和协议独立多播-密集型路由协议。

(1) 距离矢量多播路由协议，也称远程矢量多播路由协议。即为每一个多播对(源端和终端) 构造不同的多播分发树。每一颗分发树从树根上的源端算起到作为树叶的所有接收多播终端构成的树，都是最小生成树。

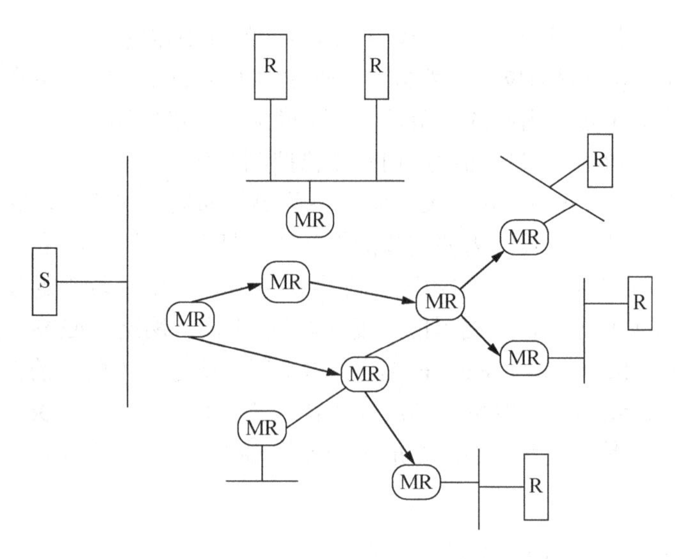

图 5-20　多播树结构

在距离矢量多播路由协议中，首先由指定用来为网上所有主机处理路径选择的路由器，向所有相邻的路由器传送多播信息，然后每台路由器有选择地将多播信息转发到下游路由器，直至发送到所有多播组的成员。

(2)多播开放最短路径优先协议。在多播开放最短路径优先协议网络中，每台路由器通过互联网组管理协议(IGMP)周期性地收集多播组成员的信息，该信息连同有关的链路状态信息一起传送到这个路由域中所有的其他路由器。根据从相连接的路由器接收到的信息，各路由器修改自己内部的链路状态信息。每个路由器都了解整个网络的布局，并使用多播源作为树根、多播组的成员作为树叶来独立计算最低成本多播树。由于所有路由器都周期性地共享链路状态信息，因此所形成的多播树完全相同。多播开放最短路径优先协议使用 Dijkstra 算法计算最短路径树，对每个多播对都要单独计算。为了减少计算量，当路由器接收到数据包流中的第一个数据包时才进行这种计算。一旦计算出多播树，就将信息存储起来，为后来的数据包使用。

(3)协议独立多播-密集型路由协议。协议独立多播路由协议是指不依赖于任何单播路由协议的多播路由协议，分为协议独立多播-密集型路由协议和协议独立多播-稀疏型路由协议。

协议独立多播-密集型路由协议与距离矢量多播路由协议类似，均用反向路径多播技术来构造以多播源为树根的多播树。它们之间的主要区别是前者完全独立于单播路由协议，后者则依赖单播路由协议的机制。

在构造多播树期间，距离矢量多播路由协议使用单播协议专门提供的拓扑信息来转发信息，而协议独立多播-密集型路由协议不惜增加信息包的开销来保证协议的简单性和独立性。

2)稀疏型多播路由协议

在多播组成员分布广泛并且网络带宽资源丰富的区域，使用密集型多播路由协议非常有效。在多播组成员稀疏分布的情况下，就需要采用稀疏型多播路由协议来构造多播树。密集型协议需要使用数据驱动方法来构造多播树，稀疏型协议则使用接收端启动的方法来构造多播树，即仅当子网上有主机向特定多播组申请成员资格时，路由器才去构造多播树。此协议主要包括核心基干树协议和协议独立的多播-稀疏型路由协议。

(1)核心基干树协议。此协议构造一棵由所有组成员共享的树，整个组的多播都在这棵相同的树上发送和接收。

基于核心基干树协议的共享树是以一个路由器为核心来构造的。如果想加入核心树，路由器就发送一个加入消息到核心树，当核心路由器接收到加入申请时，核心路由器则返回一个确认消息，这样就形成一个树的分支。申请加入广播树时，加入消息不一定需要穿越到达核心路由器的所有线路。如果一个加入消息在到达核心路由器之前命中广播树上的一个路由器，这个路由器就会终止转发加入消息，并且回送一个确认消息，然后连接到共享树上。

(2)协议独立多播-稀疏型路由协议。此协议围绕一个称为会合点的路由器来构造多播树，会合点路由器与核心基干树协议中的核心路由器在网络中起相同的作用，应用起来更为灵活。核心基干树协议构造的树是组共享树，协议独立多播-稀疏型路由协议既可以构造组共享树，也可构造最短路径树。

2. 可靠的多播协议

可靠多播是指所有多播数据最终都能正确地传送给每个多播组终端，其可靠性主要由以下三个方面来衡量。

(1)明确的终端数目，即保证多播组中的每个成员都能接收到发往该组的多播数据，而非该组成员都接收不到该组数据。

(2)终端分组有序，即要求接收者接收到的多播分组是按一定顺序排列的。除了按发送时间顺序外，还可能有其他的排序标准，如单个源排序、多个源排序、多个组排序等。

(3)有效控制拥塞，即网络节点能采取有效措施来避免拥塞的发生，一旦发生拥塞能做出相应的反应。

为满足可靠性要求，网络必须具有快速、高效的差错检测和重传控制机制。差错检测通常采用终端对数据分组的确认来表示是否所有分组都正确地传送到所有的终端，检测可由源端或终端进行。

对于大规模多媒体多播应用来说，一种有效发现和修正传输错误的可靠多播协议是必要的。由于不同的多播应用对可靠性的要求各不相同，因此很难找到一种可靠多播协议能满足所有可靠性需求。根据互联网工程任务组(IETF)所定义的用于由一个或多个发送者向多个接收者传输可靠的数据流，有许多协议标准可在传输层或应用层提供可靠的多播传输，现有的可靠多播协议可分为以下几类。

(1)否定应答。接收者采用否定应答数据包向发送者请求重传多播数据流中丢失的数据包，此协议不需要来自网络中路由器的支持。

(2)正向应答。接收者采用肯定应答来表明成功接收的多播数据包。

(3)异步分层编码。发送者提供转发错误纠正消息。

(4)路由器辅助。采用层次结构，利用路由器中的维护数据构造多播树，从而完成网络中数据报文的缓存和重传恢复工作。此协议具有很好的适应性和可扩展性。

3. 多播协同工作

多播通信中不同类型路由协议间的协同工作是非常重要的。目前存在两种类型的协同工作：①现存的单播路由器和正在不断出现的多播路由器之间的协同工作；②各种现有的多播路由器之间的协同工作。

第一种类型的协同工作是实现在被单播区域所隔离的多播区域间的多播服务。目前互联网上有些路由器不支持多播，具有多播功能的子网被其他单播子网所隔离。为了在多个多播子网上实现多播服务，采用 IP 单播数据包封装技术来封装多播数据包：多播数据包在隧道的入口处被封装为普通 IP 数据包，并通过隧道传输，在出口处再解析为多播数据包，使得多播数据包可以通过单播子网到达另一个多播子网。由于隧道开销大，要实现真正的多播传输需要将普通的路由器改造为多播路由器。

第二种类型的协同工作是实现异种多播路由之间的协同。这种协同既要解决密集型独立多播和稀疏型独立多播之间的工作，又要解决协议独立多播与其他多播路由方法之间的协同工作。在密集型和稀疏型协议之间有一个基本协同的问题：密集型协议多播根据数据驱动来建立多播树，稀疏型协议则依赖明确的加入请求来建立多播树。

5.6.5　基于应用层的多播

基于网路层的 IP 多播一直以来被认为是实现数据群发的最有效方法，面对大量的异构网络，协作方式在一定的程度上解决了有关的 QoS 问题。但由于 IP 多播自身的缺陷，它的推广应用受到了限制。

1. 基于网络层多播存在的问题

(1) 从技术角度看，IP 多播体系机构缺乏可扩展性。网络中的路由器需要为每个活动的组/源维护路由状态信息，由于这些多播地址不能聚合，网络中大量的活动组将需要花费路由器巨大的存储和处理开销。此外，多播组成员的动态加入和退出也要求网络动态维护路由状态，因此会增加多播路由器的负担。

(2) 从管理和安全的角度看，开放的 IP 多播模型在互联网环境中难以支持有效的管理和控制机制。网络中任何节点都可以创建组，并且向组发送数据，也可以加入任何感兴趣的组接收数据。发送节点不知道具体的接收节点，接收节点也不需要知道发送数据的节点。在这种模型下，接入控制、组管理、组地址协调机制等一直没有有效的解决方案，安全机制也比单播复杂。

(3) 从市场角度，IP 多播采用 UDP 作为传输协议，提供的是尽力而为的服务，缺乏对高层特性(传输可靠、拥塞控制、流量控制及安全管理等)的有效处理，同时 IP 多播还没有清晰的商业费用模型和计费模式；另外，商业利益的缺乏使得网络提供商不愿提供相应的带宽支持，从而限制了 IP 多播应用的推广。

(4) 从应用的角度，因 IP 多播的实施涉及对现有网络底层架构的改变，从而进一步限制和阻碍了 IP 多播应用的大规模开展。

近年来，点对点(point to point，P2P)覆盖网络技术的出现引发人们开始研究新的多播架构，绕开 IP 多播的种种难题，人们提出了基于应用层的多播机制(application layer multicast，ALM)。ALM 意在将组成员节点自组织成覆盖网络，直接在组成员之间建立数据传递树，将多播相关功能(组成员管理、报文复制、数据分发等)实现于终端节点，同时在网络层采用 IP 单播实现数据传输，通过节点协同工作实现数据多点并发传输。

与基于网络层的 IP 多播相比，ALM 具有以下优点。

(1) 扩展性好。ALM 的网络状态依靠主机系统来维护，而不是依靠路由器，这样可以支持更多的多播组。

(2) 易于实施和推广。ALM 不需要网络设备的升级和功能扩展，其应用只需在端系统主机上安装相关软件，可以随时部署和卸载。

(3) 便于实现高层功能。ALM 建立在下层网络连接之上，可使用传输层协议提供的服务，如直接利用 TCP 固有的差错控制机制，保证端到端逻辑链路的传输可靠性，并进行拥塞控制。

(4) 统一模型，便于针对特定应用进行优化，减少网络的异构对服务的影响。

网络中的多播功能从路由器到端系统的分解，一方面可以避开网络层实现多播功能的许多难题，另一方面也带来新的挑战。

(1) 主机不了解下层网络的拓扑结构，只能通过检测来获得带宽和延迟等外在的特性参数，采用启发式方法建立叠加网；逻辑链路不能较好地利用底层网络资源，叠加网的多条逻辑链路有可能会经过同一条物理链路，从而引发拥塞。由于主机和路由器之间的迂回转发，不可避免在同一条物理链路上存在报文的多个副本，从而降低 ALM 的带宽利用率。

(2) 增加了端系统的复杂性、处理开销，以及传输延迟，在服务响应能力等方面不及 IP 多播。

2. 基于应用层多播的关键问题

(1) 利用软件和服务器，在网络的应用层叠加一个专门处理多媒体数据的应用层网络，由应用层网络实现多媒体多播、路由和多点注入等功能。这种方案旨在应用层上建立一种一对多的传输模型，用来提供多媒体数据传输业务。当前的研究工作主要集中在多媒体数据服务器的最大发送机制，以及系统的稳定性、高可靠性、高可用性等方面。

(2) 从基于 IP 网络的多媒体多播通信的特点及应用的角度看，一个成功的多媒体多播系统仅仅具备高效性、稳定性、可靠性和可用性是不够的，还必须具备可控性。即对于一次多播的应用，只有经过允许的用户才能够正确地读取多媒体数据，而未经授权的用户无法看到信息。

此外，基于应用层的多媒体多播通信可广泛应用于网络虚拟会议、网上实况直播、数字电视、网络电台等多媒体服务。在应用层进行多播，能够更加有效地提供多媒体多播服务，大幅度降低应用服务提供上的网络开发成本。同时，基于应用层的多播方式可以较经济地利用带宽资源，将数据以组的形式传递给真正需要的用户，从而大大减轻服务器的负担，提高网络的整体性能。

5.7　多媒体信源模型

多媒体通信中音频和视频信源产生的数据具有很强的相关性，传统的排队论模型已不适用于多媒体音频和视频数据，而制约的关键因素是视频信源模型。在对视频信源模型的研究中，通常是以变比特率编码的视频信源模型作为研究对象，因此必须从信源输出码率变化的统计特性入手，才能建立正确的模型。

5.7.1 视频信源的统计特性

对于变比特率信源来说，在不同长度的时间内所表现出来的统计特性是不一样的，视频码流比特率的变化与编码方式、用户所要求的图像质量、图像变化程度及图像内容有关，通常用以下三个统计量来描述视频信源的统计特性。

1. 比特率的概率分布

由视频信源的比特率概率分布可以求得码率的平均值、峰值和方差。峰值速率与平均速率之比或者方差与平均速率之比可以描述为码流的突发度，码率的平均值和方差则可以近似地表示出对信道带宽的要求。

2. 自相关函数

自相关函数反映了信源比特率变化在时间上的相关性。

如用 $x(m)$ 表示第 m 帧的比特率，则相距 n 帧图像的归一化后相关函数表示为

$$R(n)=\frac{\langle[x(m)-X_M][x(n+m)-X_M]\rangle}{Var[x(m)]} \tag{5-1}$$

式中，$\langle[x(m)-x_m][x(n+m)-x_m]\rangle$ 表示数学期望，X_M 和 $Var[x(m)]$ 为 $x(m)$ 的均值和方差。

3. 场景长度的概率分布

场景切换可能会引起码率的跳变，而这种不规则变化产生的规律可以由场景长度的概率密度分布来描述。对典型的视频会议图像序列进行实验表明，这些序列的比特率分布呈铜铃状，自相关函数单调下降，并且在一段时间内呈指数下降，之后又有一小段的回升，产生这种现象可能是由于与会者头部有规律地摆动形成的。另外，改变编码方式对序列的统计特性有一定的影响，但不改变比特率曲线和自相关函数曲线的基本形状。

5.7.2 视频信源模型

常见的视频信源模型有以下几种类型。

1. 自回归过程模型

无场景变化的图像序列自相关函数与负指数函数非常近似，可以用自回归过程模型来描述视频信源的短期变化。

自回归过程模型用 $x(n)$ 表示，定义为

$$x(n)=x_m+y(n) \tag{5-2}$$

$$y(n)=\sum_{m=1}^{M}a(m)y(n-m)+e(n)b \tag{5-3}$$

式中，$e(n)$ 是均值为 0，方差为 1 的正态分布随机序列；M 为模型的阶数；$a(m)$和 b 是模

型参数，且 $|a(m)|<1$，$m=1,2,\cdots,M$。

如图 5-21 所示，当自回归过程模型被一个已知的随机过程（白噪声）$e(n)$ 激励时，将产生随机过程 $x(n)$，$x(n)$ 的统计特性和视频信源的统计特性相同。图中，$A(z)$ 代表反馈支路的传输函数，且 $A(z)=\sum_{m=1}^{M}a(m)Z^{-m}$。

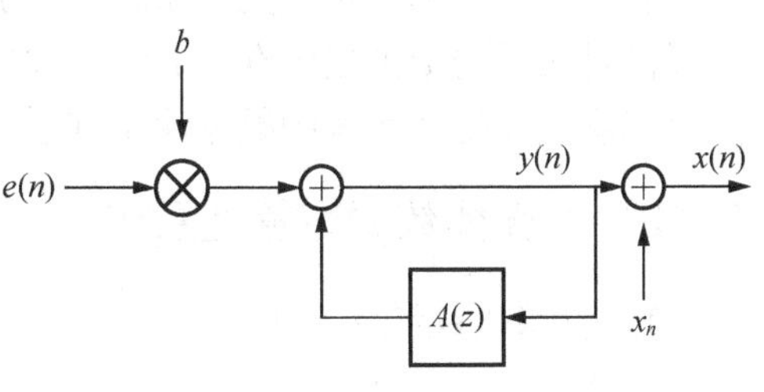

图 5-21　自回归过程模型

2. 时间连续、状态离散的马尔柯夫模型

在马尔柯夫模型中，假设信源输出码流的比特率用量化阶为 A 的 M 个离散值近似，输出比特率停留在某个值上的持续时间符合泊松分布。

马尔柯夫模型是针对 N 个独立视频信源输出码流的总速率建立的。由于视频信源的短期变化是平滑的，所以假设 N 个信源输出的总速率不存在跳跃的变化，在每个采样时刻信源总速率的变化不超过一个量化阶 A。图 5-22 给出的马尔柯夫模型就可以用来描述这样的速率变化。该模型中共有 $(M+1)$ 个状态，左端为低速率状态，右端为高速率状态。在低速率状态下向较高的状态转移（例如，$0\sim A$）的概率高于在高速率状态下向更高的状态转移［例如 $(M-1)A\sim MA$］的概率；而高速状态向较低状态转移［如 $MA\sim(M-1)A$］的概率高于低速率状态进行类似转移的概率。同时，该模型不考虑状态自身的转移，也不考虑状态跳跃的转移，符合信源总速率的变化不存在跳跃的假设。图中 α 和 β 为模型参数。

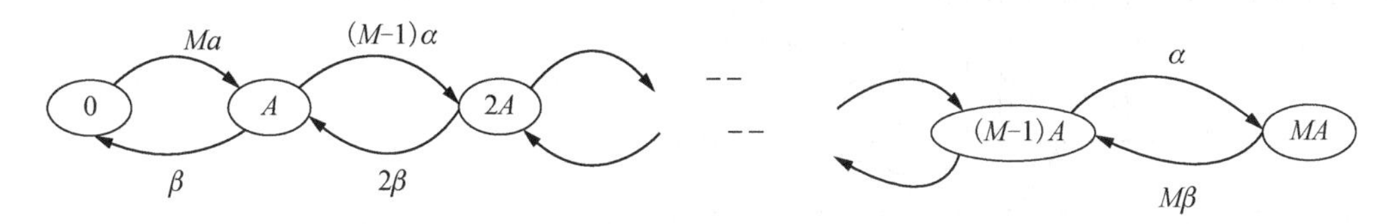

图 5-22　马尔柯夫模型

5.8　多媒体数据库系统

5.8.1　传统多媒体数据管理系统

随着多媒体技术的发展，传统的文件管理系统在管理多媒体数据方面的局限性越发突出，主要表现在以下几个方面。

(1) 因编码方式上的差异，各媒体对象被保存在彼此独立的文件中，它们的组织方式是松散的，内部的各种关联关系难以得到有效的体现，数据的完整性也不能得到很好的满足。随着所需管理的媒体对象数量的增多，在实际应用中完成数据维护工作变得非常繁重。

(2) 传统的数据库管理系统中，数据及对数据的操作是面向应用的。就同一类型的媒体对象及媒体对象之间同一类型的关联关系而言，不同的应用往往会采用不同的文件格式表示，处理方法也会有较大的差异。数据及与之相应的各种操作难以共享，从而造成各种资源浪费。

(3) 传统的文件系统对数据的管理没有统一控制的方法，因此应用程序的编制不仅相当烦琐，而且缺乏对数据正确性、安全性、保密性的统一控制手段。

基于以上原因，传统文件系统的数据管理能力远不能满足复杂的多媒体系统的需求，为了满足大量的数据集中存储、统一控制，以及数据为多个用户所共享的需要，必须建立一个能满足多媒体系统的数据库管理系统。

5.8.2 多媒体数据库管理系统

1. 多媒体数据库系统

多媒体数据库系统由多媒体数据库(multimedia data base，MMDB)和多媒体数据库管理系统(multimedia data base management system，MMDBMS)组成，是复杂的多媒体通信系统不可缺少的组成部分。

由于多媒体数据由特点不一且多种类型的媒体对象复合而成，其内部有着各种复杂的约束关系。MMDB 及 MMDBMS 是传统数据库技术、层次化存储系统和信息提取技术紧密结合的产物，是多媒体研究的一个重要组成部分。

多媒体数据库系统(multimedia data base system，MMDBS)是由 MMDB 和 MMDBMS 构成的一种复杂的多媒体信息存储系统。MMDBS 首先要根据不同媒体类型数据特点为其制定合理的表示、存储、访问、索引，以及信息提取的方法；其次，MMDBS 应当能够在较高的层次上准确地表示媒体对象之间的多重约束关系，并为用户提供统一的数据管理手段。图 5-23 给出了 MMDBS 的结构框图。

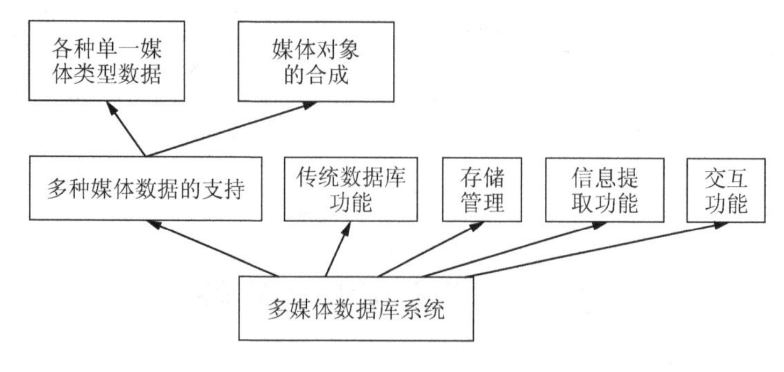

图 5-23　MMDBS 结构框图

2. 多媒体数据库系统的框架结构

通用型 MMDBS 框架结构可以被抽象地表示为三层：数据库管理层、多媒体对象合成层和交互层，如图 5-24 所示。

图 5-24 中，数据库管理层可以进一步划分为物理数据库管理子层和逻辑数据库管理子层。前者主要完成不同媒体类型数据的物理存储，后者则需要负责数据的维护及向外界提供各种数据访问服务。数据库管理层既是 MMDBS 的一个组成部分，同时又具有一定的独立性。

多媒体对象合成层主要负责表示、存储及管理多媒体记录的合成信息，合成信息反映了多媒体数据的构成、各单一媒体对象间的多种约束关系等内容。由于单一媒体对象均分别保存在数据库管理层的不同媒体数据库中，合成层要求管理层能够支持用户对库存的媒体对象的直接引用。

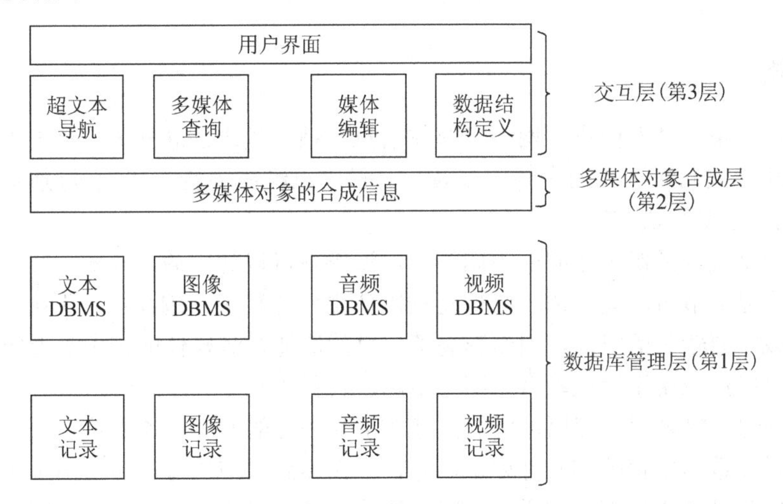

图 5-24　MMDBS 的框架结构

交互层主要包括用户界面及检索和导航等工具。

3. 多媒体数据库的构造和检索

构造多媒体数据库主要有两种方法。

(1) 在关系数据库的基础上构造多媒体数据库。虽然关系数据库模型的抽象能力较差，不适于用来表示复杂的多媒体对象，但它比较成熟且应用广泛。

(2) 在面向对象数据库的基础上构造多媒体数据库。面向对象的数据模型具有很强的抽象能力，可以较好地满足复杂的多媒体对象的各种表示需求，为多媒体数据库的构造提供了理想的基础。

在传统的数据库系统中，数据对象的属性较少且取值较为精确，信息检索也比较容易。在多媒体通信中，需要直接从各种媒体中获取信息线索并将它应用于数据库的检索中，帮助用户从数据库中检索合适的多媒体信息对象。这是一种基于内容的检索，即从媒体数据中提取特定的信息线索，并根据这些线索从大量的、存储在数据库中的媒体中进行查找，从而检索出具有相似特征的媒体数据。

基于内容的检索是一种对媒体对象的内容及上下语义环境进行检索的方式，如对图像中的颜色、纹理、形状；视频中的镜头、场景、镜头的运动；声音中的音调、响度、音色等进行检索。这种检索方式突破了传统的基于文本检索技术的局限，直接对图像、视频、音频内容进行分析，从而抽取特征和语义，然后利用这些内容特征建立索引进行检索。在整个检索过程中，主要以图像处理、模式识别、计算机视觉、图像理解等方法为部分基础技术。

基于内容的检索是一项实用的先进技术，主要应用于以下几个方面：将基于内容的检索引擎嵌入到常规数据库管理系统中，以实现多媒体数据的检索；在信息检索系统中，对专用领域的视频、图像和文档库进行检索；对互联网中 HTML 页面上的多媒体数据进行基于内容的检索等。

5.9 流　媒　体

5.9.1 概述

流媒体技术是一种专门用于网络多媒体信息传播和处理的新技术，该技术能够在网络上实现传输和播放同时进行的实时工作模式，目前已经成为音、视频(特别是实时音、视频)网络传输的主要解决方案。

流媒体与常规视频媒体之间的不同在于，流媒体可以边下载边播放，“流”的重要作用体现在能够明显的节省时间。由于常规视频媒体文件比较大，因而只能下载后才能播放。同时由于下载需要较长的时间，因而影响了信息的流通。流媒体的应用是近年来互联网发展的产物，已广泛应用于远程教育、网络电台、视频点播等。

目前，制约流媒体宽带应用发展的关键在于互联网的 QoS。流媒体从理论上解决了大容量网络多媒体数据传输的实时性要求问题，但在实际的应用过程中，由于大型分组交换网络中数据传输受到诸多因素的影响，网络的状况是不可靠的，从而导致网络带宽、负荷等的变化难以满足流媒体宽带业务的实时性 QoS 要求，因而常常造成播放卡壳、延迟、视频抖动剧烈，给使用者感官造成很大影响。因此解决流媒体网络应用的 QoS 问题，对于流媒体宽带应用来说极为重要。

互联网对流媒体的影响主要体现在带宽、时延和分组丢失三个方面。

(1) 网络带宽的可用性是不可预测的。

(2) 互联网是分组交换的数据网络，既不能保证实时数据可以直接到达目的地，也不能保证分组在网络上的传输时间相同。音频和视频数据要求正确定时和同步，以便连续地回放。因此必须采用相应的机制来处理定时和抖动问题，保证媒体的连续播放。

(3) 在互联网上，出现差错和网络拥塞均表现为分组丢失，分组丢失对于应用的质量影响较大，必须采取相应的措施加以处理。

这几个方面有时是相互制约的。例如，当采用纠错编码或重传来处理分组丢失时，会增加网络的流量；互联网中分组丢失往往是由于网络拥塞引起的，增加传输数据量会恶化网络状况，严重时可能造成网络崩溃，传输时延也将大大增加。因此，在实际应用中往往采用折中的策略。

5.9.2 流媒体技术原理

由于互联网以分组传输为基础进行断续的异步传输，因此流媒体传输的实现需要缓存。实时的 A/V 源或存储的 A/V 文件在传输中被分解为多个分组。由于网络是动态变化的，因此各个分组选择的路由可能不尽相同，因而到达客户端的时间延迟也就不等，甚至先发送的数据分组有可能后到。为此，采用缓存系统来弥补延迟和抖动的影响，并保证分组的顺序正确，从而使媒体数据能连续输出，不会因为网络暂时拥塞使播放出现停顿。

流媒体传输的实现需要合适的传输协议。由于 TCP 需要较多的开销，因此不太适合传输实时数据。在流媒体传输的实现方案中，一般采用超文本传输协议(hyper text transfer protocol，HTTP)和 TCP 来传输控制信息，而用 RTP 和用户数据包协议(user datagram protocol，UDP)来传输实时声音数据。

5.9.3　流媒体的传输方式和相关协议

1．流媒体的传输方式

流媒体的传输方式有两种：顺序流传输方式和实时流传输方式。

1)顺序流传输方式

顺序流传输方式为顺序下载，下载的同时可播放前面已经下载的部分。这种方式不提供交互性，是早期在 IP 网上提供流服务的方式，通常采用 HTTP 和 TCP 进行发送，用标准的 HTTP 服务器就可以提供服务，而不需要特殊的协议。顺序流播放方式的质量较高，易于管理，但不适合传输片段较长的媒体，也不提供随机访问功能。由于采用的是低层的 TCP 协议，因此网络传输的效率较低。

2)实时流传输方式

在实时流传输方式下，流媒体能够实时播放，并提供交互功能，在播放的过程中响应用户的快进或后退等操作。运行过程中网络的状况对播放质量的影响较为直接，当网络拥塞和出现问题时，分组的丢失会导致视频质量变差，播放出现断续甚至停顿的现象。实时流传输具有更多的交互性，缺点是需要特殊的协议和专用的服务器，网络配置和管理也更复杂。

顺序流传输适合传输较高质量的短片段多媒体内容，而实时流方式比较适合于现场直播。从底层的传输模式看，顺序流方式只支持单播，而实时流方式支持单播和多播。

2．流媒体传输需要的协议

流媒体涉及的协议有 HTTP、UDP、TCP、RTP/RTCP、RSVP、实时流协议(real-time streaming protocol，RTSP)等。

RTSP 由 Real Networks 和 Netscape 共同提出，是工作在 RTP 之上的应用层协议。它的主要目标是为单播和多播提供可靠的播放性能。RTSP 的主要思想是提供控制多种应用数据传送的功能，即提供一种选择传送通道的方法。例如，UDP、TCP、IP 多播，同时提供基于 RTP 传送机制的方法。RTSP 协议中的控制是通过单独协议发送的流，与控制通道无关。例如，RTSP 控制可通过 TCP 连接，而数据流通过 UDP。RTSP 通过建立并控制一个或几个时间同步的连续流数据，其中可能包括控制流，能够为服务器提供远程控制。另外，由于 RTSP 在语法和操作上与 HTTP 类似，RTSP 请求可由标准 HTTP 或描述消息内容类型的 Internet 标准(multipurpose internet mail extensions，MIME)解析器解析。与 HTTP 相比，RTSP 是双向的，即客户机和服务器都可以发出 RTSP 请求。

RTSP 是一个应用层协议，利用 RTSP 可以在服务器和客户端之间建立并控制连续的音频媒体和视频媒体流，进行服务器和客户端之间的网络远程控制，从而提供远程控制功能。RTSP 需要在独立于数据的通道中传输。RTSP 支持单播和多播，提供选择传送通道的方法，可以选择 UDP、多播 UDP 和 TCP。其底层的传输机制依赖于 RTP 或 TCP，RTSP 与底层的协议一起协调运行，提供完全的流服务。RTSP 是有状态的、对称的协议，它的语法和操作与 HTTP 相似。

5.9.4 流媒体的关键技术

为了在数据网络上传输媒体流，流媒体技术需要解决从音/视频源的编码/解码、存储，到网络端的媒体服务、媒体流传输，以及到用户端的播放等一系列问题。

由图5-25中可以看出，原始的音/视频流经过编码和压缩后，形成媒体文件加以存储(直播的方式不需要文件存储)，媒体服务器根据用户的请求将媒体文件(或者直播的媒体流)传递到用户端的媒体播放器。在媒体传输中间还可能需要代理服务器进行媒体内容的分发或转发。

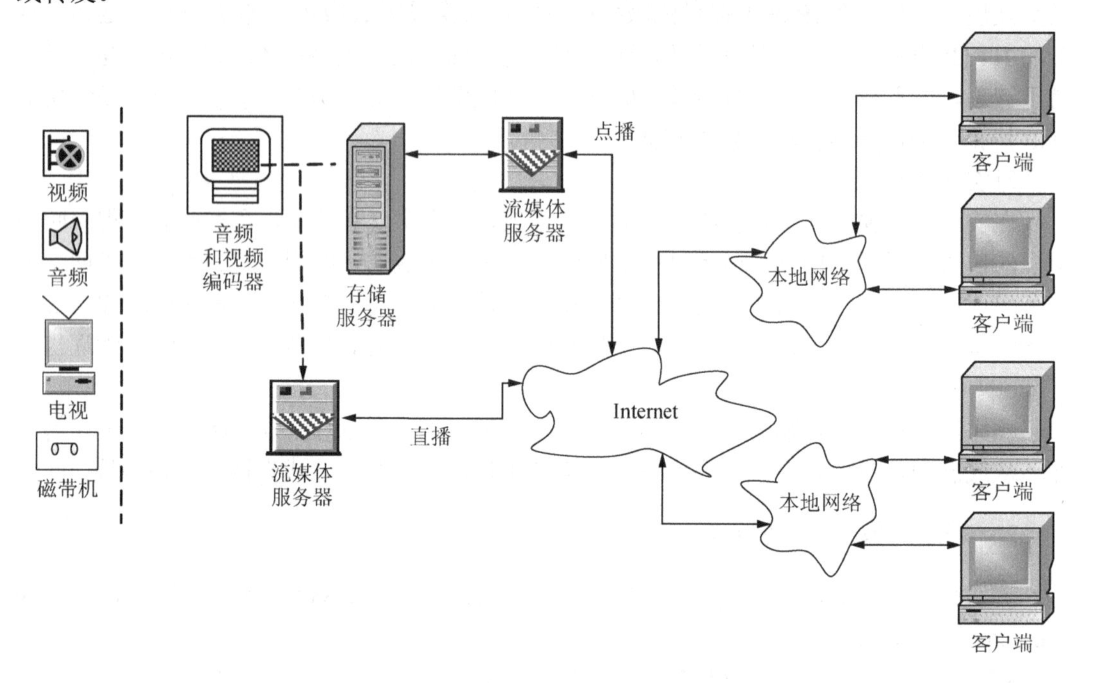

图 5-25　流媒体系统示意图

为了实现较好质量的流媒体实时播放，需要考虑媒体流传输的所有环节。其中，影响传输质量的三个最关键的因素是编码/压缩的性能和效率、媒体服务器的性能、媒体流传输的质量控制。

1) 编码/压缩的性能和效率

影响音/视频流压缩/编码性能的因素很多，首先是压缩效率。压缩效率要求在保证一定音/视频质量的前提下，媒体流的码流速率尽量低。其次是编码的冗余性和可见性。与普通的多媒体文件压缩/编码不同的是，流媒体文件需要在网络上实时传输，因此必须考虑传输中数据丢失对解码质量的影响。为了解决这个问题，采用了一些先进的编码技术，如错误弹性编码(error-resilient encoding)，在编码中通过适当的控制，使得发生数据丢失后能够最大限度地减少对质量的影响。在互联网环境下，最典型的方法是多描述编码(multiple description coding，MDC)。MDC将原始的视频序列压缩成多位流，每个流对应一种描述，每种描述都可以提供可接受的视觉质量，多个描述结合起来可以提供更好的质量。最后，媒体流的压缩/编码还需要考虑速率调节的能力，因为网络的拥塞状况是不断变化的，流媒体的编码必须能够适应网络速率的变化。一种有效的方法是采用可扩展的层次编码，可扩展的压缩/编码生成多个子位流(substream)，其中一个位流是基本位流，它可以独立解码，输出粗糙质量的视频序列，其他的子位流则起质量增强的作用，所有的子位流与基本位流一起还原出最好质量的视频序列。相应地，仅由部分的子位流(必须包含基本子位流)，还原出的视频质量较差。当网络速率变化时，可以通过调节流输出的层次来控制码流的速率，从而适应网络速率的变化。

2)媒体服务器的性能

随着流媒体规模的扩大，流媒体服务器的性能成为制约流媒体服务扩展能力的重要因素。流媒体服务器性能的关键指标是流输出能力和能同时支持的并发请求数量。影响流媒体服务器性能的因素很多，包括 CPU 能力、I/O 总线、存储带宽等。通常单个流媒体服务器的并发数都在几百以内，因此，为了具有更好的性能，目前的高性能流媒体服务器大多采用大规模并行处理的结构，如采用超立方体的结构将各个流媒体服务单元连接起来。还有一种方法是采用简单的 PC 集群方式，在这种方式下多个 PC 流媒体服务器通过局域网相连接，前端采用内容交换/负载均衡器将流媒体服务的请求分布到各个 PC 媒体服务单元。后一种方式性能较前一种方式低，但是成本较低，容易实现。

3)媒体流传输的质量控制

媒体流传输的质量控制是制约流媒体性能的最重要因素。由于流媒体传输对网络带宽、延迟、丢失率等都有很高的要求，而基于无连接的包交换 IP 网络对带宽资源和 QoS 的控制能力都比较弱，因此，在 IP 网络上进行流媒体传输时，需要采用一些应用层的质量控制机制来解决传输中的问题，这些质量控制机制可以分为几个层次。最常用的方式是采用速率适应机制，基本方法是通过一定的速率反馈机制，利用媒体流的速率层次编码能力，在媒体服务器端动态地调节流媒体的传输速率，保证客户端在网络可用带宽变化的情况下也能够正常地收看流媒体内容。速率适应机制附以差错控制和冗余控制能够有效地保证流媒体的正常收看。另外一种方法是采用内容分发网络(CDN)，采用 CDN 传输流媒体的优点主要包括三个方面：①应用层采用内容分发的方式降低了主干网络的流媒体流量，实现了基于应用层的组播仿真(即利用主机构建独立于网络层的逻辑组播树，并采用主机上的应用层软件进行组播转发)；②通过分布在网络边缘的流媒体服务器，避免了拥塞链路，提高了流媒体传输的性能和响应时间；③通过 CDN 能够有效地提高整个流媒体系统的扩展性，降低对每个流媒体服务器的性能要求。利用 CDN 传输流媒体是大规模流媒体应用的发展趋势。

除了以上介绍的问题外，宽带流媒体应用还需要解决媒体同步控制、安全、数字版权管理(digital rights management，DRM)、媒体兼容性等问题。

流媒体技术包含了从服务器构架到网络协议等一系列技术，目前这些技术还在不断发展和完善中。尽管如此，流媒体技术改变了传统互联网限于文本和图片的二维内容表现形式，是宽带应用的发展方向。同时流媒体能够广泛应用于 VOD、远程教学、网络广告、交互视频游戏等，因此大大拓宽了服务范围。可以预见，流媒体业务将成为宽带网络的主流信息业务。

习　　题

5-1 多媒体通信的关键技术包括哪些？

5-2 多媒体速率传输分为哪两种，各自的特点是什么？

5-3 试说明恒比特率数据传输的原理和特点。

5-4 什么是多媒体通信中的 QoS？

5-5 简述差错控制机制在多媒体通信中的应用。

5-6 什么是流媒体？流媒体的关键技术有哪些？

5-7 多媒体同步的参考模型分为几层？各层的作用是什么？

5-8 简要说明多媒体数据库管理系统的组成。

第6章　多媒体通信网络技术

6.1　概　　述

在多媒体通信的应用中，多媒体通信网络技术占据着十分重要的位置。目前提供多媒体服务的通信网络有五种基本类型：电话网、数据网、广播电视网、综合业务数据网、宽带多业务网络。采用多媒体网络技术可以将用户与分布的多媒体源连接起来，并以保证一定 QoS 的方式传输多媒体信息。随着多媒体通信日新月异的发展，其网络所能提供的相关功能将不断的完善，呈现出了三网融合的发展趋势。三网融合是指电信网、计算机网和有线电视网通过技术改造实现相互渗透、相互兼容，提供包括声音、数据、图像等综合多媒体的信息通信服务，它是多媒体通信网络发展的趋势。

6.2　多媒体通信对传输网络的要求

多媒体通信网络的关键技术取决于多媒体通信的特征和多媒体信息的特点。

6.2.1　多媒体通信的特征

多媒体通信的特征主要如下。

(1) 集成性。集成性是指多媒体通信系统能够对至少两种媒体数据进行处理，并且可以直接输出至少两种媒体数据。媒体数据包括文字数据、声音数据、图像数据、视频数据等。

(2) 交互性。交互性是指多媒体通信系统中用户与系统之间的相互控制能力，它包括两个方面：①人与终端之间的交互，具体地说就是用户在使用多媒体通信终端时，终端向用户提供的操作界面；②终端和系统之间的通信。

(3) 同步性。同步性是指多媒体通信终端在显示多媒体数据时，必须以同步方式进行，从而构成一个完整的信息显示在用户面前。

同步性是多媒体通信系统最根本的特征，此外还有实时性，这些特性共同构成多媒体通信系统的基础特征。

多媒体信息具有以下几个特点。

(1) 类型多。多媒体信息的形式多种多样，同一种信息类型在速率、延时及误码等方面也可能有不同的要求。因此，在多媒体通信系统中，需要采用多种形式的编码器、多种传输媒体接口及多种显示方式，才能与多种存储媒体进行信息交换。

(2) 数据速率可变。多种信息传输要求具有多种传输速率，如在低速数据的传输中，码率仅为每秒几百比特，而活动图像的传输码率高达每秒几十兆比特，因此多媒体通信系统必须提供可变的传输速率。各种信息媒体所需的传输码率如表 6-1 所示。

表 6-1　媒体信息传输码率

媒体	传输码率/(b/s)	压缩后码率/(b/s)	突发性峰值/平均峰值
数据、文本、静止图像	155～1.2G	<1.2G	3～1000
语音、音频	64k～1.536M	16k～384k	1～3
视频、动态图像	3～166M	56k～35M	1～10
高清晰度电视	1G	20M	—

(3)时延可变。对于压缩后的语音信号来说，其处理时延较小；对于压缩后的图像信号，则会产生较大的处理时延。因此，由此产生的不同时延将带来多媒体通信中不同类型媒体间的同步问题。

(4)连续性和突发性。在多媒体通信系统中，各种媒体信息数据具有不同的特性。一般来说，数据信息的传输具有突发性、离散性、非实时性；而活动图像的传输数据率较高，具有突发性、连续性、实时性；语音信号数据率较低，具有非突发性、实时性。

(5)数据量大。数据量大主要表现在信息的存储量及传输量上。一张 650MB 的 CD-ROM 光盘只能够存储 74s 经 MPEG-1 标准压缩后的数字录像信号。经 MPEG-2 标准压缩后的一部纪录片(2h 左右)在平均码率为 3Mb/s 时，需要约为 3GB 的存储空间。当传送高清晰度电视的原始信号时，则传输速率高达 1Gb/s。由此可见，多媒体通信系统需要存储量大的数据库和高传输速率通信网络的支持。

6.2.2　多媒体通信对网络的要求

多媒体通信对网络的要求可以分为两个方面。

1. 通信量的要求

通信量的要求包括传输带宽、时延和可靠性等，这些要求具体依赖于媒体数据的种类、数量和用户所要求的质量。在数据传输期间，必须进行资源控制和管理以满足多媒体应用的通信量要求，同时利用资源管理机制建立传输数据和可供利用各种资源之间的关系。参与通信的所有节点、网络节点、终端系统和数据交换中心都必须掌握有关资源要求的信息，并创建必要的状态以表示连接已经建立，从而确保视听数据的传输。

2. 功能上的要求

在功能方面，要求网络必须具备多播的功能，此外还应能够支持特定应用的要求。例如，视频会议经常需要多播服务，而交互式电视要求点对点服务，且下行流(视频服务器到用户)与上行流(用户到视频服务器)需要不对称带宽的分配。

6.3　网络对多媒体通信的支持

目前通信网络通常分为三类：电信网络、计算机网络和电视传播网络。

电信网络包括公用电话网(PSTN)、分组交换公用数据网(packet switched public data

network，PSPDN）、数字数据网（digital data network，DDN）、窄带综合业务数字网（N-ISND）和宽带综合业务数字网（B-ISDN）等。

计算机网络包括局域网（local area network，LAN）、广域网（wide area network，WAN）、光纤分布式数据接口（FDDI）、分布队列双总线（distributed queue dual bus，DQDB）等。

电视传播网络包括有线电视网（CATV）、混合光纤同轴网（hybrid fiber-coax，HFC）和卫星电视网等。

电信网络、计算机网络和电视传播网络等通信网络虽然可以传输多媒体信息，但都不同程度地存在这样或那样的缺陷。因为这些网络都是在一定历史条件下为某种应用而建立的，有的网络本身结构不适合传输多媒体信息，有的则是网络协议不能满足多媒体通信的要求。

总的来说，一个真正能为多媒体信息服务的通信网络，必须达到数据速率大于100Mb/s及连接时间从秒级到几个小时这两个主要方面的要求。此外，还需要增加语音、图像、视频信息的检索服务，以及由用户参与控制和无用户参与控制的分布服务能力；增加网络控制能力以适应不同媒体传输的需要；提供多种网络服务以适应不同应用的要求；提高网络交换能力以适应不同数据流的需要。

6.4　多媒体传输网络的分类

根据数据交换方式的不同，现有的多媒体通信网络可分为电路交换网络和存储-转发交换网络。

电路交换网络是指网络中两个终端在相互通信之前，需要建立起一条实际的物理链路。在通信中自始至终使用该条链路进行数据信息的传输，并且不允许其他终端同时享用该链路，通信结束后再拆除这条物理链路。可见，电路交换网络属于分配电路资源方式，即在一次接续中，电路资源就预先分配给一对用户固定使用，而且这两个用户终端之间是单独占据了一条物理信道。由于在电路交换网络中要求事先建立网络连接，然后才能进行数据信息的传输，所以电路交换网络是面向连接的网络。公用电话网络属于电路交换网络。

采用存储-转发交换方式的网络以分组作为其传输基本单位。在网络的交换节点处采取存储-转发方式，当用户分组由信源出发到达网络的交换节点时，节点先将整个分组存储下来，并根据分组头中所含的信宿标识进行路由选择，然后确定输出路由和输出队列表。一旦网络出现空闲，则将分组转发出去，直至到达信宿。在采用存储-转发交换方式的网络中，同一个信源发出的分组可以经过不同的路径到达信宿，在信宿中按序号将分组排列成正确的顺序。当两终端之间的数据量较大时，则适于采用虚电路方式。虚电路是在主叫终端与被叫终端之间建立的一种逻辑连接，主叫或被叫的任何一方都可以通过这种连接发送和接收数据，这种逻辑连接常称为虚连接，此时网络呈现面向连接的特征。虚电路并不独占线路和交换节点的资源，在一条物理线路上可以同时有多条虚电路。以太网、IP网都属于采用无连接方式的存储-转发交换网络。

当通过现有通信网络传输多媒体信息时，电路交换网络和采用存储-转发交换方式的网络呈现出不同的优缺点。电路交换网络的优点是在整个通信过程中，网络能够提供固定路由；能够保障固定的比特率；传输延时短；延时抖动只限于物理抖动。这些优点有利于多媒体信息的实时传输。其缺点是不支持组播，因为电路交换网络的设计思想是用于点到点的通信。

采用存储-转发交换方式的网络在传输多媒体信息时，其最大优点是复用的效率高。采用无连接方式时，省去了由呼叫建立产生的延时，从而有利于多媒体数据传输的实时性。但其不利之处是网络性能的不确定性，即不容易得到固定的比特率；传输延时受网络负荷的影响较大，因而延时抖动大。

6.5　多媒体通信网络的现状

6.5.1　公共交换电话网

公共交换电话网(PSTN)是一种以模拟技术为基础的电路交换网络，在网络互联中有着广泛的应用。在众多的广域网互联技术中，通过 PSTN 进行互联所要求的通信费用最低，但其数据传输质量及传输速度也最差，同时 PSTN 的网络资源利用率也较低。PSTN 以电路交换为基础，通过呼叫，在收、发端之间建立起一个独占的具有固定带宽的物理通道。但由于其电话信道带宽较窄，且用户线是模拟的，因此多媒体信息需要经过调制解调器(Modem)接入。

ITU 规定的 V.90 标准 Modem 传输速率可达 56kb/s，这给开放低速率的多媒体通信业务提供了可能性。开放低速率的多媒体通信业务包括低质量的可视电话和多媒体会议。当然，还可以通过对用户双绞线进行技术改造，如数字用户线路(digital subscribe line，DSL)、综合业务数字网(IDSN)等技术，使用户所用的带宽增加到 2Mb/s，甚至达到更高的速率，使其基本上可以支撑多媒体通信中所涉及的所有业务。

6.5.2　数字数据网

数字数据网(DDN)是一种专线上网方式。通常是指数万、数十万条以光缆为主体的数字电路，利用电信数字网的数字通道传输，采用时分复用技术，提供固定或半永久连接的电路交换型链接，其传输速率为 $p\times 64$kb/s($p=1\sim 31$)或更高，其传输通道对用户数据完全透明，可支持其他相关协议。

DDN 主要由六个部分组成：光纤或数字微波通信系统、智能节点或集线器设备、网络管理系统、数据电路终端设备、用户环路、用户端计算机或终端设备。其主要作用是向用户提供永久性和半永久性连接的数据传输信道。DDN 既可用于计算机之间的通信，也可用于传送数字化传真、数字话音、数字图像信号或其他数字化信号。永久性连接的数据传输信道是指用户间建立固定连接，且传输速率不变的独占带宽电路。半永久性连接的数字数据传输信道对用户来说是非交换性的，但用户可提出申请，由网络管理人员对其提出的传输速率、传输数据的目的地和传输路由进行修改。DDN 提供半固定连接的专用电路，是一种面向所有专线用户或专网用户的基础电信网，可为专线用户提供高速、点到点的数字传输。

DDN 本身是一种数据传输网，支持任何通信协议，但使用何种协议由用户决定(如 X.25 或帧中继)。所谓半固定是指根据用户需要临时建立的一种固定连接。对用户来说，专线申请之后，连接就已完成，且连接信道的数据传输速率、路由及所用的网络协议等随时可根据需要申请改变。

DDN 的主要特点为时延低且固定，占用的带宽较宽，适用于多媒体信息的实时传输等。但是，无论开放点对点、还是点对多点的通信，都需要网管中心来建立和释放连接，这就限制了它的服务对象必须是大型用户。

6.5.3　分组交换公众数据网

分组交换公众数据网(PSPDN)是一种基于 CCITT X.25 协议的网络，由于它可以动态地对用户的信息流分配带宽，因而可有效解决突发性、大信息流的传输问题。需要传输的数据在发送端被分割成单元(分组或称为打包)，网络中各节点交换机存储来自用户的数据包，等待电路空闲时再发送出去。分组交换网是数据通信的基础网，利用其网络平台可以开发多种增值业务，如电子信箱、电子数据交换、可视图文、传真存储转发、数据库检索等。

分组交换网的突出优点是可以在一条电路上同时开放多条虚电路，以满足多个用户同时使用的要求。该网络具有动态路由功能和先进的误码纠错功能，可以满足不同速率、不同型号的终端与终端、终端与计算机、计算机与计算机间，以及局域网间的通信。由于 PSPDN 是在低速率、高误码率的物理链路基础上发展起来的，其特性已不再适应目前多媒体通信所需要的高速远程链接的要求。因此，PSPDN 不适合于开放的多媒体通信业务。

6.5.4　帧中继网络

帧中继(frame relay，FR)网络是一种以帧为数据单位的传输模式，由于信息转移仅在链路层处理，从而使交换过程和协议大大简化。

帧中继是基于光纤数字传输和用户设备智能化、简化 X.25 网络节点协议功能的一种快速分组交换技术。与 X.25 相比，FR 更适合对速率和实时性要求更高的数据传输业务。由于 FR 具有较高的吞吐量和较低的时延，同时利用统计复用技术为用户动态提供网络资源，因而提高了网络资源的利用率。由于 FR 具有可靠性高、灵活性强的特点，因而对中高速、突发性强的多媒体业务具有较大的吸引力。

6.5.5　窄带综合业务数字网

窄带综合业务数字网(N-ISDN)是以电路交换为基础的网络，可以在一条普通电话线上提供语音、数据、图像等综合性业务，是一种经济、高速、多功能、覆盖范围广、接入简单的通信手段。它的最大优点，就是能将多种类型的电信业务，如电话、传真、可视电话、会议电视等综合在一个网内实现。用户可以通过一对电话线连接不同的终端，进行不同类型的高速、高质的业务通信。网络用户接入速率有两种：基本速率(basic rate interface，BRI) 144kb/s (2B＋D)和基群速率(primary rate interface，PRI) 2.048Mb/s (30B＋D)。由于 ISDN 实现了端到端的数字连接，从而可以支持包括语音、文本、图像等各种多媒体业务，满足不同用户的要求。通过多点控制单元建立多点连接，在 N-ISDN 上开放较高质量的可视电话会议和电视会议是目前较成熟的技术。

6.5.6 ATM 网络

20 世纪 80 年代中期，由于宽带综合业务数字网(B-ISDN)的出现，ATM 网随之得到迅速发展。

B-ISDN 采用光纤传输，提供具有不同比特率且服务要求各不相同的业务。它采用统一的交换方式支持不同的业务，ITU-T 为 B-ISDN 所选择的信息传输方式为异步传输模式(ATM)。B-ISDN 由于业务价格高昂，因而难以推广应用。然而，由于 ATM 允许按需分配带宽及保证 QoS，特别适合于分布式多媒体应用，因此有望成为高质量媒体传输的基础网络。

通常信息的传递过程(也称为转移模式)包括传输、复用和交换三个部分。传递方式可分为同步传递方式(synchronous transfer mode，STM)和 ATM 两种。STM 的主要特征是采用时分复用，各路信号均按一定时间间隔周期性地出现，因而可根据时间来识别各路信号。ATM 则采用统计时分复用，各路信号不是周期性地出现，而是需要一个标志信号。因此，ATM 可以识别每路信号，所以是异步传递方式。

ATM 的基本特征是信息的传输、复用和交换都是以定长数据单元为基本单位，称之为信元，而且使用简单的通信协议，以减少每个信元的处理量，从而加速信息交换。一个 ATM 信元具有 53 字节的固定长度，其中前 5 字节是信头，后 48 字节是数据。图 6-1 为用户-网络接口(user networks interface，UNI)和网络-网络接口(network to network interface，NNI)两种 ATM 信元的结构。

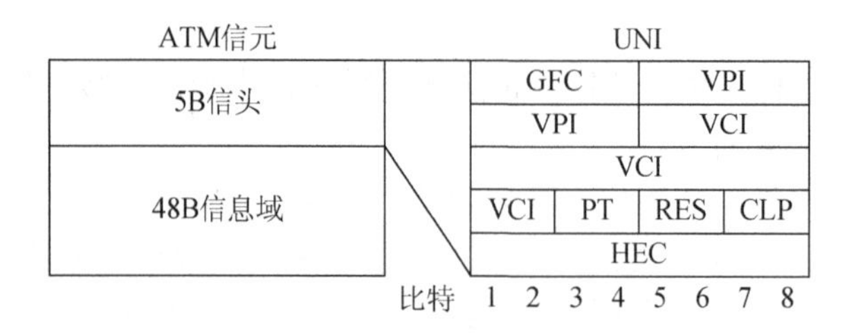

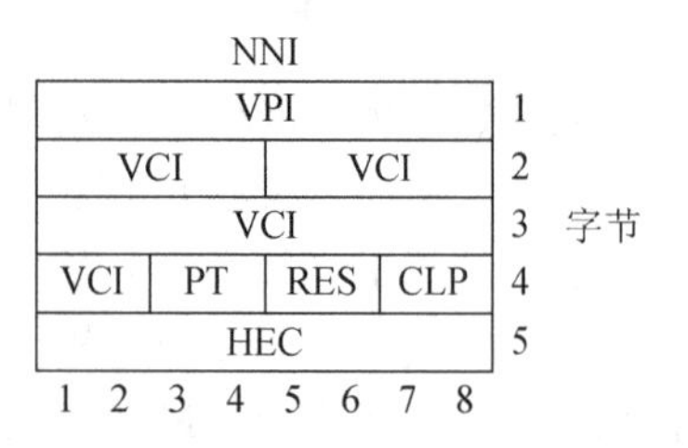

图 6-1　ATM 信元结构

数据类型域(payload type，PT)用来识别信息元所携带数据的类型；信元丢失优先级域(call loss priority，CLP)用来识别网络拥塞时信元被丢弃的优先程度；通用流量控制(generic flow control，GFC)是为在 UNI 处流量控制的需要而准备的；错误检测域(header error correction，HEC)则用于对信元头误码的校正；预留域 RES(Reserved)是用作将来扩展定义的保留位(现在指定为 0)；VPI(virtual path identifier)为虚路径标识符；VCI(virtual channel identifier)为虚通道标识符。

VPI 和 VCI 是 ATM 信元结构中最重要的两个部分，两者合起来构成一个信元的路由信息，ATM 为每个连接分配唯一的 VPI-VCI 组合。ATM 交换机就是根据各个信元的 VPI-VCI 组合来决定将其送到指定的线路。

在 ATM 网络中，使用虚路径(virtual path，VP)和虚通道(virtual channel，VC)两种连接方式，如图 6-2 所示。虚通道是 ATM 网络链路端点之间的一种逻辑联系，是在两个终端之间传送 ATM 信元的通信道路，可用于用户-用户、用户-网络、网络-网络的信息转移。

由此可见，任意两个终端都通过 ATM 的虚通道互相连接。虚路径是指两个终端之间存在的一组虚通道，这些虚通道聚合在一起，就像一条虚拟的管道。不同的 VC 通过 VCI 来标识，VCI 和 VPI 位于信元头中。在 ATM 的一个链接中，可以有多个逻辑通道。

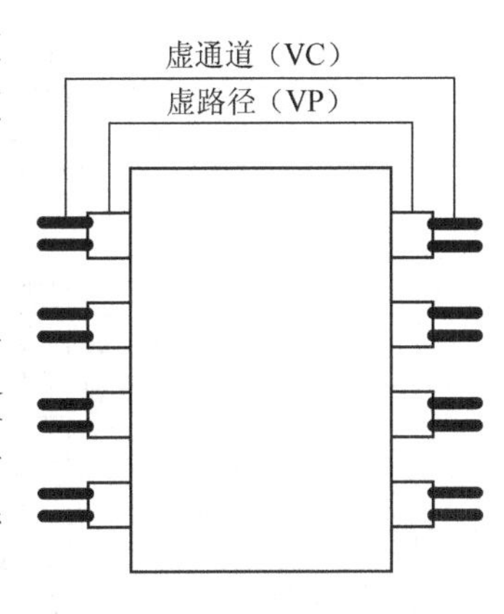

图 6-2 ATM 逻辑连接部件

图 6-3 是 ATM 网的网络结构。典型的 ATM 网主要包括 ATM 交换、传输、复用系统、ATM 业务终端等几个部分。ATM 复用系统是将用户端产生的各项业务变换成 ATM 信元，同时统计时分复用，并根据每个用户终端的实际需要动态分配带宽。接收端的变换则是发送端的逆过程。

ATM 网的传输信道均采用光纤信道，其主要的传输方式是基于同步数字体系(synchronous digital hierarchy，SDH)的传输方式。SDH 是同步传输系统，而 ATM 采用的是异步时分复用的方式，这意味着 ATM 信元中的每个比特要以同步时钟为基准，但就某一用户而言，这个用户信息的各个 ATM 信元是异步的。

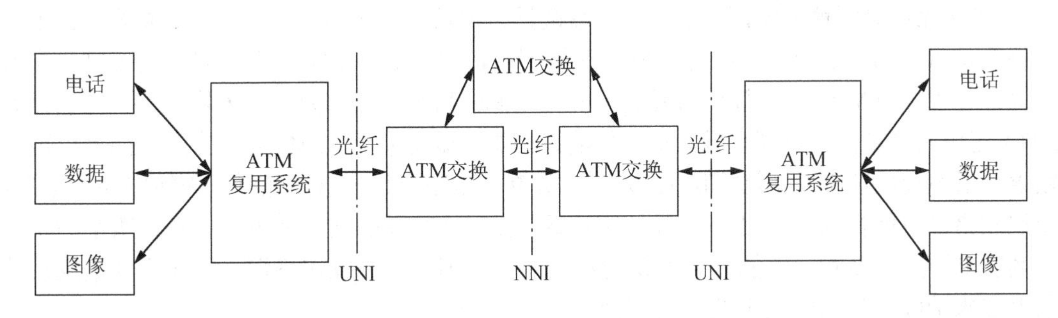

图 6-3 ATM 网的网络结构

在 ATM 网内，来自不同信息源(包括不同业务和不同发源地)的信元 A、B 汇集到一起，在一个缓存器内排队，如图 6-4 所示。队列中的信元按照输出次序时分复用在传输线路上，传输线路上的信元并不对应着某个固定的时隙，也不是按周期出现的。无论有无信息，线路都必须传送信元，用 Φ 表示。如果某时刻没有用户信息，这时线路上就会出现表示无有用信息的信元；反之，如果在某个时刻传输线上的信元都已排满，队列已经充满缓存器，这时后面来到的信元将会丢失。

ATM 的特点可归结为以下三点。

(1) ATM 网具有不变、可变的或面向突发的比特流。

(2) ATM 网可以灵活分配网络容量，动态地选择路由及带宽重用。

(3) ATM 网络为统一的、不依赖于比特率传输和交换的通信系统。

基于分组交换的 ATM，虽然被设计用来高速处理较大的话音、音频和视频通信量，但仍保留了处理突发数据的功能。ATM 虚电路交换既像电话交换方式那样适用于话音业务，又像分组交换方式那样适用于数据业务。对于要求低时延的通信系统，长度仅为 53B 的 ATM 信元便于排列成序列，也便于多媒体应用中各种不同信息类型间的同步。

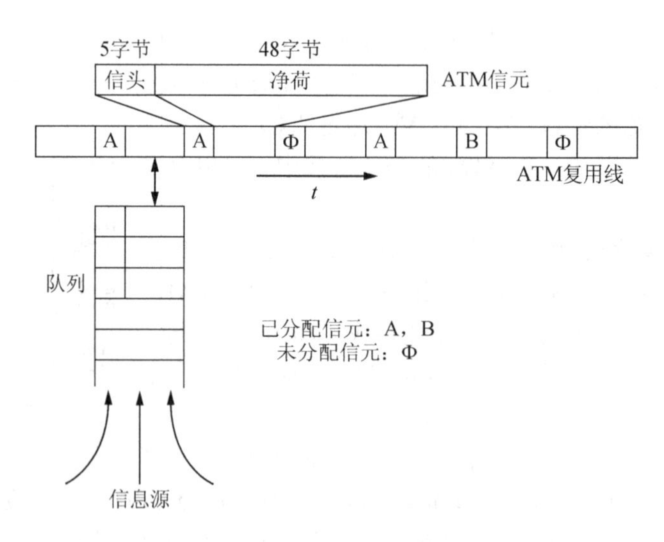

图 6-4　ATM 信元的复用

ATM 允许灵活地分配网络容量，动态选择路由及带宽重用。由于视频压缩算法产生的比特率是可变的，因而在视频源的低活动周期内，同一信道中空余出来的带宽可以分配给其他源使用。ATM 没有对整个信元进行差错检测，只对信头部分进行差错检测，这意味着 ATM 交换取消了信息反馈重发。实际传输过程中，即使某个 ATM 信元的信头部分出现了错误，也不会反馈重发，是将该 ATM 信元丢弃。这是因为一方面光纤传输线路质量很高，出现差错的可能性很小；另一方面，对于要求实时性较高的话音和电视图像，微小的差错对其影响不大。而对于不能容忍差错的数据业务，则可以通过在终端上附加反馈重发功能的办法来消除通信网中发生的传送差错。

ATM 在多媒体通信中也有一些限制。除了反馈重发造成的随机时延外，ATM 信元还可能会在交换机内部及中继线路上产生延迟，这种延迟主要是由于排队造成的。此外语音的分组和去分组会产生额外的时延，因此需要采取相应的补偿措施。对于 ATM 网络来说，要提供真正的动态比特率(variable bit rate，VBR)业务也是有困难的。一种满足 VBR 通信量 QoS 要求的方法是为其分配等于其峰值通信量速率的带宽，从而为系统提供了一个确切的 QoS 保证，但该方法效率较低；也可以利用 ATM 网络的统计复用，分配一个等于其平均通信量速率的带宽，但该方法只能提供统计上的 QoS 保证。另一种解决办法是用缓存器对通信量进行平滑或整形，使其近似于恒定比特率(constant bit rate，CBR)通信量。

当线路上没有足够的通信能力来满足用户通信要求时，ATM 交换机可以发出一个信令信元给终端，告诉终端网络现在忙碌。ATM 可以根据用户业务类型规范交换机对通信能力的要求，使有些业务在网络忙碌时可以丢掉一些信元，有些业务可以在交换机中多等待一会。

ATM 网最终的目标是通用网，即在网络内使用统一的比特率，并且通过与信息类型无关的接入来提供所有的服务。人们期望 ATM 网能够达到两方面的最佳性能：在拥有计算机网络的灵活性和高效率的同时，为实时服务的可靠传输提供充分保证。

6.5.7　互联网

互联网由多个计算机网络相互连接而成，通过互联网人们可以与远在千里之外的朋友相互发送电子邮件、共同娱乐、共同完成一项工作。

TCP/IP 协议是互联网的核心协议。TCP/IP 是由 100 多个不同协议构成的协议族，这个协议族可使计算机及其终端用户通过由不同介质构成的任意大小的网络进行互相通信。在这些协议中，TCP 和 IP 是两个最重要的协议。IP 协议负责计算机之间的信息传输，TCP 协议则保证传输信息的可靠性。图 6-5 为 IP 网络结构。

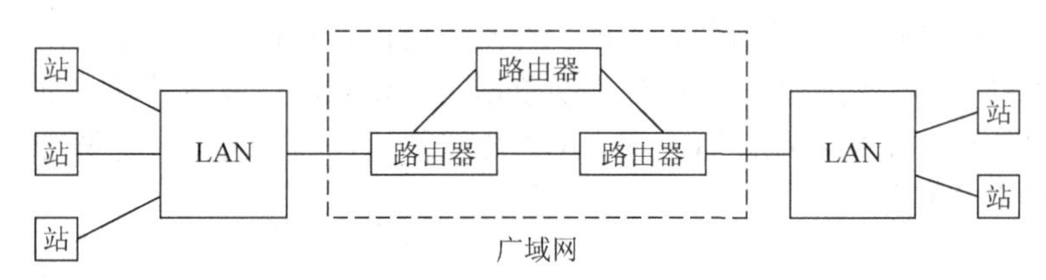

图 6-5　IP 网络的结构

图 6-6 为 TCP/IP 的参考模型，其中包括四层结构：应用层、传输层、IP 层和网路接口层。图中的网络相当于物理传输介质。

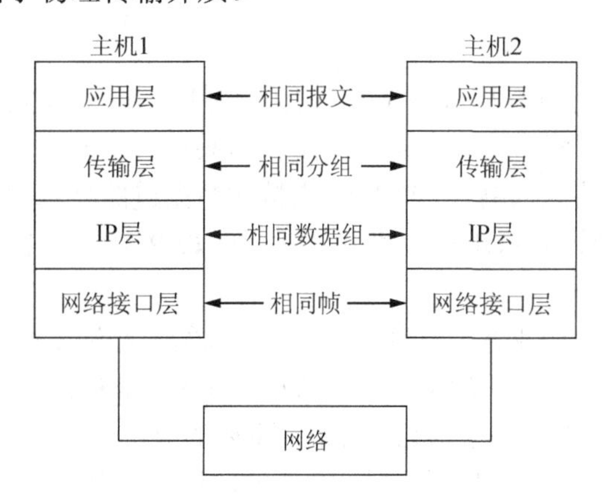

图 6-6　TCP/IP 参考模型

1. *应用层*

应用层为应用程序提供访问其他层服务的能力，并定义应用程序用于交换数据的协议。根据用户对网络使用需求不同，互联网组织已经制定了非常丰富的应用层协议。随着用户需求的增加和网络性能的提高，不断有新的应用层协议加入。TCP/IP 中常用的应用层协议如下。

(1) 超文本传输协议(HTTP)：用于传输组成万维网(world wide web，WWW) Web 页面的文件。

(2) 文件传输协议(file transfer protocol，FTP)：用于交互式文件传输。

(3) 域名系统(domain name system，DNS)：用于将域名解析成 IP 地址。

(4) 简单邮件传输协议(simple mail transfer protocol，SMTP)：用于邮件服务器之间的邮件传输。

(5) 简单网络管理协议(simple network management protocol，SNMP)：用于在网络管理控制台和网络设备之间选择和交换网络管理信息。

(6)终端仿真协议(telnet)：用于远程用户登录到网络主机。

2. 传输层

传输层位于TCP/IP模型中IP层之上，其设计目标是允许源和主机上的对等体之间进行对话。传输层由用户数据报协议(UDP)和传输控制协议(transport control protocol，TCP)两个协议构成。TCP在源和目的之间提供一种面向连接、可靠的传输服务。UDP则提供一种无连接、不可靠的传输服务，在进行交换数据时不要求确认或者传输保证，并要求其他协议实现差错处理和重传功能。TCP和UDP协议都运行在主机上，能够分别为不同的应用程序提供特定的服务。

3. IP层

IP层只负责将数据分组从源转发到目的地。在每一个分组中，都包含一个目的IP地址的字段，IP层利用这个字段信息将分组转发到IP地址指定的目的地。

4. 网络接口层

TCP/IP参考模型中并没有明确规定应该有哪些具体的协议，它只是指出主机必须通过某个协议连接到网络上。网络接口层定义了主机与某种特定介质的物理连接特性，以及在该介质上发送和接收的信息帧格式。TCP/IP支持的数据链路技术很多，包括以太网、ATM、令牌环、光纤分布数据接口(FDDI)、帧中继等。TCP/IP的优点在于它可以在几乎任何一种物理网络上运行。

IP网络提供数据包传送业务，而将可靠性问题留给了终端系统。对于广大地域的服务，IP网络采用全球寻址方案。目前的IP有两个版本：IPv4和IPv6。与IPv4相比，IPv6内部进行了多种简化，很多功能得到了增强，其中最重要的改进就是IPv6大大增加了地址空间。

IPv6并不是一种全新的协议，它只是IPv4的改进和增强，只要解决了兼容性的问题，两者之间就可以实现平滑过渡。

6.5.8 无线网络

无线网络通信的优点在于它的传输媒介的广域性，并且摆脱了电缆的束缚，为使用者带来了很多方便。人们希望能够通过便携式设备，在任何地方、任何时间以高性价比的方式进行多媒体信息的交换。

无线网络可以分为蜂窝移动通信、寻呼移动通信、集群移动通信、卫星通信、微波传输、无线局域网和无线城域网等。

1. 模拟移动通信网

第一代移动通信系统采用模拟技术，接入方式为频分多址(frequency division multiple access，FDMA)，其标准因地区而异，欧洲和亚洲采用的标准称为TACS(Total Access Communication System)标准，北美则采用称为AMPS(Advanced Mobile Phone System)的标准。AMPS系统工作在800～900MHz，其中上行和下行线路分别占用824～849MHz和869～894MHz的频段，这两个频段分别分成两个部分。AMPS采用模拟调制技术将一路电话调制到 30kHz 的信道上，因此一个网络运营商总共可以支持 416 个双向(上行和下行)信道。AMPS 采用重用系数 N 为 7 的频率复用蜂窝结构，每个小区支持的双向信道数为 416/7。频带利用率是衡量蜂窝系统的一个重要指标，它代表一个小区每 MHz 带宽支持的话路数，AMPS 的频带利用率为 2.26%。在第一代移动网络上，数据传输需要使用调制解调器，其典型数据率为 9.6kb/s。

2. 第二代移动通信网

第二代移动通信网采用数字技术，在接入方式上分为时分多址(time division multiple access，TDMA)和码分多址(CDMA)两大类。采用 TDMA 的欧洲标准为 GSM，北美标准为 IS 系列(IS-54/136)；由美国 Qualcomm 公司首先提出的 CDMA 成为了美国的 IS-95 标准。我国的第二代移动通信网络采用了 GSM 和 CDMA 两种标准。

3. 第三代移动通信网

多媒体业务的潜在需求对蜂窝网的传输速率提出了更高的要求，同时短信的传输需求和互联网无线接入的要求，推动了蜂窝网的无线接入从电路交换向分组交换的转化。ITU-T 于 1998 年提出的 IMT-2000 需求建议书中，将新的频段划分给了移动通信使用。随后，该项目被称为第三代移动通信技术(3rd generation，3G)或者通用移动通信系统(universal mobile telecommunications system，UMTS)。

一些地区性的组织和工业联盟据此分别提出了相关的标准建议。目前 ITU-T 已经接受的第三代移动通信标准主要有三种：宽带码分多址(wideband code division multiple access，WCDMA)、CDMA 2000(code division multiple access 2000)和时分同步码分多址(time division-synchronous code division multiple access，TD-SCDMA)。在我国，中国移动所采用的是自主研发的 TD-SCDMA 制式，中国联通采用的是 WCDMA 制式，中国电信则采用的是 CDMA 2000 制式，它们都基于宽带 CDMA 技术。在 3G 移动通信中，典型的数据率对于室内静止应用可达 2Mb/s；对于室外低速和高速应用，则分别为 384kb/s 和 128kb/s。

4. 下一代移动通信网络

ITU-T 在 2005 年为下一代移动通信网络提出了 IMT advanced(International Mobile Telecommunications Advanced)的需求建议书，并在 2008 年制定标准。目前，全球各个国家和地区的通信组织正在积极开展这方面的研究。第三代合作伙伴计划(3GPP)和第三代合作伙伴计划 2(3rd generation partnership project 2,3GPP2)分别提出了长期演进(long term evolution，LTE)和空中接口演进(air interface evolution，AIE)的发展计划。

2004 年 ITU-T 在它的两个建议中对下一代网络(NGN)的基本特征给出了明确的定义：①它是一个包交换的网络；②具有 QoS 机制；③与业务有关的功能独立于底层与传输有关的技术；④允许用户自由地通过有线和无线宽带网络接入所需要的业务；⑤支持固定和移动终端，为用户提供无处不在的优质服务。

NGN 是基于 TDMA 的 PSTN 语音网络和基于 IP/ATM 的分组网络融合的产物，它使得在新一代网络上实现语音、视频、数据等综合业务成为了可能。NGN 是一种可以同时提供话音、数据、多媒体等多种业务的综合性、全开放的宽频网络平台体系，可实现千兆光纤到户。NGN 可以在目前的网络基础上提供包括话音、数据、多媒体等多种服务，还可将目前用于长途电话的低资费 IP 电话引入本地市话，从而大大降低本地通话费的成本和价格。

NGN 是传统电信技术发展和演进的一个重要里程碑。从网络特征和网络发展上看，它源于传统智能网的业务和呼叫控制相分离的基本理念，并将承载网络分组化、用户接入多样化等网络技术思路在统一的网络体系结构下实现。因此，准确地说 NGN 并不是一场技术革命，而是一种网络体系的革命。它继承了现有电信技术的优势，是一种以软交换为控制核心、以分组交换网络为传输平台、结合多种接入方式(包括固定网、移动网等)的网络体系。

6.6 三网融合技术

6.6.1 三网融合的概念

三网融合是指电信网、计算机网和有线电视网通过技术改造实现相互渗透、相互兼容，提供包括语言、数据、图像等综合多媒体的信息通信服务。在现阶段，三网融合并不意味着电信网、计算机网和有线电视网的物理合一，更主要是指三者在高层业务上的融合。其表现为技术上趋向一致；网络层上实现互联互通，形成无缝覆盖；业务层上互相渗透和交叉；网络上趋向使用统一的 IP 技术(协议)；经营上互相竞争、互相合作，朝着为用户提供多样化、多媒体化、个性化服务的目标发展；行业管制和政策方面也逐渐趋向统一。

从融合对象的角度看，三网融合主要包括以下四个层面的融合。

(1) 业务融合。三网融合首先体现在业务融合方面，即在同一个网络上，能够同时开展语音、数据和视频等多种不同的业务。交互式网络电视(IPTV)、手机电视、网络电话(voice over internet protocol，VoIP)、网络电视、电视/网络购物等业务将是三网融合的主要业务。

(2) 网络融合。通过推进下一代宽带通信网、广播电视网和互联网等网络基础设施的建设，有线电视网和电信网将逐渐走向同质化，实现不同网络之间的互联互通、无缝覆盖。

(3) 监管融合。伴随着业务与网络的发展，各管理部门将有可能进一步针对不同管理对象(内容和网络)实现管理功能的融合，逐步实现监管融合。

(4) 终端融合。三网融合将进一步促进包括具有联网功能的电视、升级的智能手机等 3C(computer、communication、consumer electronics)领域接收终端的融合和发展。

6.6.2 三网融合的关键技术

电信网是构成多个用户相互通信、多个电信系统互连的体系，是人类实现远距离通信的重要基础设施。

传统的电信网是垂直的封闭式网络，一种业务对应一种网络。固定电话网、移动网等多种网络并存，各网采用分立、垂直管理的方式，相对独立地发展，并且提供不同的业务。

目前，电信网已经逐步从分立结构演进成为分层结构，一般包括接入网、承载网、核心网、业务网，以及支撑网等多个层次，如图 6-7 所示。

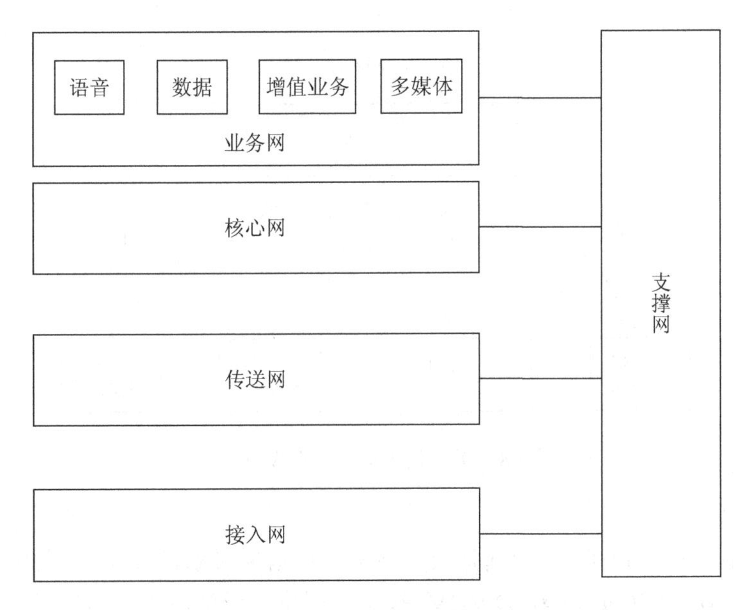

图 6-7　电信网结构垂直视图

将一个网络分解为若干独立的层面，一方面简化了网络规划与设计，有助于独立地引入新技术与新拓扑；同时通过业务与网络的分离构建了对多业务的承载能力，顺应了业务数据化、IP 化的发展趋势，适应了多重业务提供与三网融合的服务需求。

电信网虽然已建立了较为完善的以承载语言业务为主的电路交换网络和以承载互联网业务为主的 IP 网络，但从满足三网融合业务的需求来看，需要建立协同的业务平台和统一的业务接口；建立语音、视频、互联网等统一的分组承载网络；建立有线、无线、移动、传感等多手段的宽带接入网；并在终端实现多模化和多频化。

通信技术的快速发展是支撑电信网向适应三网融合背景下新业务需求演进的重要基础。近年来，多种多媒体应用技术的兴起与全球 IP 业务的发展，使得电信网加快向下一代综合信息网演进。下一代综合信息网提供包括电信业务在内的多种业务，能够利用多种带宽和具有 QoS 能力的传送技术，实现业务功能与底层传送技术的分离；提供用户对不同业务提供商的自由接入，并支持通用性，实现用户对业务使用的一致性和统一性；提供语音、数据及多媒体业务，实现各网络终端用户之间的业务互通及共享。从广义上说，下一代网络包括下一代交换网、下一代传送网、下一代数据网、下一代接入网和下一代移动网。下一代电信网主要发展方向与关键技术如图 6-8 所示。

1. 三网融合传送网的关键技术

传送网是整个电信网的基础，它为整个网络所承载的业务提供传输通道和传输平台。三网融合后网络需要更高的速率、更大的容量。用于传送网的最理想技术是以光纤为传送基础的光传送网(optical transport network，OTN)、自动交换光网络(automatically switched optical network，ASON)等技术。

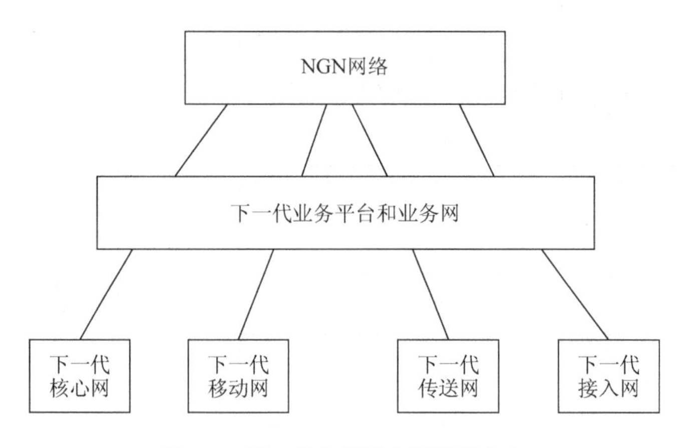

图 6-8 下一代电信网主要发展方向

1) 光传送网

随着通信业务的迅速扩大，特别是数据业务对核心网带宽的需求，密集波分复用(dense wavelength division multiplexing，DWDM)技术已得到广泛的应用。但传统的 DWDM 系统通常被认为只是点到点的线路技术，在业务调度组网技术方面存在着很多不足。同时上层 IP 业务的迅速发展，要求底层传输平台具有更多的灵活性和智能性。因此，光传送网面向 IP 业务、适配 IP 业务的传送需求已经成为光通信下一步发展的重要方向。

OTN 是在 SDH 和波分复用(wavelength division multiplexing，WDM)技术的基础上发展起来的下一代骨干传送网。OTN 较好地结合了这两种技术的优势，集传送和交换能力于一体，是一种承载宽带 IP 业务的理想平台。

就技术而言，OTN 在 SDH 和 WDM 传统优势基础上进行了更为有效的继承和组合，同时扩展了与业务传送需求相适应的组网功能；从设备类型来看，OTN 设备相当于将 SDH 和 WDM 设备融合为一种设备，同时拓展了原有设备类型的优势功能。

2) 自动交换光网络

随着计算机技术与通信技术结合的进一步加强，以及在光网络组网、调度、控制、生存性等各方面的需要，在光网络中加入自动发现能力、连接控制技术和更完善的保护恢复功能是光网络智能化发展的目标。

ASON 是以 SDH 和 OTN 为基础的自动交换传送网，它采用控制平面来完成配置和连接管理，是一种由 SDH 和 OTN 等光传输系统构成的智能传输网络。

采用 ASON 技术，可以使传统的多层、复杂的网络结构变得简单和扁平化。光网络层直接承载业务，避免了传统网络中业务升级时受到的多重限制，从而满足用户对资源的动态分配、高效保护恢复能力，以及波长应用新业务等方面的需求。

根据 ASON 的功能可分为传送平面、控制平面和管理平面，各个平面相对独立，相互之间协调工作。

(1) 传送平面。传送平面包含提供子网络连接的网元，网元由一系列的传送实体组成，传送平面是业务传送的通道，可提供端到端用户信息的单向和双向传输。

(2) 控制平面。控制平面主要面向客户业务，负责对连接请求进行接受、发现、寻路和链接，其功能结构可以划分为资源发现、状态信息传播、通道选择和通道控制等，侧重于业务交换的实时性。与传统传输技术相比，ASON 技术的最大特点是引入了控制平面，控制平面的主要功能是通过信令来支持建立、拆除和维护端到端连接的能力，同时选择最合适的路径。通过智能的控制层面来建立呼叫和连接，使交换、传输、数据三个部分又增加了一个新的交集，实现了真正意义上的路由设置、端到端业务调度和网络自动恢复。

(3)管理平面。管理平面主要面向网络运营商，以实现规范管理。它的重要特征是管理功能的分布化和智能化。其中，网络资源管理的智能化集中在业务层，而光学资源的管理将通过一个由业务层和光传输层所共享的控制平面提供。ASON 的管理平面和控制平面在技术上是互补的，可以实现对网络资源的动态配置、性能检测、故障管理及路由规划等。

2. 三网融合移动网的关键技术

移动网是指通信的双方或至少有一方可以在运动中进行信息传输和交换的通信方式。移动通信受时间和空间的限制，能传送包括语音、数据、传真、图像等多种业务。移动网接入则是由网络管理系统、基站控制器、基站和用户站组成。用户站也称为无线网络终端。随着移动通信技术的不断发展，无线宽带接入网进一步得到普及。接入技术包括 GSM、CDMA、通用无线分组业务(GPRS)、增强型 GPRS(enhanced data rate for gsm evolution，EDGE)接入技术和 3G 及第四代移动通信技术(4rd generation，4G)。

蜂窝移动通信系统经过了第一代和第二代的发展，随着 1998 年 3G 系统国际标准化工作的开展，WCDMA 系统、TD-SCDMA 系统与 CDMA2000 系统成为 ITU 规范的 3G 主流标准，并成为目前移动网的主流技术。由于 3G 的核心网标准还有待统一，同时带宽又不能满足用户的需求，下一代网络中的 LTE、4G 等关键技术成为人们关注的焦点。

1)LTE

3GPP 长期演进项目 LTE 是近年来 3GPP 启动的新技术研发项目。以正交频分复用技术(orthogonal frequency division multiplexing，OFDM)/FDMA 为核心的 LTE 技术可以认为是准 4G 技术。LTE 项目是 3G 的演进，它改进并增强了 3G 的空中接入技术，并且采用 OFDM 和多输入多输出(multiple-input multiple-output，MIMO)作为其无线网络演进的唯一标准。LTE 在 20MHz 带宽下能够提供下行 100Mb/s 与上行 50Mb/s 的峰值速率，从而改善了小区边缘用户的性能，提高了小区容量，降低了系统延迟。

OFDM 技术是 LTE 系统的技术基础和主要特点，OFDM 系统参数的设定对整个系统的性能会产生决定性的影响，而载波间隔又是 OFDM 系统的最基本参数，通常取值为 15kHz。上、下行的最小带宽为 375 kHz，为 25 个子载波的宽度。

MIMO 技术是提高系统速率的最主要手段。LTE 确定 MIMO 天线个数的基本配置是下行 2×2、上行 1×2，同时也可设为 4×4 的高档配置。此外，LTE 采用小区干扰抑制技术以改善小区边缘的数据速率和系统容量。

此外，在 3G 原有的正交相移键控(quaternary phase shift keying，QPSK)、十六进制正交幅度调制(quaternary amplitude modulation，16QAM)基础上，LTE 系统还增加了 64QAM 高阶调制。LTE 下行方案可分为发射分集和空间复用两大类。

2)4G

4G 是基于 IP 协议的高速蜂窝移动网，其传输速率比现有的网络高 1000 倍左右，在低速状态下能达到 1000Mb/s。4G 是 3G 技术的进一步演化，在传统通信网络和技术的基础上，4G 提高了无线通信的网络效率和功能。4G 不仅仅包括传统移动通信领域的技术，还包括宽带无线接入领域的新技术和广播电视领域的技术。4G 网络具有以下特性。

(1) 在保持成本效率的条件下，达到世界范围内的高度通用性。

(2) 支持 IMT 业务和固定网络业务。

(3) 能够与其他无线网络系统互通。

(4) 高质量的移动服务。

(5) 用户终端适合全球使用。

(6) 世界范围内的漫游能力。

(7) 增强的峰值速率。

3. 三网融合接入网的关键技术

接入网是指骨干网络到用户终端之间的所有设备，其长度一般为几百米到几千米，主要包含有线接入网技术和无线接入网技术。

1) 有线接入网技术

数字用户专线(DSL)是目前应用最广泛的有线接入网技术之一。DSL 技术随着网络业务的发展一直在不断改进。自第一代非对称数字用户线路(asymmetric digital subscriber line，ADSL)标准颁布后，该技术逐步发展成熟，在解决了工艺、互通等方面的问题之后进入了快速发展时期。

无源光纤网络(passive optical network，PON)技术是宽带光接入技术的主流技术。目前，基于 PON 的光纤用户接入网(fiber-to-the-x，FTTx)技术已经达到商用要求，且被全球各主流运营商用于实施有线宽带基础设施的全面升级。基于 PON 的 FTTx 技术使用单根光纤，能够以平均超过 100Mb/s 的速率接入数十个用户，并可保证用户接入宽带，从而大大减少对用户光缆的需求，节省大量的基础设施投资。由于基于 PON 的 FTTx 具有高带宽、高 QoS、高性价比等特点，现已成为三网融合中接入网组网技术的首选，是近阶段有线宽带网络发展的方向。

目前，PON 的代表技术为以太无源光网络(ethernet passive optical network，EPON)和千兆无源光网络(gigabit-capable pon，GPON)技术，基于 ATM 的无源光网络 APON(ATM PON 的简称)和宽带无源光网络技术(broadband passive optical network，BPON)，由于成本高、带宽低，目前已基本被市场淘汰。EPON 技术主要基于 IEEE 802.3ah 标准，采用点到点的通信方式，简化了传统的多层重叠网结构。EPON 可提供 2.5Gb/s 的速率，并降低了设备成本。GPON 采用 ITU-T 标准，可灵活提供多种对称和非对称上下行速率，传输距离至少达到 60km，在速率、速率灵活性、传输距离和分路比方面都比 EPON 有优势。

2) 无线接入网技术

无线接入网技术是指通过无线介质将用户终端与网络节点连接起来，以实现用户与网络间的信息传递。与有线接入方式相比，无线接入网具有组网灵活、扩容方便、维护费用和运营成本低、安装快捷、系统简单、覆盖范围广等优势。此外，随着社会经济的发展，人们对网络接入的即时性提出了越来越高的要求，无线接入网为满足人们的这种需求提供了可能。

常用的无线宽带接入技术主要有 Wi-Fi 及 WCDMA、CDMA2000、TD-SCDMA 等，

未来 2G、3G 及 LTE，甚至 4G 将长期共存。

Wi-Fi 是基于 IEEE 802.11 系列标准的无线局域网(wireless local area networks，WLAN)技术。IEEE 802.11 标准系列定义了介质访问接入控制层(media access control，MAC)和物理层(physical layer device，PHY)。物理层定义了工作在 2.4GHz 的 ISM 频段上的两种无线扩频方式跳频扩频(frequency-hopping spread spectrum，FHSS)和直接序列扩频(direct sequence spread spectrum，dsss)和红外方式，数据传输速率为 2Mb/s，在 MAC 层则使用载波侦听多路访问/冲突避免(carry sense multiple access/collision avoidance，CSMA/CA)协议。IEEE 802.11a 定义了 5GHz ISM 频段上、数据传输速率可达 54Mb/s 的物理层，采用 OFDM 调制技术，传输速率范围为 6～54Mb/s，共有 12 个不重叠的传输信道，能满足室内和室外应用；IEEE 802.11b 定义了 2.4GHz ISM 频段上、数据传输速率达 11Mb/s 的物理层，调制方式采用补偿码键控(complementary code keying，CCK)，共有三个不重叠的传输信道。由于 2.4GHz 的 ISM 频段为世界上绝大多数国家所通用，因此 IEEE 802.11b 得到了最为广泛的应用。IEEE 802.11g 作为 IEEE 802.11 的物理层补充，工作在 2.4GHz，数据速率为 54Mb/s，共有三个不重叠的传输信道。它虽然同样工作在 2.4 GHz 频段，但由于该标准中使用了与 802.11a 标准相同的调制方式 OFDM，使网络达到了 54Mb/s 的高传输速率。而正在进行标准化的 IEEE 802.11n 采用了多输入多输出-正交频分复用技术(MIMO-OFDM)，能够提供高达 108Mb/s 的传输速率，且前向兼容 802.11a/b/g。其他相关的 802.11 系列标准还包括 IEEE 802.11c、802.11d、802.11e、802.11f、802.11i 等，分别用于解决 WLAN 的 QoS、互联、安全等相关问题。

6.7　多媒体通信网络发展的趋势

NGN 已成为电信网未来发展的方向，它将继承电信网可赢利、可管理的业务提供模式，并吸收互联网灵活开放的优点，为广大用户提供丰富多彩的综合服务信息。

当前，电信网正朝着 IP 化、宽带化和移动化方向发展，在通信网络各层之间互相渗透、互相融合的同时，网络的承载、控制业务层逐渐分离。对业务而言，基础电信网络与有线电视网络等其他网络趋于同质化，提供包括语音、数据、图像等综合多媒体的通信业务。

1. IP 化

在电信网和互联网融合的大趋势下，随着用户的应用越来越多地以 IP 数据包的形式呈现，电信网中骨干网的 IP 流量占有比由开始的少量到现在的 99%，同时伴随着 IP 数据通信技术的不断发展和成熟，电信网络作为承载语音、视频和数据业务的统一平台的优势越来越被运营商所重视。

IP 化是电信网向下一代网络发展中迈出的极为关键的一步。IP 化的电信网具有 IP 网的灵活性，能够提供数据、语音、视频相结合的宽带电信业务，并拥有电信网的高稳定性、可靠性和高可管理性。该电信网不仅能够按照运营商对业务的设计要求自主地调度全部网络资源，保证现有电信业务的 QoS，同时还可以提供一个开放式的体系结构，方便地生成新业务并向第三方运营商提供服务。

通信网络在 IP 化进程中存在很多问题。首先，以 IP 为基础的互联网业务采用的是尽力而为的原则，很多情况下 QoS 无法得到保证。因此，通信网 IP 化首先要解决 QoS 问题。解决 QoS 问题的关键是保证业务能够获得它所需要的资源，当每一类业务都能分配到它所需要的网络资源时，就能保证该类业务的 QoS。其次，互联网的不管理与无序性，导致了照搬其理念的 IP 网存在不安全性与不可靠性。另外，通信网 IP 化还面临着可运营性、可管理性及商业模式探索问题，这些问题在电信运营商的转型中都应得到考虑，并逐渐完善。

针对目前互联网存在的一系列问题，人们开始研究下一代互联网技术。下一代互联网具有更快、更大、更安全、支持多业务平台、满足不同 QoS 要求等特点。具有代表性的下一代互联网技术主要包括网络语音技术、流媒体技术和接入认证技术。

1) 网络语音技术

网络语音技术(VoIP)是指在应用互联网协议的网络上进行语音传输的技术，是互联网多媒体通信最为典型和普遍的应用技术。传统的电话网以电路交换方式完成语音传输，所要求的传输带宽为 64kb/s。而 VoIP 以 IP 分组交换网络为传输平台，在对模拟语音信号进行压缩、打包之后，采用无连接的 UDP 进行传输。由于 IP 分组网络采用的是尽力而为、无连接的技术，因此对 QoS 没有保证，存在分组丢失、失序和时延抖动等情况。而 VoIP 业务对时序、时延等有严格的要求，必须采取特殊的措施来保障业务质量。其主要技术包括以下几种。

(1) 信令技术。信令技术保证电话呼叫的顺利实现和话音质量，目前被广泛接受的 VoIP 控制信令体系包括 ITU-T 的 H.323 协议和 IETF 的会话初始协议(SIP)。

(2) 语言编码技术。目前主要的语音编码技术有 ITU-T 定义的 G.729、G.723 等。其中 G.729 可将经过采样的 64kb/s 话音以几乎不失真的质量压缩至 8kb/s，G.729 原先是 8kb/s 的编码标准，现在的工作范围扩展至 6.4～11.8 kb/s，适合在 VoIP 系统中使用。G.723.1 采用 5.3/6.3 kb/s 双速率话音编码。

(3) 实时传输技术。实时传输协议(RTP)是提供端到端包括音频在内的实时数据传输协议，由数据和控制两个部分组成。RTP 提供了时间标签和控制不同数据流同步特性的机制，可使接收端重组发送端的数据包和提供接收端到多点发送端的 QoS 反馈。

(4) QoS 保障技术。VoIP 采用资源预留协议(RSVP)及进行 QoS 监控的实时传输协议(real time control protocol，RTCP)来避免网络拥塞，从而保证通话质量。

(5) 静音检测和回声消除技术。静音检测可有效去除静默信号，从而使话音信号的占用带宽进一步降低到 3.5 kb/s 左右；回声消除技术主要利用数字滤波器以消除对影响通话质量的回声干扰，从而保证通话质量。

2) 流媒体技术

流媒体技术已在 5.9 节进行了详细介绍，在此不再赘述。

3) 接入认证技术

目前主流的接入认证控制技术主要包括基于以太网的点对点协议(point-to-point protocol over ethernet，pppoe)和基于以太网的 IP 协议(internet protocol over ethernet，ipoE)。

PPPoE 是用来解决互联网连接的协议，由于互联网业务呈现出多样化的发展趋势，特别是三网融合试点工作的启动，IPTV 等流媒体业务和智能设备接入应用业务又不同于一般的网页内容推送宽带业务，现有的 PPPoE 接入方式已不能满足网络发展的要求。

IPoE 接入控制方式不需要安装客户端程序，也不需要输入用户名和密码，它属于零配置部署，非常适合新型的网络终端设备，如 IPTV 机顶盒、WLAN、手持 IP 终端、视频监控、VoIP 等零配置需求的终端。

2. 移动化

随着 3G、LTE 等技术的发展和演进，移动通信的相关业务得到不断扩展。移动宽带技术的应用，使移动分组网络的承载流量呈指数级增长。移动通信技术和互联网技术的相互融合，正在将人们带入一个全新的移动互联网时代。

3. 宽带化

宽带化的电信网是依靠宽带技术为基础构建的网络体系。随着信息量的迅速增长，多媒体信息的数据量远远超过以前以单一形式传输信息的数据量，在传输速率不能降低的情况下，必须提高电信网传输信道的容量和速度，以保证信息及时、准确、完整地传递。宽带化是通信网发展的必然趋势。

习　题

6-1　多媒体通信对通信网络提出了哪些要求？

6-2　ATM 的信元结构是如何定义的？它采用何种传输模式？

6-3　ATM 网在支持多媒体通信方面有哪些优势？

6-4　三网融合的含义是什么？

6-5　三网融合的关键技术包括哪些？

6-6　下一代互联网的关键技术主要包括哪些方面？

第 7 章　多媒体通信协议与系统

7.1　多媒体通信标准

在多媒体通信技术快速发展的背景下，国际电信联盟(ITU)为公共和私营电信组织制定了一系列多媒体计算和通信系统的推荐标准，以促进各国之间的电信合作。ITU 的 26 个系列推荐标准中，与多媒体通信较为密切的标准如表 7-1 所示。

表 7-1　与多媒体通信较为密切的标准

标　准	内　容
ITU-T H.320	窄带可视电话系统和终端(基于 N-ISDN)
ITU-T H.321	B-ISDN 环境下 H.320 终端设备的适配
ITU-T H.322	提供保证业务质量的局域网多媒体通信系统和终端
ITU-T H.323	基于包交换的多媒体通信系统(基于 LAN)
ITU-T H.324	低比特率多媒体通信终端(基于 PSTN)
ITU-T H.310	宽带多媒体通信系统和终端(基于 ATM/B-ISDN)
H.300 系列标准	包括 H.300 相应的视频、音频、通信协议、复用/同步等
H.200 系列标准	数据通信协议采用 ITU-T H 第 8 组制定的 T.120 系列标准
其他标准	音频标准 G.722、G.728、G.723，视频标准 H.261、H.263，多点会议应用标准 T.120 等

其中，T.120、H.320、H.323 和 H.324 标准组成了多媒体通信的核心技术标准。T.120 标准为实时数据会议标准，H.320 标准为综合业务数字网(ISDN)电视会议标准，H.323 标准为局域网上的多媒体通信标准， H.324 标准为公众交换电话网络(PSTN)上的多媒体通信标准。后三种标准的比较如表 7-2 所示。

表 7-2　三个主要的系列标准

标　准	H.320	H.323 (V1/V2)	H.324
发布时间	1990 年	1996 年/1998 年	1996 年
应用范围	窄带 ISDN	带宽无保证信息包交换网络	PSTN
图像编码	H.261、H.263	H.261、H.263	H.261、H.263
声音编码	G.711、G.722、G.728	G.711、G.722、G.728、G.723.1、G.729	G.723.1
多路复合控制	H.221、H.230/ H.242	H.225.0、H．245	H．223、H．245
多点	H.231、H.243	H．323	
数据	T.120	T.120	T.120

目前，互联网上的多媒体通信终端大多数均采用 H.323 标准和会话初始化协议(SIP)标准。H.323 协议是一种成熟的协议。而 SIP 协议是由 Internet 工程任务组(Internet Engineering Task Force，IETF)提出的应用层控制协议，它具有灵活简单的特点，在基于互联网协议的语音传输(VoIP)应用上得到了较好的发展，非常适合点到点的通信。从长远的

角度看，多媒体通信系统的体系架构必将顺应并融入到下一代网络(NGN)的发展中。

7.2　多媒体通信系统

7.2.1　多媒体通信系统的定义

多媒体通信系统是指能够完成多媒体通信业务的系统，包括多媒体通信终端、通信设备、传输通路、多媒体应用服务设备等，它们由通信网络连接在一起共同构成多媒体通信系统。多媒体通信系统具有分布协同多媒体环境，能够通过网络完成多媒体信息的处理和传送，支持交互式及广播和多播方式。

多媒体通信系统可以分为以下五个层次。

(1)第一层为传输层，指高宽带、高质量的传输网。它位于多媒体通信系统的最底层，包括局域网(LAN)、广域网(WAN)、城域网(metropolitan area network，MAN)、光纤分布数据接口(FDDI)等高速数据网络。

(2)第二层为网络层，指根据不同类型信息交换的需要，通过设置各类交换机和路由器等设备，组成的四通八达、畅通无阻的通信网。该层主要提供各类网络服务，使用户能直接使用这些服务内容，而无须知道底层传输网络是如何提供这些服务的。

(3)第三层为信息层，指连接在上述网络上的各类信息源，即能提供各类声音、数据、图像信息资源的各类公用或专用的信息库。

(4)第四层为应用层，指通过网络接入信息库存取信息资源的各类信息终端及信息应用。该层包括一些常见的多媒体应用，如多媒体文本检索、联合编辑，以及宽带单向传输等。

(5)第五层为管理层，统管和协调各个层次。该层所支持的应用是指业务性较强的某些多媒体应用，如电子邮购、远程维护、远程医疗等。

7.2.2　多媒体通信系统的结构

多业务和多连接是构成多媒体通信系统结构的出发点，多媒体通信系统的部件主要包括网关、多媒体服务器和通信终端。其中，通信终端又包括执行 H.320、H.323、H.324 或者 SIP 协议的计算机和其他类型终端。

1.　多媒体通信网络

多媒体通信网络是指在网络协议的控制下，通过网络通信设备和线路，将分布在不同地理位置且具有独立功能的多个多媒体计算机系统进行连接，并通过多媒体网络操作系统等网络软件实现资源共享的多机系统。多媒体通信网络是多媒体信息传输的载体，多媒体通信对信息的传输和交换都提出了更高的要求，网络带宽、交换方式及通信协议都将直接影响多媒体通信业务质量。

多媒体通信网络需要传输文本、图像、声音、视频等多媒体信息，不同类别的信息对网络的要求也不同。其中，语音信息实时性要求较高，对延时、抖动敏感，但对误码相对不敏感；数据信息实时性要求不高，但必须有严格的误码/纠错保证；图像信息实时性要求亦不高，但带宽要求较高；视频信息需要高带宽并对实时性要求严格，允许有误码。因此，为了实现多媒体信息的业务要求，多媒体通信网络应具有如下几个特性：

(1) 具有足够的带宽，以满足多媒体通信中的海量数据，并确保用户与网络之间交互的实时性。

(2) 提供业务等级保证，即 QoS，以满足多媒体通信实时性和可靠性的要求。

(3) 满足媒体同步的要求，包括媒体间同步和媒体内同步。

(4) 对业务的比特率、传输延迟、延迟抖动和误码率等提供保障，同时能够提供多播和缓冲等功能。

各类媒体信息对网络传输能力的要求如表 7-3 所示。

表 7-3　各类媒体信息对网络传输能力的要求

多媒体信息	最大时延/s	最大时延抖动/ms	平均吞吐率/(Mb/s)	可接受的误码率	可接受的误分组率
音频	0.25	10	0.064	$<10^{-1}$	$<10^{-1}$
视频	0.25	10	100	$<10^{-2}$	$<10^{-3}$
压缩视频	0.25	1	2～20	$<10^{-6}$	$<10^{-9}$
数据文件	1	—	2～100	0	0
实时数据	0.001～1	—	<10	0	0
图形、静止图像	1	—	2～10	$<10^{-4}$	$<10^{-9}$

多媒体业务的应用主要采用宽带网技术。宽带网的业务特点有：速率跨度大、业务突发性强、对差错敏感程度不同、对时延敏感程度不同、具有多播和广播等功能。随着宽带 IP 技术、软交换技术，以及虚拟归属环境(virtual home environment，VHE)技术的发展，多媒体网络将会不断完善，为用户提供更加丰富、便捷和人性化的服务。

2. 多媒体通信网络设备

多媒体通信网络设备除网络交换和传输的必要设备外，主要包括提供多媒体业务的多媒体应用设备或服务器，如多点控制单元(MCU)、流媒体服务器、应用共享服务器等。网关和多媒体服务器是多媒体通信系统的两个重要的组成部件。其中，网关提供面向媒体的功能，如传送、转换声音和图像数据等；多媒体服务器提供面向服务的功能，如多点通信、身份认证、呼叫路由选择和地址转换等。网关和多媒体服务器相互配合，共同完成多媒体通信的任务。

1) 网关

顾名思义，网关就是一个网络连接到另一个网络的关口，在采用不同体系结构或协议的网络之间互通时，用于提供协议转换、路由选择、数据交换等网络兼容功能。网关又称为网间连接器或协议转换器，指对高层协议(包括传输层及更高层次)进行转换的网间连接器。网关可以将具有不同网络体系结构的多个计算机网络连接起来，实现不同协议网络之间的互联，如局域网间的互联、局域网与广域网间的互联，以及两个不同广域网间的互联。

网关是一台功能强大的计算机或工作站，它承担着电路交换网络和分组交换网络之间的实时双向通信。网关提供异构网络之间的连通性能，是电路交换网络和 IP 网络之间的桥梁。网关的基本功能可归纳为以下三点。

(1) 具有协议转换能力。网关具有从物理层到传输层，甚至应用层到其他各层协议转换的能力。当然，用于不同场合的网关，其协议转换的能力有所不同。例如，有些只需要负责物理层到传输层的协议转换，有些则需要完成物理层到应用层的协议转换。

(2) 具有转换信息格式的能力。不同的网络采用不同的编码方法，其信息格式也不同。网关可以对信息格式进行转换，使异构网络之间能够自由地交换信息。

(3) 具有在各个网络之间可靠传输信息的能力。

2) 多媒体服务器

多媒体服务器是多媒体通信系统的大脑，它是一种能够将数据转换成信息，并将信息传送到需要者手中的装置。多媒体服务器提供授权和验证、保存和维护呼叫记录、执行地址转换、监视网络、管理带宽等功能，并提供与现存系统的接口。多媒体服务器的功能通常由软件来实现，其功能分为两个部分：基本功能和选择功能。其中，基本功能包括地址转换、准入控制、带宽控制和区域管理；选择功能包括呼叫控制信号传输方法、呼叫授权、带宽管理和呼叫管理。多媒体服务器通常设计成内外两层，如图 7-1 所示。内层称为核心层，执行协议栈和实现多点控制单元功能。外层由多种应用程序接口组成，用于连接网络上现有的多种服务。外层执行用户的授权和认证、事务管理接口、网络管理和安全、媒体资源服务、QoS 等级的选择，以及账单管理模块等功能。

3. 多媒体通信终端设备

多媒体通信终端是指接收、处理和集成各种媒体信息，并通过同步机制将多媒体数据同步地呈现给用户，同时具有交互式功能的通信终端。多媒体通信终端设备是组成通信网络的重要设备，其功能与通信网的性能直接相关，也与自身的业务类型有着密切关系。多媒体通信终端是计算机终端技术、声音技术、图像技术和通信技术的集成产物，是各种媒体信息交流的出发点和归宿点，是人机接口界面所在。因此，它是多媒体通信系统中一个重要的组成部分。

多媒体通信终端由搜索、编/解码、同步、准备和执行五部分，以及 I(interface)、B(synchronization) 和 A(application) 三种协议组成，如图 7-2 所示。

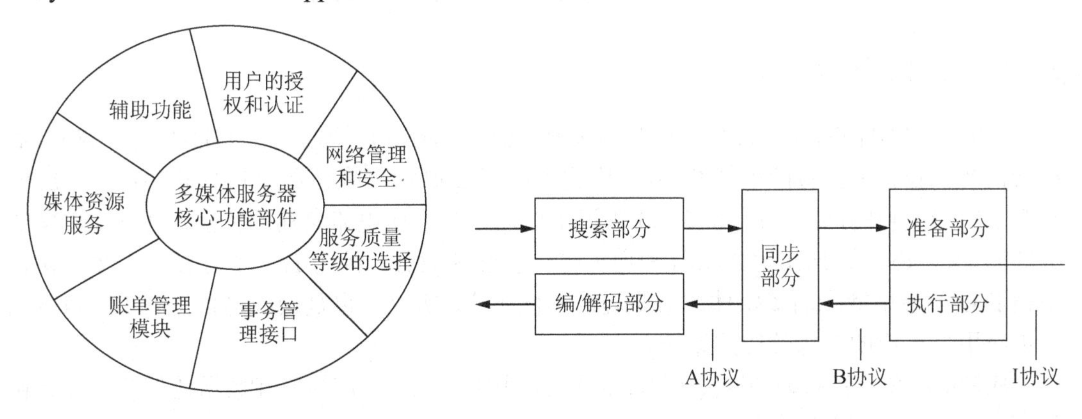

图 7-1　多媒体服务器的功能和基本结构

图 7-2　多媒体通信终端的构成框图

搜索部分是指人机交互过程中的输入交互部分，包括各种输入方法、菜单选取等输入方式。

编/解码部分是指对多种表示媒体进行编/解码。编码部分主要将各种媒体信息按照一定的标准进行编码并形成码流；解码部分主要对码流进行解码，并按要求的表现形式呈现给用户。

同步部分是指多种表示媒体间的同步问题，它将多种媒体数据按照同步的方式呈现给用户。多媒体终端最大的特点是多种表示媒体通过不同的路径进入终端，由同步部分完成同步处理，使传送到用户面前的为一个完整的声、文、图像一体化的信息，这就是同步部分的重要功能。

准备部分的功能体现了多媒体通信终端所具有的再编辑功能。例如，一个影视编导可以将从多个多媒体数据库和服务器中调来的多媒体素材进行加工处理，创作出多种节目。

执行部分完成终端设备对网络和其他传输媒体的接口。

I 协议又称为接口协议，它是多媒体通信终端对网络和传输介质的接口协议。

B 协议又称为同步协议，它用来传递系统的同步信息，以确保多媒体通信终端能同步地表现各种媒体。

A 协议又称为应用协议，它用于管理各种内容不同的应用。

多媒体通信系统中，常见的终端包括以下八类。

（1）N-ISDN 中的 H.320 终端。

（2）B-ISDN 中的 H.321 终端。

（3）异步传输模式（ATM）网络中的 H.310 终端。

（4）保证 QoS LAN 网络中的 H.322 终端。

（5）非保证 QoS LAN 网络中的 H.323 终端。

（6）PSTN 网络中的 H.324 终端。

（7）LAN 或 WAN 网络中的 SIP 终端。

（8）基于个人计算机（PC）的软终端。

7.3　基于 H.320 协议的多媒体通信系统

7.3.1　H.320 协议

1990 年 12 月 ITU-T 批准了针对 N-ISDN 应用的 H.320 协议，它是 ITU-T 关于 N-ISDN 中会议终端设备和业务的框架性协议，描述了保证 QoS 的多媒体通信和业务。由于 N-ISDN 是基于电路交换的网络，因此 H.320 协议主要满足和适应电路交换的特性，在 N-ISDN 的 64kb/s、384 kb/s 和 1536/1920kb/s 信道上提供多媒体业务。因为 H.320 是 H.32×系列协议中被 ITU-T 最早批准的多媒体通信终端框架性协议，所以它也是最成熟且在 H.323 终端出现前应用最广泛的多媒体应用系统。

H.320 定义了音频编/解码、视频编/解码、多路复用、通信控制和数据通信等一系列协议。这些协议主要有以下几种。

（1）H.261 建议定义了 $p\times64$kb/s 视听业务的视频编/解码器。

(2) H.221 建议规定了视听业务中 64～1920kb/s 信道复用的帧结构。

(3) H.233 建议了有关视听信息加密方面的内容。

(4) H.230 建议视听系统中有关帧同步的控制和指示信号的具体内容。

(5) H.242 建议使用 2Mb/s 数字信道的视听终端间的通信系统，定义了两个终端之间建立通信的过程和协议。

(6) H.231 建议用于 2Mb/s 数字信道的视听系统 MCU：该标准规定了有关视频、音频、信道接口、数据时钟，以及 MCU 的最大端口数等接口标准，还规定了三种切换方式。

(7) H.243 建议利用 2Mb/s 通道在两个以上的视听终端建立通信的方法，实际为多个终端与 MCU 之间的通信规程。

(8) H.224 是有关利用数字信道进行单工实时控制的建议。

(9) H.280 是有关远端摄像机遥控方面的建议。

此外，H.320 协议还包括有关音频编/解码方面的 G 系列建议，如 G.711、G.722、G.728 等，也包括有关数据传输方面的 T.120 系列建议和有关 ISDN 方面的 I 系列建议，如 I.400 等。

7.3.2　H.320 系统

H.320 系统包括 H.320 终端、N-ISDN 网络、MCU 和其他输入/输出实体，其构成如图 7-3 所示。

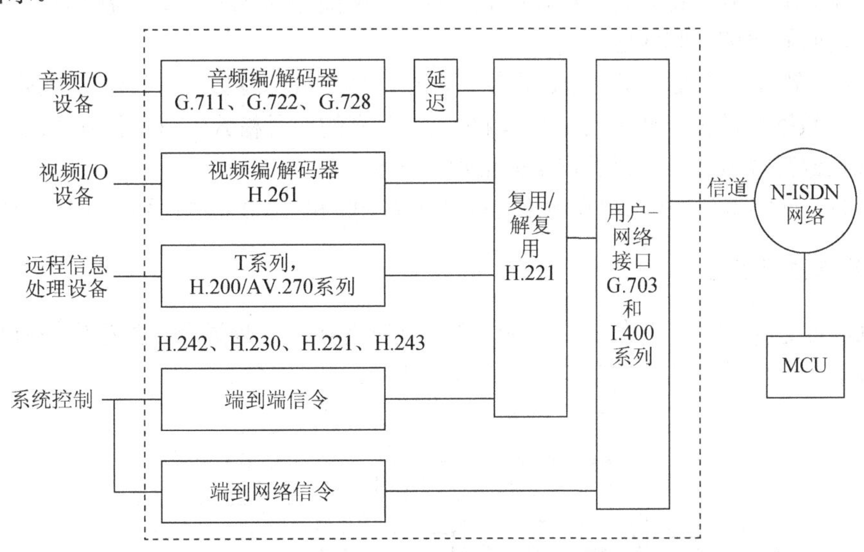

图 7-3　H.320 系统的构成

1. 终端

(1) H.320 终端设备主要完成以下四种功能。

① 用户视频、音频和数据信号的输入和输出，包括模拟信号的数字化和数字信号的标准接口。

② 音频和视频信号的编/解码。音频编/解码采用 G.711、G.722 或 G.728 协议，其中 G.711 协议的语音编码能力是每个终端所必备的，其他两个协议则是可选的。视频编/解码

采用 H.261 或 H.263 标准。

③ 信道传输。包括对视频的缓冲、纠错编/解码，对各种媒体数据的多路复用/解复用，以及终端和信道接口等功能。

④ 系统控制。完成对输入/输出、编/解码、信道传输模块的控制作用，同时负责端到端及端到网络的信令传送，提供用户对终端的设置和通信控制。

(2) H.320 终端设备由以下七个主要功能单元组成。

① 音频编/解码器：按照 G.711、G.722 或 G.728 建议对音频信号进行编码。输入模拟音频信号的频率范围为 50Hz～3.5kHz(标准质量)或 50Hz～7kHz(较高质量)，编码后数字音频信号可分 16kb/s、48kb/s、56kb/s、64kb/s 等不同的速率。

② 视频编/解码器：按照 H.26× 建议规范，以公共中间格式(CIF)或 1/4 公共中间格式(QCIF)的方式处理视频信号。在多点视频会议的场合，应具有冻结图像请求、快速更新请求、冻结图形释放等功能，以支持 MCU 的多点转换控制。

③ 音频通道的延时单元：补偿视频编码器的延迟，以保持唇音同步。由于视频编/解码会引入相当大的延时，因此在音频编码器和解码器中，必须对编码的音频信号增加适当的时延，以使得解码器中的音频信号和视频信号保持媒体同步。

④ 远程信息处理设备：主要包括电子白板、传真机等。

⑤ 系统控制单元：终端之间的联络工具。通过端到网络信令访问网络，通过端到端信令实现端到端控制，建立公共操作模式，通知终端进行某种操作，解决用户与用户、用户与网络之间的通信控制问题。

⑥ 复用/解复用单元：将视频、音频、数据、信令等各种数字信号组合到速率为 64～1920kb/s 的数字码流内，成为与用户-网络接口兼容的信号格式。该单元输入/输出的数字比特流格式应符合 H.221 建议所规定的信道帧结构。

⑦ 用户-网络接口：在用户和网络之间按照 G.703 和 I.400 系列的要求进行必要的适配。

2. 多点控制单元

MCU 实现多点呼叫和连接、视频广播、视频选择、音频混合、数据广播等功能，完成各终端信号的汇接和切换。其构成如图 7-4 所示。

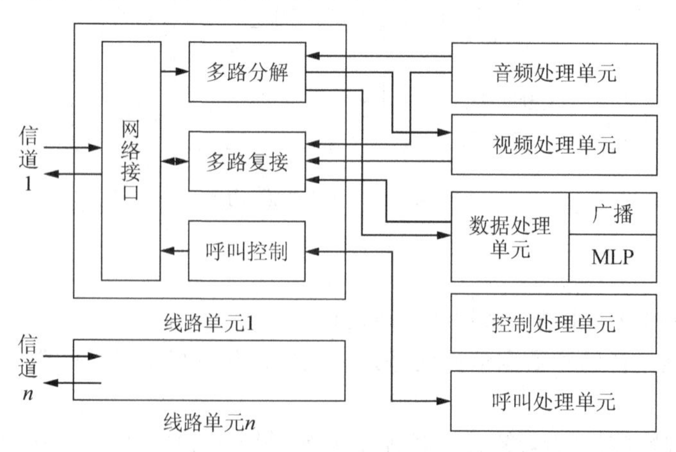

图 7-4　MCU 的构成框图

1) 线路单元

每个端口对应一个线路单元，每个线路单元包括网络接口、多路分解、多路复接及呼叫控制四个主要模块。接口模块分输入、输出方向两部分，完成输入/输出码流的波形转换。多路分解模块检验输入数据中由 H.221 定义的帧定位信号(frame alignment signal，FAS)，将输入码流中的视频、音频数据信号分别送到相应的处理单元。在多路复接模块中，复接各处理单元传送的视频、音频及数据信号，并插入所需的比特率分配信号(bit-rate allocation signal，BAS)和相关信令，形成信道帧输出。

2) 音频处理单元

音频处理单元由语音代码转换器和语音混合模块组成，用来完成语音处理。语音代码转换器从各个端口输入数据流的帧结构中分离出 A 律或 u 律的语音信号，并进行解码。然后送入混合器进行混音，最后送到编码部分，以形成合适的编码形式，并插入到输出数据流中。

3) 视频处理单元

视频处理单元对视频信号进行切换选择，并对多路及不同制式的视频信号进行解码、组合，再编码处理。

4) 控制处理单元

控制处理单元负责决定正确的路由选择，混合或切换音频、视频、数据信号，并负责会议的控制。

5) 数据处理单元

数据处理单元为可选单元，它根据 H.243 协议的数据广播功能，以及按照 H.200/A270 系列协议的多层协议(multi-layer protocol，MLP)来完成数据信息的处理。

总之，MCU 将各终端送来的信号进行分离，抽取出音频、视频、数据和信令，然后分别送到相应的处理单元，进行混合或切换、数据广播、路由选择、定时和呼叫处理等。处理后的信号由复用器按 H.221 格式组帧，并经网络接口送到端口。

3. 窄带综合业务数字网

窄带综合业务数字网以电话线为基础，可以在一条普通电话线上提供语音、数据、图像等综合性业务。其最大优点是能将多种类型的电信业务(如电话、传真、可视电话、会议电视等)综合在一个网内实现。凡加入该网络的用户，都可实现只用一对电话线连接不同的终端，进行不同类型的高速、高质的业务通信。

(1) N-ISDN 网络有如下三种。

① 电路交换网：以电话的交换接续为主体，将静态图像和低速数据综合为一体，其支撑业务是传输速率为 64kb/s 的电话业务，亦称为“64k 网”。

② 分组交换网：以存储转发型数据通信为主体。具有灵活的多元业务量处理能力，是宽带 ISDN 的主要交换方式之一。

③ 宽带交换网：以信元交换异步传输模式为主体，可以简单地看作是电路交换与分组交换的优化组合，能实现话音、高速数据和活动图像等综合业务的传输。

(2) N-ISDN 网络的局限性。在数字电话网基础上演变而成的 N-ISDN，其主要业务是 64kb/s 电路交换业务。虽然它综合了分组交换业务，但这种综合仅在用户-网络接口上实现，其网络内部仍由独立分开的电路交换和分组交换实体来提供不同的业务。N-ISDN 通常只能提供脉冲编码调制(PCM)一次群速率以内的电信业务，这种业务的特点使得 N-ISDN 对技术的发展适应性较差，也使得 ISDN 存在固有的局限性，具体表现在以下几个方面。

① N-ISDN 采用传统的铜线传输数据，使用户入网接口处的速率不可能高于 PCM 一次群的速率。这种速率不能用于传送高速数据或图像业务(如视频信号等)，因此无法适应新业务发展的需求。

② N-ISDN 的网络交换系统相当复杂，虽然它在用户-网络接口上提供了包括分组交换业务在内的综合业务，但网络内部实际上仍是电路交换和分组交换并存的单一网络，在用户环路只能获得 B 信道和 D 信道两种标准通信速率。

③ N-ISDN 对新业务的引入有较大的局限性，由于 N-ISDN 只能以固定的速率(如 64kb/s、84kb/s、920kb/s 等)来支持现有的电信业务，因此无法适应未来电信业务的突发特性、变速率特性和多种速率特性的要求。

7.4 基于 H.323 协议的通信系统

H.323 协议描述用于分组交换网络的多媒体通信系统及其组成单元，规定了各单元间通信的过程，但不包括分组交换网络本身的内容。由于多媒体通信的要求是实时性高、时延抖动低和足够的带宽，因此它从传输带宽、传输时延、多点通信、媒体流同步、可靠性和安全性等方面对 IP 网络提出了更高的组网要求。

H.323 是 ITU 的一个标准协议族，现有 H.323 V1、H.323 V2、H.323 V3 和 H.323 V4 等版本。H.323 制定了无 QoS 保证的分组网络(packet based networks，PBN)上的多媒体通信系统标准，H.323 为 LAN、MAN、Internet、Intranet 上的多媒体通信应用提供了技术基础和保障。

7.4.1 H.323 协议

H.323 协议结构如图 7-5 所示。在 H.323 系统中，控制信令和数据流的传输采用面向连接的传输机制，即 H.323 将可靠的传输控制协议(TCP)用于 H.245 控制信道、T.120 数据信道和呼叫信令信道。

<table>
<tr><td colspan="2">音频/视频应用</td><td colspan="4">终端控制管理</td><td>数据应用</td></tr>
<tr><td>G.7××</td><td>H.26×</td><td rowspan="3">RTP
RTCP</td><td rowspan="3">终端到网关
信令RAS</td><td rowspan="3">H.255.0
呼叫信令</td><td rowspan="3">H.245信道
控制信令</td><td rowspan="3">T.120系列</td></tr>
<tr><td colspan="2">加密</td></tr>
<tr><td colspan="2">RTP</td></tr>
<tr><td colspan="4">用户数据包协议（UDP）</td><td colspan="3">传输控制协议（TCP）</td></tr>
<tr><td colspan="7">网络层（IP）</td></tr>
<tr><td colspan="7">链路层</td></tr>
<tr><td colspan="7">物理层</td></tr>
</table>

图 7-5　H.323 协议结构

音频编码采用 G.7××系列协议，其中 G.711 为必选编码方式，其余为可选方式。目前IP电话中最常用的是G.729A和G.723.1。视频编码采用H.261和H.263标准。音频和视频数据采用不可靠、面向非连接的传输方式，即用户数据报协议(UDP)传输方式。UDP传输时延比TCP小，但无法提供良好的QoS，只能提供很少的控制信息。因此，可基于UDP采用IP多播和实时传输协议(RTP)来传输视频和音频数据。IP多播是以UDP方式进行不可靠多播传输的协议。RTP对每个UDP包均加上一个包含时间戳和序号的报头，实时控制协议(real time control protocol，RTCP)提供QoS监视功能，定期将包含QoS信息的控制分组分发给所有参与者。一旦带宽发生变化，接收端立即通知发送端，改变识别码和编码参数。如果接收端配以适当的缓冲，则可以利用时间戳和序号信息复原，从而再生数据包、记录失序包、同步语音、数据和图像，以及改善边界重放效果等。

数据通信采用T.120系列协议，它是1993年以来陆续推出的用于声像和视听会议的一系列标准，也称为多层协议。该系列协议是为支持多媒体会议系统发送数据而制定的，既可以包含在H.32×协议框架下，对现有的视频会议进行补充和增强，也可以独立地支持多媒体会议。T.120系列协议具体包括T.120、T.121、T.122、T.123、T.124、T.125、T.126和T.127等协议。

H.225.0和H.245是H.323中的核心协议。 前者主要用于呼叫控制，后者主要用于媒体信道控制。在H.323中，呼叫是指两个端点之间点到点的联系。一个呼叫通信既可以只包含一种媒体信息，也可以包含多种媒体信息，每一种媒体信息在对应的一个逻辑信道上传输。在IP网络中，逻辑信道就是TCP连接或无连接的UDP通道。每个逻辑信号的打开和关闭、参数设定、收发双方的能力协商等控制功能由H.245协议完成，多点会议呼叫各个逻辑信道的配合控制功能也由H.245协议完成。H.245的控制信号在一条专门的可靠信道(如TCP连接)上传输，称为H.245控制信道。该控制信道必须在建立任一逻辑信道之前先行建立，并在通信结束后释放。在呼叫开始之前，首先必须在端点之间建立呼叫联系，同时建立H.245控制信道，这就是H.225呼叫信令协议的主要功能。当控制功能移交给H.245以后，原则上呼叫联系即可释放，如果有补充业务则要等到整个通信结束后才释放，呼叫释放也由H.225.0完成。

H.323建立呼叫的具体过程如图7-6所示。

(1)首先主叫终端向网守(gatekeeper，GK)发送接入请求(ARQ)消息。

(2)网守回应接入确认(ACF)或者接入拒绝(ARJ)消息。

(3)如果呼叫请求被接受，则通话的主叫终端直接向被叫终端发送建立连接请求(Setup)消息。

(4)被叫终端直接向主叫终端回复呼叫开始进行(call proceeding)的消息，表明收到了请求。

(5)被叫终端为了加入通话，向网守发送ARQ。

(6)网守回复ACF或ARJ。

(7)如果得到允许，被叫终端直接向主叫终端发送报警(alerting)消息，该消息等效于在PSTN上建立呼叫时听到的振铃信号。

(8)最后，如果用户接受该呼叫，则被叫终端直接向主叫终端发送建立连接(connect)的消息。

H.225.0 协议还包含两个功能：①规定了如何使用 RTP 对音频和视频数据进行封装；②定义了注册、准入和状态（registration、admission and status，RAS）协议。RAS 是端点（终端或网关）和网守（GK）之间执行的协议，主要为网守提供确定的端口地址和状态、实现呼叫接纳控制等功能。

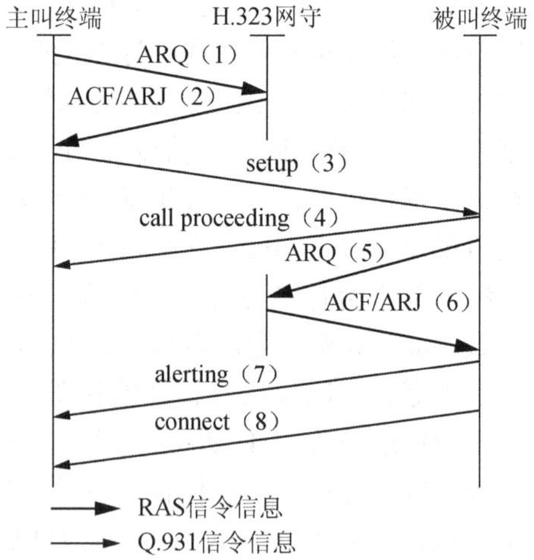

图 7-6　通过网守的呼叫建立过程

7.4.2　H.323 系统

基于 H.323 标准的多媒体通信系统包括终端设备、视频、音频处理单元和数据传输、通信控制、网络接口等方面的内容，还包括组成多点会议的多点控制单元、多媒体服务器、网关及网守设备，其拓扑结构如图 7-7 所示。

1. 网络设备

1）网关

网关是连接异构网络的设备，它能提供多种服务，其最主要功能是实现 H.323 终端与其他 ITU 标准相兼容的终端之间数字信号的转换。该功能包括传输格式（如 H.225.0 到 H.221）和通信标准（如 H.245 到 H.242）之间的转换。另外，H.323 网关还可实现 IP 数据分组的打包和拆包，实现语音/传真编码转换和编码压缩，提供静音检测和回音消除，补偿时延抖动，对分组丢失和误码进行差错隐藏，完成呼叫建立和清除的功能。网关能够在分组网和电话网之间建立一个通信的桥梁，提供分组网和电话网之间的通信，具体可以分为以下三类：

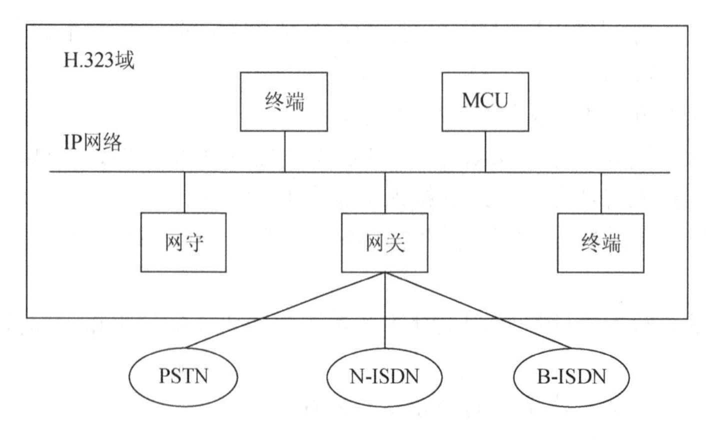

图 7-7　H.323 系统的拓扑结构

（1）综合接入设备（integrated access device，IAD）。在 H.323 中，IAD 是小型的网关，可放置在办公室和家庭，通过以太网方式连接 IP 网络。IAD 具有两个或多个模拟 Z 接口，以便连接普通的电话机。

（2）接入网关（access gateway，AG）。从设备结构上看，接入网关和 IAD 相同，但接入网关的容量远大于 IAD，通常具有上百、甚至上千个模拟 Z 接口。接入网关将来自电话线上的模拟信号经过采样、量化和编码，封装成 RTP 分组在 IP 网上传输；同时将来自 IP 网的 RTP 分组进行解码，恢复成模拟信号传送给电话机，实现大量和密集语音业务终端的接入。接入网关作为局用接入网关，置于终端的专门机房内，其用户端提供模拟线路的接入方式，网络端通过以太网、非对称数字用户环路(ADSL)、数字数据网(DDN)和微波接入到 IP 网。

(3) 中继媒体网关(trunk gateway，TG)。位于电路交换网和分组网之间的网关，用来接入大数据量的数字电路。与上述两种设备的区别在于，它可实现 IP 网和中继链路之间的媒体转换，以及 IP 网和电话网之间的媒体格式转换。

2) MCU

MCU 是 H.323 系统的重要组成部分，负责对音频和视频媒体流进行处理。对音频的处理主要为实现混音功能，对视频的处理主要为实现图像的分屏功能。MCU 还可实现媒体同步，提供会议的召开、结束，以及会议期间的控制，并支持不同会议控制模式。

MCU 支持三方以上的会议。在 H.323 系统中，MCU 单元由一个多点控制器(multipoint controller，MC)和零个或多个多点处理器(Multipoint Processors，MP)组成。MC 用于处理所有终端之间的 H.245 控制信息，从而确定在通信过程中对音频和视频的处理能力。在必要的情况下，MC 还可以通过判断哪些视频流和音频流需要多播来控制会议资源。MP 用于处理媒体的混合及处理声音数据、图像数据和其他数据等。MC 和 MP 可以作为单独的部件，也可以集成到其他的 H.323 中。

3) 网守

网守也称为关守或网闸，是 H.323 系统中的信令单元，用于管理一个区域内的终端、MCU 和网关等设备。它可以是独立设备，也可以附设在某个终端设备中。网守通过 RAS 主要执行三个重要的呼叫控制功能。第一是地址翻译功能，如将终端和网关的分组网络别名翻译成 IP 或互联网分组交换协议(internetwork packet exchange protocol，IPX)地址。第二是为终端提供带宽管理和网关定位等服务，如为用户保留所需的带宽等。第三是具有呼叫路由的功能，所有的终端呼叫可以汇聚到此处，然后再转发给其他终端，以便与 ATM 上的 H.310 终端、ISDN 上的 H.320 终端、共用电话网或移动网上的 H.324 终端进行通信。

根据 H.323 的定义，域是网守管理的区域。在该区域中，所有的 H.323 设备包括终端设备、网关和 MCU，都需要向网守进行登记。网守负责本域内的设备号码和 IP 地址之间的转换，对本域的设备进行管理。如果被叫不属于本网守的管理域，则需要进行跨域处理。

在具有百万级别以上用户的系统中，通常存在多个网守，其拓扑结构分为平面网状结构和分层结构两种。平面网状结构适合于域较小的情况，而在大型的组网中一般采用分层结构。因此，网守采用何种拓扑结构取决于实际用户数目的多少和未来的发展规划。

网守的 IP 地址或者域名需要在终端、MCU 和网关中设置，如果网守进行扩容或者网守管理的范围发生改变，则需要通知用户更改配置，因此造成了很大的不便。在 H.323 V4 中提出了目录网守的概念，终端设备需先和目录网守联系，目录网守告诉终端设备它所属网守的 IP 地址或者域名。

2. H.323 终端

H.323 终端主要包括音频编/解码器、视频编/解码器、数据通道、分组与同步，以及系统控制五部分，如图 7-8 所示。

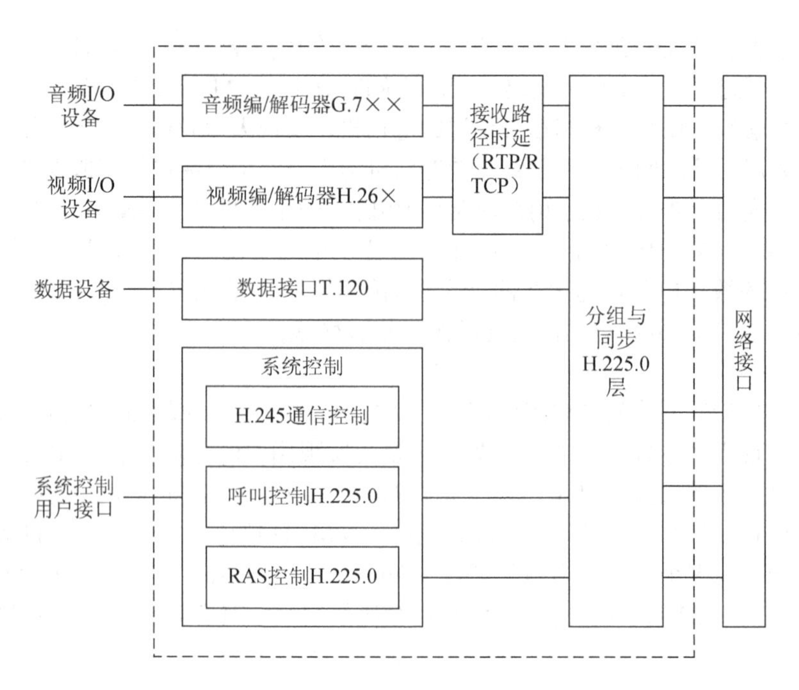

图 7-8 H.323 终端的构成

各组件主要功能如下。

(1) 音频编/解码器。音频编/解码器是 H.323 终端的必选项。为进行语音压缩，音频编/解码器必须具备 G.711 的编/解码能力，并可选择性的使用 G.722、G.728、G.729、G.723.1 和 MPEG-1 音频等标准，可进行非对称性工作。H.323 终端具有音频混合功能，可以同时发送或接收多个音频信道。通信时编码器所采用的音频算法由 H.245 协议在能力交换期间确定。H.225.0 为每个音频信道设置一个音频控制逻辑信道，音频流以 H.225.0 的格式进行传输。

(2) 视频编/解码器。视频编/解码是 H.323 终端的可选项。视频压缩编码标准采用 H.261 和 H.263。为了适应多种彩色电视制式和互通性，H.323 终端允许采用 QCIF、CIF、4CIF 和 16CIF 等公用中间图像格式，对编码视频不进行编码纠错，允许非对称的码流、帧频和图像分辨率的视频传输。视频流以 H.225.0 规定的格式进行传输，每个视频逻辑信道都伴随一个视频控制逻辑信道。

(3) 数据通道。在 H.323 中，可以选择一个或多个数据通道，可以是单向或双向的。T.120 连接可以在 H.323 通信建立前建立，也可以在 H.323 通信的过程中，由 H.245 打开数据逻辑通道，再建立 T.120 连接和通信。在 H.323 系统中，可以不采用 T.120 建议，如采用 H.281 和 H.224 建议的终端通过数据通道，可以提供远端摄像控制。此外，无论是否采用 T.120 建议，非标准的数据应用和用户数据透明传输都可以被接纳。

(4) 分组与同步。H.225.0 描述了在无 QoS 保证的局域网中，媒体流的打包与同步传输机制。H.225.0 对传输的音频、视频、数据和控制流进行格式化，以便输出到网络接口。同时由网络接口输入到报文中，从而补偿接收到的音频、视频、数据和控制流。此外，H.225.0 还具有逻辑成帧、顺序编号、纠错和检错功能。

(5) 系统控制。系统控制功能是 H.323 终端的核心，它提供了 H.323 终端正确操作的信令。这些信令包括呼叫控制、命令和指示指令、能力交换，以及用于开放和描述逻辑信道内容的报文等。整个系统的控制由 H.245 控制信道、H.225.0 呼叫信令信道，以及 RAS 信道提供。所有的 H.323 终端必须支持 H.245 标准、定义呼叫信令和呼叫建立的 Q.931 标准、与网关进行通信的 RAS 协议，以及 RTP/RTCP 协议。

H.245 控制信道承担管理 H.323 系统的端到端控制信息，包括通信能力交换、逻辑信道的开/关、模式优先权请求、流量控制信息及通用命令指示等。H.245 信令建立在两个终端间及终端和 MCU 间。对于端点参与的呼叫，端点应在每个方向上建立一个 H.245 控制信道，并采用 H.245 标准的信息和规程。采用 H.225.0 呼叫控制信令来建立两个 H.323 终端间的连接，必须首先开启呼叫信令信道，然后才是 H.245 信道和其他任何逻辑信道的建立。

7.5　基于 H.324 协议的通信系统

ITU-T 于 1996 年底提出的 H.324 协议，主要应用于低速率公共电话网上的视听业务终端。H.324 终端适用于 PSTN 网上的多媒体通信，保证了各种不同的 H.324 终端及 H.324 终端与其他 ITU-T 系列终端之间的互通性。H.324 系统支持音频、视频和数据的传输，并能同时利用多个话路传送数据量大的业务。该系统不仅支持点到点的业务，也可以通过 MCU 实现多播通信。ITU-T 还定义了 H.324 针对无线网络环境的扩展规范，即 H.324M。

7.5.1　H.324 协议

H.324 协议主要包括以下五个方面。

(1) 音频编/解码协议：G.723.1、G.729 和 G.729A。

(2) 视频编/解码协议：H.263、H.261。

(3) H.245 通信控制协议：具有对不同媒体信道进行有效控制的功能，包括能力交换、控制和指示信令的传输、逻辑信道的启闭等。

(4) H.223 信道多路复用协议：将所传输的视频、音频、数据和控制流以逻辑信道的方式复用成单一的输出码流，并将接收的码流分解为多种媒体码流。

(5) 数据通信协议。

1. 多路复用协议 H.223

H.223 多路复用协议在时分复用(TDM)和报文分组复用技术的基础上，以字节为基本传送单位，采用带宽动态分配技术，将所传输的视频、音频、数据和控制流以逻辑信道方式复用成单比特流，并将接收到的比特流分解成不同的多媒体流，减少了发送延迟和线路开销，从而可以满足不同媒体信息的带宽需求。

H.223 分为两个层次：多路复用层和适配层。

多路复用层将来自不同逻辑信道的音频、视频、数据和控制信息流转换为码流，也可将接收的码流恢复为不同的信息流。在 H.223 中，多路复用层针对自身特点采取了差错控制措施。多路复用层中的帧包括帧头和数据，帧头部分增加了循环冗余码(CRC)来检验帧头信息，整个帧的控制类似于高级数据链路控制(high - level data link control，HDLC)，使用标识字段来标识帧的起始和结束，中间部分为实现透明传输而采用零比特填充。

适配层则根据不同类型的媒体信息给出一个协议集合，负责解决帧的组织、帧序编号、差错检测和差错纠正等问题。H.223 定义了三个适配层：AL1、AL2 和 AL3。AL1 主要用于帧速率可变、需要无差错传送的信息，如 HDLC 协议和 H.245 控制通道信息等。AL2 主要用于音频数据，包括 8 位的 CRC 和可选的序列号。AL3 主要用于视频数据，可以采用 16 位 CRC 校验码和帧序列号，通过选择重发的策略进行数据重传。

2. 通信控制协议 H.245

H.245 协议在 H.324 系统中具有核心作用。H.245 采用 H.223 提供的专用控制通道完成端到端控制报文传输。这些控制报文分为四种类型：request（请求）、response（响应）、command（命令）和 indication（指示）。发送方的 request 报文要求接收方完成指定的动作，包括给出直接的 response 报文作为响应；command 报文要求接收方完成指定的动作，而不要求响应；indication 报文仅仅传递信息，不要求任何动作和响应。

H.245 可向系统控制部分提供多种服务。传送层的简单再传送协议（simple retransmission protocol，SRP）或调制解调器链路接入过程（link access procedure for modem，LAPM）为 H.245 形成的消息流提供差错控制功能，从而保证 H.245 的消息准确无误地传输。H.245 的下层是 H.223 复接协议，它将 H.245 的控制流和其他信息流复接成一条单一的物理数据流。

3. 数据通信协议

数据通信协议包括 T.120、T.80、T.434、H.224/H.281、ISO/IEC TR9577 网络协议，以及用户数据传输协议。

4. H.324M

H.324M 是 ITU 在 H.324 基础上针对移动电话网视听业务终端与系统提出的标准。其中，H.223 移动部分在差错保护和控制方面作了一些功能的定义，从而增强了多路复用器在无线网络环境中抗误码的能力。H.245 为 H.223 中的移动扩展部分提供了附加的命令和控制流程。H.324M 标准适用于全球移动通信系统（GSM）、码分多址移动通信系统（CDMA）和宽带码分多址移动通信系统（WCDMA）等无线网络的多媒体通信。

7.5.2 H.324 系统

H.324 多媒体通信系统包括 H.324 多媒体电话终端、PSTN 网络、MCU、调制解调器（Modem）和其他输入/输出部件，如图 7-9 所示。

1. 调制解调器

H.324 使用 V.34 话带调制解调器在 PSTN 上传输数字信息。1995 年，ITU-T 制定的 V.34 调制解调器标准采用多维网络编码调制方法，可使调制数据速率达到 33.6kb/s，且具有良好的抗误码性能。另外，由于大多数 PC 缺少方便的同步接口，调制解调器需要使用 ITU-T V.80 协议，以便为调制解调器提供异步到同步的转换功能。

2. 终端

H.324 多媒体电话终端主要包括以下组成部分：

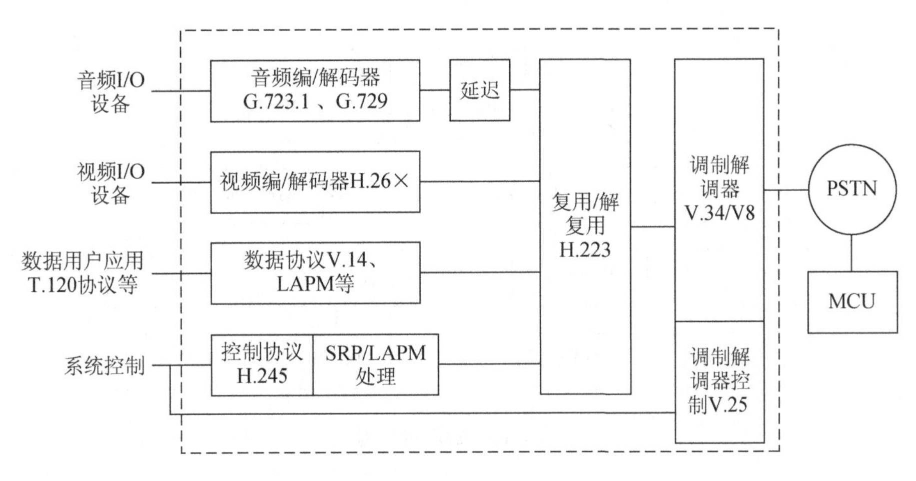

图7-9　H.324系统的构成

(1) 音频编/解码器。

(2) 视频编/解码器。

(3) 数据协议：数据应用包括T.120(用于实时数据加声音的声图远程会议)、T.80(用于简单的点对点静态图像文件传输)、T.434(用于简单的点对点文件传输)、H.224/H.281(用于远端摄像机控制)、ISO/IEC TR9577网络协议，包括点对点协议(point-to-point protocol，PPP)和网络之间互联的协议(IP)，以及使用缓存的V.14或者LAPM/V.42的用户数据传输协议。

(4) 控制协议(H.245)：提供H.324终端之间的图像控制。

(5) 多路复用/解复用(H.223)：将需要传送的图像、声音、数据和控制流复用成单一的数据流，并将接收到的单一数据流分解为各种媒体流。此外，还可执行逻辑分帧、顺序编号、错误检测、重传校正等操作。

(6) 调制解调器(V.34/V.8)：将来自多路复用/解复用(H.223)模块的同步多路复合输出数据流转换成能够在PSTN网络上传输的模拟信号。另外，将接收到的模拟信号转换成同步数据流，然后送给多路复用/解复用(H.223)进行分解。

7.6　基于SIP的多媒体通信系统

7.6.1　会话发起协议

会话发起协议(SIP)是由IETF针对在IP网上建立多媒体会话业务而制定的IP电话信令协议。SIP是一个应用层控制协议，处于传输层之上。SIP主要包括实时传输协议(RTP)、实时流协议(real time streaming protocol，RTSP)、会话通知协议(session announcement protocol，SAP)和会话描述协议(session description protocol，SDP)。SIP具有简单、灵活、扩展性好等优点，经过扩展后已为多个国际组织(如ITU)所接受。该协议可用于其他多媒体场合，如即时通信、网络游戏、电子邮件或其他事件的通知等。其主要目的是解决IP网中的信令控制及软交换通信问题，从而构成下一代网络的增值业务平台。SIP的结构如图7-10所示。

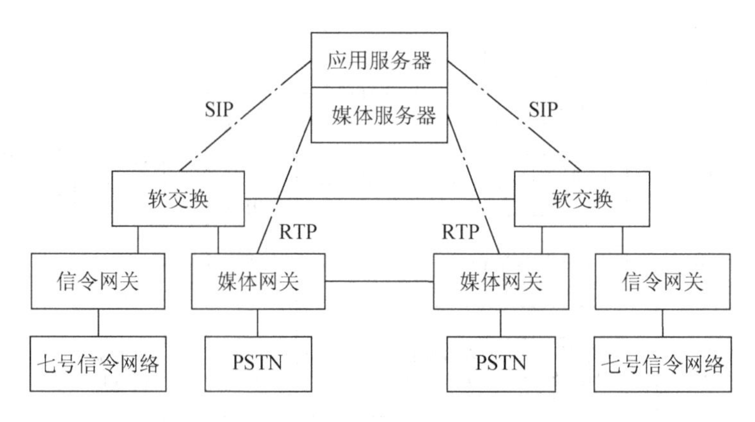

图 7-10　SIP 的结构

SIP 用于发起会话，可以替代 H.323 的远程访问服务(remote access service，RAS)、呼叫建立(Q.931)和系统控制(H.245)协议，而且 SIP 信令信息在 IP 网中的传输路径和多媒体数据流的传输路径是相互独立的，因此给 SIP 的应用提供了很大的灵活性，使之能够应用于音频、视频、数据等多种会话，以及网关之间的通信。SIP 可以控制多个参与者参加的多媒体会话的建立和终结，并能动态地调整和修改会话属性，如会话带宽要求、传输的媒体类型(语音、视频和数据)、媒体的编/解码格式、对组播和单播的支持等。

SIP 在设计上充分考虑了对其他协议的扩展适应性，SIP 协议与传输层和网络层协议无关，可支持多种地址描述和寻址(使用 SIP 交换功能确定合适的终端地址和协议)，以及用户定位功能。

7.6.2　基于 SIP 的多媒体通信系统与分析

基于 SIP 的多媒体通信系统模型如图 7-11 所示，系统主要由 SIP 用户端、注册服务器、代理服务器、重定向服务器和定位服务器等部件组成。

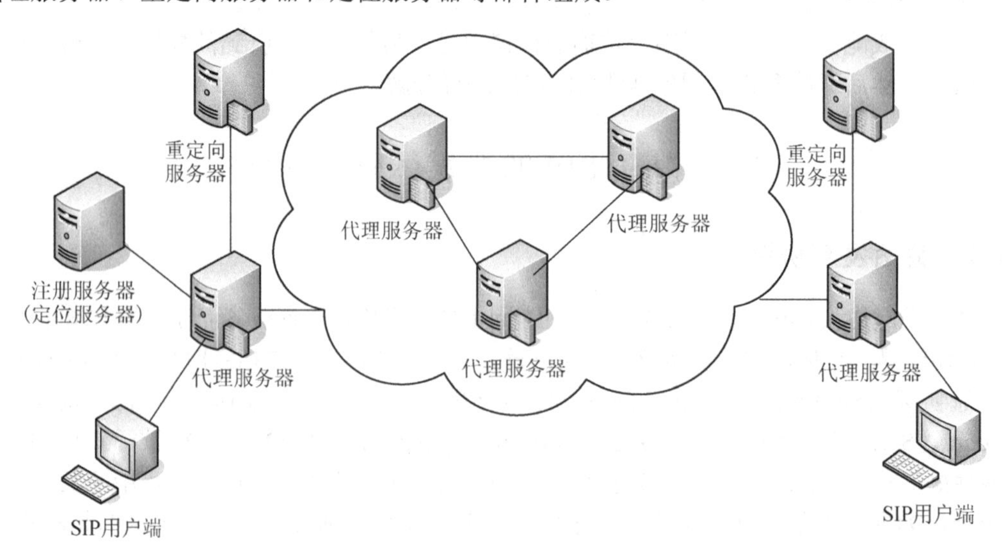

图 7-11　基于 SIP 的多媒体通信系统模型

(1) SIP 用户端：发起多媒体通信请求的用户端系统。SIP 终端的结构框架如图 7-12 所示。

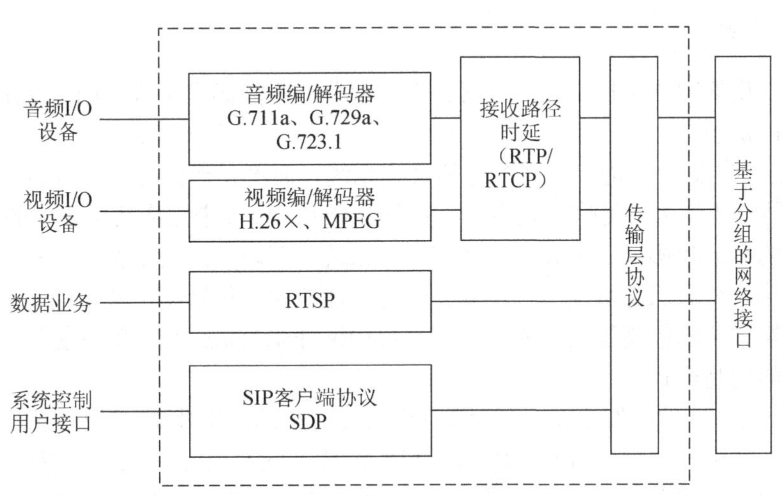

图 7-12　SIP 终端的结构框架

SIP 终端和 H.323 终端一样，包括五个部分，只是 SIP 终端的视频和音频编/解码扩展较为容易，可以支持高级音频编码(advanced audio coding，AAC)和 H.264 编码标准，而系统控制采用 SDP，数据业务采用 RTSP 来进行传输。Internet 通过会话通告将会议的地址、时间、媒体和建立等信息发送给每一个可能的参与者。用户收到此通告后可获知会议的多播组地址和数据流的 UDP 端口号，从而自由地加入此会议，SDP 就是传输这类会话信息的协议。SDP 定义了会话描述的统一格式，但是并不定义多播地址的分配和 SDP 消息的传输，也不支持媒体编码方案的协商，这些功能均由下层传输协议完成。

(2) 注册服务器：用于接收用户代理(user agent，UA)的注册请求，判断 UA 是否为合法设备或合法用户，并获得用户号码和用户地址的捆绑关系。在大型系统中，一般有一个独立的定位服务器，用来存放号码和地址的匹配关系。注册服务器在 UA 注册后，可获得地址和号码的对应关系，并将这个信息发送给定位服务器。目前，通常将注册服务器和定位服务器置于同一设备中。

(3) 代理服务器：SIP 框架中的一个常用设备，可作为一个网络逻辑实体转发 UA 的请求。代理服务器有两种模式，即无记忆状态模式和记忆状态模式。所谓状态，是指呼叫的有限状态机，也就是业务逻辑。记忆状态的代理服务器保留呼叫状态，并提供相应的业务；无记忆状态的代理服务器则不保留呼叫状态，以提高节点的处理速度和容量。通常在网络边缘的代理服务器处理有限数量的用户呼叫，是有呼叫状态的服务器。在非网络边缘，使用无呼叫状态的服务器和有呼叫状态的服务器来组网，使得网络核心负担大大减轻，加快了呼叫处理的能力，提高了设备性能。

(4) 重定向服务器：将用户新的位置发送给呼叫方，要求呼叫方重新向这个地址发送呼叫请求。该服务器不转发消息，也不主动发起或者终止一个呼叫。利用重定向服务器不仅可以减少代理服务器对路由请求的处理，而且可以增强信令路径的稳健性。

在实际产品中，注册服务器、定位服务器、代理服务器和重定向服务器一起构成了软交换设备。

7.6.3 SIP 与 H.323 的比较

1. 实现原理比较

这两种协议的网络结构相似，但其各组成部分的职能却有很大不同，这是由两者不同的实现原理确定的。

H.323 标准的提出是为了构建多媒体会议系统，而不是专门针对 IP 电话的。在 IP 电话中，特别是电话到电话工作方式中，可以采用 H.323 标准来完成其所要求的工作。H.323 通过一系列的标准和协议，形成了一个统一的系统，可以支持包括音频、视频和数据会议的多媒体通信。在 H.323 系统中，终端主要为媒体通信提供数据，其功能比较简单，对呼叫的控制、媒体传输控制等功能的实现则主要由网守来完成。H.323 系统体现了一种集中式、层次式的控制模式。

SIP 则不同，它的出发点是以现有的 Internet 为基础来构建 IP 电话业务网，设计的目的是在两点之间进行对话。SIP 采用客户机/服务器(client/ server，C/S)结构的消息机制，对呼叫的控制不是通过协议间的协作实现，而是将对信令的控制信息封装到消息的头域中，通过消息的传递来实现。因此 SIP 系统的终端较为智能化，它不仅提供数据，还提供了对呼叫的控制信息。其他各种服务器则用来进行定位、转发或接收消息。SIP 将网络设备的复杂性推向了网络终端设备，因此更适于构建智能型的用户终端。SIP 系统体现的是一种分布式的控制模式。

H.323 的集中式控制模式优点在于便于管理，如计费管理、带宽管理、呼叫管理等在集中控制下实现起来比较方便，其局限性是容易造成瓶颈。SIP 的分布式模式则不易造成瓶颈，但各项管理功能实现起来比较复杂。

2. 呼叫控制机制的实现比较

H.323 中呼叫的建立过程与媒体、参数协商等的信令控制过程是分开进行的，它首先通过 H.225 协议在终端之间建立呼叫连接，为 H.245 协议打开 TCP 通道，然后在终端之间进行性能交换、参数协商、主从确定等控制。SIP 的呼叫控制信息封装在 SIP 消息的报头中，因此会话请求过程与媒体协商过程是同时进行的，呼叫建立过程相对较短；H.323 功能则通过一组协议的协作来实现，呼叫控制机制较为复杂。

3. 可靠性比较

H.323 定义了一系列的功能来处理中间网络设备故障问题。例如，当一个网守失效时，协议就会使用备用网守；如果一个由中间信号设备发送的呼叫失败，H.323 能够向目的设备重新发送呼叫以保证呼叫不会中断。SIP 则不具备处理中间实体故障的能力。例如，如果一个 SIP 用户代理出现故障，SIP 代理服务器将无法检测到其故障的发生，除非代理服务器向用户代理发出一个 Invite 消息并等待超时回应；如果代理服务器出现故障，用户代理也同样无法检测到。SIP 不具备 H.323 所具有的在呼叫发送过程中将呼叫进行恢复的功能。

在账单管理方面，H.323 即使是在直接呼叫模式下也不会失去有效的账单管理，因为终端可以通过 RAS 协议通知网守呼叫的开始和结束时间。如果 SIP 代理服务器需要获得账单信息，就必须在呼叫信令路径上等候，以获得呼叫的完整持续时间，只有这样才能检测到呼叫结束时间。另外，获得的账单信息会由于呼叫信令延迟而产生误差。

4. 可扩展性比较

在可扩展性方面，H.323 为实现补充业务定义了专门的协议，如 H.450.1、H.450.2 等。H.323 可以通过标准化组织在不影响其现有特性的情况下，通过添加新的特性来进行扩展。H.323 修订本提供了必须遵循的新标准，以保证向后兼容性。其缺点是随着新特性的不断增加，其编码率的大小也会不断增加。SIP 可以充分利用已定义的头域，通过对头域进行扩展就能较为方便地实现补充业务或智能业务。当旧的头域和特性不再需要时，SIP 允许它们逐渐消失，以保证协议代码的简洁。但 SIP 修订本不保证向后兼容性，因而容易引起版本间的冲突。

此外，H.323 不支持多点发送会议，只能采用多点控制单元构成多点会议，因而只能同时支持有限的多点用户。H.323 也不支持呼叫转移，且建立呼叫的时间比较长。

H.323 属于 ITU 标准，以它为标准构建的多媒体通信网能够较容易与传统 PSTN 电话网兼容，其集中管理模式也与电信网的管理方式相一致。从这点上看，H.323 更适合于构建电信级大网。不同版本的 H.323 建议通过不断升级和扩展，已经日趋完善，为基于 H.323 的 IP 多媒体业务提供了可靠的保障。

SIP 具有的用户直接与终端设备协商通信功能可以方便地与其他服务集成，且过程简单、灵活，并与现有的 Internet 应用联系紧密。因此，当构建一个终端智能化较高的小型电话网时，可以选用 SIP 来实现。

总之，随着 NGN 技术的快速发展，SIP 将在第三代移动通信核心网和智能业务中得到广泛应用。

7.7　下一代网络

随着通信技术的迅速发展，用户对新业务的需求也在日益增加。现有 PSTN 网络面临着负荷不断增大、业务多样化的趋势，而这些多样化的新业务是目前 PSTN 网络难以提供的。为了解决这一问题，基于软交换的 NGN 应运而生。它采用一种分层、开放的网络架构以提供语音、数据、多媒体等业务；采用标准化协议体系支持设备的互连互通。通过优化网络结构，NGN 不但实现了网络融合，更重要的是实现了业务融合，使得包交换网络不仅能够继承原有电路交换网中丰富的业务，还能够迅速提供原有网络难以提供的新业务。

7.7.1　NGN 网络构架

NGN 是一种能够提供语音、数据和视频等各种业务的网络构架，主要具有以下特征。

(1) NGN 采用开放的网络架构体系，将传统交换机功能模块分离成独立的网络部件。每个部件可以按相应的功能划分，各自独立发展，部件间的接口基于相应的标准协议。

(2) NGN 是业务驱动的网络。业务与呼叫控制分离，呼叫与承载分离。分离的目的是使业务真正独立于网络，灵活有效地实现业务的提供。在业务层，用户可以自行配置和定义自己的业务特征，不必关心承载业务的网络形式及终端类型，使得业务和应用的扩展有较大的灵活性。

(3) NGN 是基于统一协议、基于分组的网络，趋向于采用统一的 IP 协议实现业务融合。

NGN 同时支持语音、数据、视频等多种业务，建设成本和维护成本低。

NGN 在功能上可分为媒体/接入层、传输层、控制层和业务/应用层四个功能平面，其网络架构如图 7-13 所示。

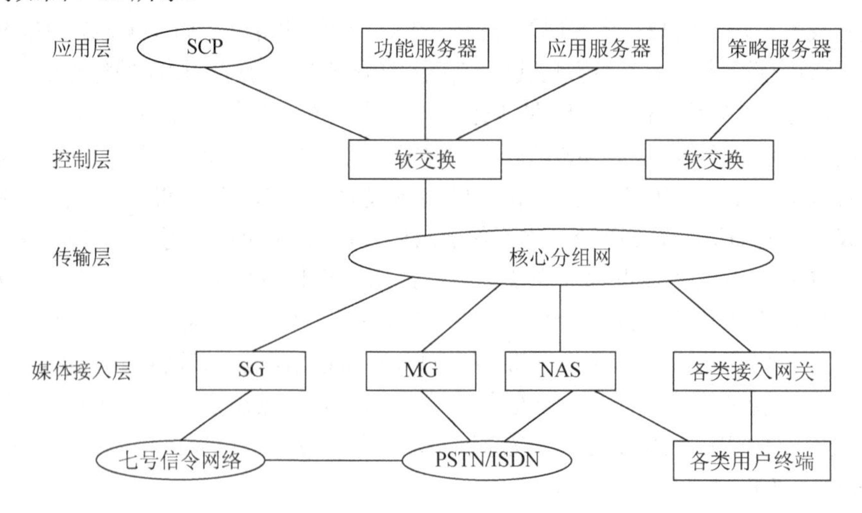

图 7-13　NGN 网络架构

图中 SCP(secure copy)为远程文件复制功能，SG(signaling gateway)为信令网关，MG(media gateways)为媒体网关，NAS(network access server)为网络接入服务器。

(1)媒体/接入层：主要作用是利用各种接入设备实现不同用户之间的连接，集中用户业务并将它们传递至目的地，同时实现不同信息格式之间的转换。

接入层的设备包括信令网关、媒体网关和综合接入设备。其中，媒体网关又分为中继网关和接入网关两类。接入层的设备没有呼叫控制的功能，必须和控制层设备相配合，才能完成所需要的操作。

(2)传输层：主要完成数据流(媒体流和信令流)的传送，一般为 IP 或 ATM 网络。这些数据流可能是用于呼叫和媒体建立的信令消息，也可能是媒体消息。该平面是由路由器/交换机和传输链路组成的骨干 IP 网络，为 NGN 传送的分组数据提供选路和交换功能。另外，还可提供 QoS 机制和传输策略等。

(3)控制层：控制层是 NGN 的核心控制设备，该层中的设备功能是利用来自传输层的信令消息进行呼叫控制的，通过控制接入层中的设备组件建立和释放媒体连接。该层设备一般被称为软交换机或媒体网关控制器(media gateway controller，MGC)。

软交换的主要功能有：①呼叫控制功能；②业务提供功能；③业务交换功能；④协议转换功能；⑤互连互通功能；⑥资源管理功能；⑦计费功能；⑧认证与授权功能；⑨地址解析功能；⑩语音处理控制功能。

(4)业务/应用层：在 NGN 中，业务与控制是分离的。业务部分单独组成应用层，其作用就是利用各种设备为整个 NGN 体系提供业务能力上的支持。该层上的设备与控制层上的设备进行通信，以实现对基于业务执行逻辑的呼叫流进行控制。主要包括如下设备：

① 应用服务器：主要作用是向业务开发者提供开放的应用程序接口(API)。

② 用户数据库：存储网络配置和用户数据。

③ 智能网的业务控制点(service control point，SCP)：控制层的软交换设备可利用原

有智能网平台为用户提供智能业务。此时，软交换设备需具备业务交换点(service switching point，SSP)功能。

7.7.2　NGN 的主要业务

NGN 不仅提供现有的电话业务和智能网业务，还可以提供与互联网应用结合的业务、多媒体业务等。NGN 提供的业务主要有：

(1) PSTN 语音业务：基本的 PSTN/ISDN 语音业务、补充业务和智能业务。

(2) 与 Internet 相结合的业务：即时通信(instant messaging，IM)、同步浏览、个人通信管理等。

(3) 多媒体业务：桌面视频呼叫/会议、协同应用、流媒体服务。

(4) 开放的业务接口 API：NGN 不仅能够提供上述业务，更重要的是能够提供新业务开发和接入的标准接口。

7.7.3　NGN 支持的协议

NGN 功能实体之间需要采用标准的通信协议，这些协议主要由 ITU-T 和 IETF 等国际标准化组织制定。按照协议的功能，可将系统中的协议分为以下几类：

1. 呼叫控制协议

呼叫控制协议用于控制呼叫过程的建立、接续和中止，包括 SIP、SIP-T(SIP for telephones)和与承载无关的呼叫控制协议(bearer independent call control protocol，BICC)。其中，SIP 由 IETF 制定，用来建立、修改和终结多媒体会话的应用层协议，具有较好的扩展能力；SIP-T 提供了用 SIP 实现传统 PSTN 网与 SIP 网的互联机制；BICC 协议解决了呼叫控制和承载控制分离的问题，使呼叫控制信令可在各种网络上承载，包括消息传递部分(message transfer part，MTP)、七号信令系统(signaling system seven，SS7)网络、ATM 网络及 IP 网络。BICC 协议由 ISDN 用户部分(ISDN user part，ISUP)演变而来，是传统电信网络向综合多业务网络演进的重要支撑工具。

2. 媒体网关控制协议

媒体网关控制协议(media gateway control protocol，MGCP)用于媒体网关控制器(media gateway controller，MGC)与媒体网关(media gateway，MG)之间的通信，包括 MGCP 和 H.248/MeGaCo 协议，其中：

(1) MGCP 是 IETF 较早定义的媒体网关控制协议，应用在软交换设备与 MGCP 终端之间。MGCP 采用了网关分离的思路，将先前信令和媒体集中处理的网关分解为两部分：媒体网关 MG 和呼叫代理(call agent，CA)。CA 用来处理信令，而 MG 处理媒体。CA 控制 MG 的动作，由 CA 向 MG 发出要执行的命令，MG 将所搜集的消息上报给 CA。

尽管 MGCP 具有容易实现的特点，使 IP 电话网可以接入 PSTN，实现端到端电话业务，但其互通性和所支持的业务能力有限。

(2) H.248/MeGaCo 协议是在 MGCP 基础上，结合其他媒体网关控制协议特点发展而成的一种协议。它提供控制媒体的建立、修改和释放机制，同时还可携带某些随路呼叫信令，支持传统网络终端的呼叫。该协议在构建开放和多网融合的 NGN 中，发挥着重要作用。H.248/MeGaCo 协议是 MGCP 的后继协议和最终替代者。H.248 协议可以支持更多类型的接入技术，并支持终端的移动性，其最显著之处在于能够支持更大规模的网络应用。

3. 基于 IP 的媒体传送协议

NGN 使用 RTP/RTCP 协议作为媒体传送协议。

4. 基于 IP 的 PSTN 信令传送协议

基于IP的PSTN信令传送协议主要有ISDN用户适配层协议(isdn user adaptation layer，IUA)、媒体传输协议(Media Transfer Protocol，MPT)中的第三级用户的适配层协议(MTP3 user adaptation，M3UA)和 MTP 第二级用户的对等适配层协议(MTP2 peer-to-peer user adaptation，M2PA)，这些信令协议均基于 SCTP/IP 进行传递。

5. 业务层协议

可使用的业务层协议和 API 包括 SIP、应用程序 API-PARLAY、基于 Java 平台的综合网络 API-JAIN。为实现传统的智能网业务，软交换设备还应支持智能网关应用协议(intelligent network application part，INAP)。

7.7.4 支持 NGN 的主要技术

NGN 需要有新技术的支持，目前为大多数人所接受的 NGN 相关技术有采用软交换技术实现端到端业务的交换；采用 IP 技术承载各种业务，实现三网融合；采用 IPv6 技术解决地址问题，提高网络整体吞吐量；采用多协议标签交换(multiple protocol label switching，MPLS)实现 IP 层和多种链路层协议(ATM、以太网、光波)的结合；采用光传输网(OTN)和光交换网络解决传输和高宽带交换问题；采用宽带接入手段解决“最后一公里”的用户接入问题。由此可见，实现 NGN 的关键技术是软交换技术、高速路由/交换技术、大容量光传送技术和宽带接入技术。其中软交换技术是 NGN 的核心技术。

1. 软交换技术

作为 NGN 的核心技术，软交换是一种基于软件的分布式交换和控制平台。软交换的基本含义就是将呼叫控制功能从媒体网关(传输层)中分离出来，通过软件实现基本呼叫控制功能，从而实现呼叫传输与呼叫控制的分离，为控制、交换和软件可编程功能建立分离的平面。软交换主要提供连接控制、翻译和选路、网关管理、呼叫控制、带宽管理、信令、安全性和呼叫详细记录等功能。与此同时，软交换还将网络资源、网络能力封装起来，通过标准开放的业务接口和业务应用层相连，从而方便地在网络上快速提供新的业务。

2. 高速路由/交换技术

高速路由器处于 NGN 的传送层，用于实现高速多媒体数据流的路由和交换，是 NGN 的交通枢纽。NGN 的发展方向除了处理大容量、高带宽的传输/路由/交换以外，还必须提供远远大于目前 IP 网络的 QoS。IPv6 和 MPLS 提供了这个可能性。

IPv6 相对于 IPv4 的主要优势为扩大了地址空间，提高了网络的整体吞吐量，QoS 得到很大改善，安全性有了更好的保证，支持即插即用和移动性，更好地实现了多播功能。

MPLS 是一种与链路层无关的技术，它同时支持 FR、ATM、PPP、SDH、DWDM 等网络，保证了多种网络的互联互通。它可以将各种不同的网络传输技术统一在同一个 MPLS 平台上，最大限度地兼顾原有的各种技术，保护现有投资和网络资源。MPLS 支持大规模、层次化的网络拓扑结构，减少了网络复杂性，且具有良好的网络扩展性，同时 MPLS 的标签合并机制可支持不同数据流的合并传输。

3. 大容量光传送技术

NGN 需要更高的速率、更大的容量及更加灵活、更加有效的光传送网。组网技术目前正从具有分插复用和交叉连接功能的光联网向利用光交换机构成的智能网发展，即从环形网向网状网发展，从光-电-光交换向全光交换发展。相比于点到点传输系统，智能光网在容量灵活性、成本有效性、网络可扩展性、业务提供灵活性、用户自主性、覆盖性和可靠性等方面具有更大的优越性。

4. 宽带接入技术

NGN 必须有宽带技术的支持，因为只有接入网的带宽瓶颈问题解决后，各种宽带服务与应用才能开展起来，网络容量的潜力才能真正发挥。其中主要技术有高速数字用户线(very-high-speed digital subscriber line，VDSL)、基于以太网无源光网络(EPON)的光纤到户(fiber to the home，FTTH)、无线光通信(free space optical，FSO)和无线局域网(WLAN)。

习　　题

7-1 简述多媒体通信的主要标准及各标准的主要内容。

7-2 什么是多媒体通信系统？有何特征？

7-3 什么是网关？什么是多媒体服务器？各有何种作用？

7-4 简述多媒体通信终端的结构、功能及关键技术。

7-5 简述基于 H.320 协议的多媒体通信系统的组成及基于 H.320 协议的多媒体通信终端的功能。

7-6 简述基于 H.323 协议的多媒体通信系统的组成及基于 H.323 协议的多媒体通信终端的基本构成。

7-7 试分析基于 H.324 协议的多媒体通信系统的架构，并简述其关键技术。

7-8 简述基于 SIP 的多媒体通信系统的基本组成部件及各自的功能。

7-9 简述 SIP 的基本原理，并与 H.323 协议进行比较。

7-10 试分析和比较多媒体通信系统的主要协议。

7-11 简述 NGN 的特征及其所支持的主要技术。

第 8 章　多媒体通信应用系统

8.1　概　　述

自 20 世纪 90 年代以来，互联网技术逐步深入到人们的工作和生活中，人们越来越多地使用电话线接入互联网，电路交换网和分组交换网逐步走向融合。公共电话交换网以其覆盖范围广、通话质量高占据着人们日常通信的重要方面，但其缺点是没有信息存储的能力。分组交换网络(如 Internet)虽然在语音通信质量方面比不上电话网，却存储着丰富的信息资源。为了在公共电话交换网和包交换网络上开发最容易被人们接受的多媒体通信业务，国际标准组织和 ITU 制定了许多相关的标准，如 ISDN 上电视会议标准 H.320、局域上的多媒体通信标准 H.323 等。

8.2　应用类型和业务种类

多媒体通信的应用类型很多，涉及许多领域，如通信、教育、有线电视和娱乐等。从推动多媒体通信发展的技术因素来看，与多媒体通信相关的技术有音/视频压缩技术、媒体同步技术、网络技术、存储技术等。常见的多媒体通信应用系统有视频会议系统、视频点播系统、网络电视系统、远程教育系统、远程医疗系统、远程监控系统等。

多媒体通信业务的种类很多，并且随着新技术的不断出现和用户对多媒体业务需求的不断增长，新型多媒体通信业务也将不断涌现。根据 ITU-T 对多媒体通信业务的定义，其业务类型有以下六种。

(1) 多媒体会议型业务：具有多点、双向通信的特点，如多媒体会议系统等。

(2) 多媒体会话型业务：具有点对点通信、双向信息交换的特点，如可视电话、数据交换等。

(3) 多媒体分配型业务：具有点对多点通信、单向信息传输的特点，如广播式视听会议系统。

(4) 多媒体检索型业务：具有点对多点通信、单向信息传输的特点，如多媒体图书馆、数据库等。

(5) 多媒体消息型业务：具有点对点通信、单向信息传输的特点，如多媒体文件传输。

(6) 多媒体采集型业务：具有多点对多点通信、单向信息传输的特点，如远程监控系统、投票系统等。

以上多媒体业务的有些特点相似，可以进一步将其归为以下四种类型。

(1) 人与人之间进行的多媒体通信业务：会议型和会话型业务都属于此类。会议型业务是在多个地点的人与人之间的通信，会话型业务则是在两个人之间的通信。另外，从通信质量来看，会议型业务的质量略高一些。

(2) 人机之间的多媒体通信业务：分配型业务和检索型业务都属于此类。分配型业务是一人或多人对一台机器、一点对多点的人机交互业务，而检索型业务是一个人对一台机器的点对点交互式业务。

(3) 多媒体采集业务：多媒体采集业务是一种多点向一点的信息汇集业务，通常是在机器和机器之间或人和机器之间进行。

(4) 多媒体消息业务：这类业务属于存储转发型多媒体通信业务。在这种类型中，多媒体信息的通信不是实时的，需要先将发送的消息进行存储，待接收端需要时再接收相关信息。

在实际应用中，上述业务并非都以孤立的形式进行，而是以交互的形式存在。实用的多媒体通信系统有多媒体会议系统、多媒体合作应用、远程医疗系统、多媒体监控系统、电子交易、多媒体检索系统、多媒体邮件系统和视频点播等。

多媒体通信是在不同地理位置的参与者之间进行的多媒体信息交流，通过局域网、电话网、互联网传输经过压缩的音频和视频等信息。多媒体通信系统中传输信息的数据量非常巨大，特别是音、视频信息对实时性的要求很高。这些音、视频数据，即使经过不同方式的压缩，其数据量仍很大。当多个用户同时通过网络实时传送这些数据时，则要求通信网络能够提供足够的带宽。因此，为了保证多媒体数据高速、有效地传输，对传输网络环境的带宽、延迟、动态资源分配和 Qos 等都提出了很高的要求。

8.3　多媒体视频会议系统

8.3.1　概述

视频会议早期也称为会议电视或电视会议，是一种能够将文本、图像、音频、视频等集成信息从一个地方通过网络传送到另一个地方的通信系统。视频会议的参与者通过这种方式可以听到其他会场与会者的声音，也可以看到其他会场和与会者的视频图像，还可以通过传真等及时传送文件，使与会者有身临其境的感觉，在效果上可以代替现场会议。视频会议极大地节省了时间、费用，提高了工作效率。

多媒体视频会议是一种将计算机技术的交互性、网络的分布性、多媒体信息的综合性融为一体的高新技术，它利用各种网络进行实时传输并能与用户进行友好的信息交流。视频会议是一种以视觉为主的通信业务，其基本特征是可以在多个地区的用户之间实现双向全双工音频、视频实时通信，使各方与会人员如同面对面进行通信。为了保证视频会议的顺利实施，要求系统具备以下条件。

(1) 高质量的音频信息。

(2) 高质量的实时视频编/解码图像。

(3) 友好的人机交互界面。

(4) 多种网络接口(ISDN、PSTN、DDN、Internet、卫星等接口)。

(5) 明亮、庄重、优雅的会议室布局和设计。

根据所完成的功能不同，视频会议的方式可以有很多种。根据参与方式和规模划分，可以分为会议室会议系统和桌面会议系统。根据参与会议的节点数目划分，可以分为点对点会议系统和多点会议系统。根据使用的通信网络划分，可以分为 ISDN 会议、局域网会议、电话网会议和 Internet 会议。

在视频会议发展初期，网络环境相对简单，各通信设备生产厂商单纯追求一流的编/解码技术，它们拥有各自的专利算法，技术上垄断，产品间无法互通，且设备价格昂贵，视频会议市场的发展受到很大限制。但随着各种技术的不断发展和一系列国际标准的出台，打破了视频会议技术及设备由少数厂商一统天下的垄断局面，逐步发展成为多家大企业共享视频会议市场的竞争局面。此外，高速 IP 网络和 Internet 的迅猛发展，各种数字数据网、分组交换网、ISDN 和 ATM 的逐步建设和投入使用，使视频会议的发展和应用进入了一个新的时期。

8.3.2 视频会议系统的关键技术

视频会议技术实际上并不是一个完全崭新的技术，也不是一个界限十分明确的技术领域，它是随着通信技术、计算机技术、芯片技术、信息处理技术的发展而逐步推进的。视频会议系统的关键技术可以概括为以下几个方面。

1. 多媒体信息处理技术

多媒体信息处理技术是视频会议系统中的关键技术，主要针对各种媒体信息进行压缩和处理。可以这样说，视频会议的发展过程也反映出信息处理技术特别是视频压缩技术的发展历程，尤其是早期的视频会议产品，各厂商都以编/解码算法作为竞争的法宝。目前，编/解码算法已经由早期经典的熵编码、变换编码、混合编码等发展到新一代的模型基编码、分形编码等。另外，还将图形图像识别、理解技术、计算机视觉等内容引入到压缩编码算法中。这些新的理论、算法不断推进多媒体信息处理技术的进步，进而推动着视频会议技术的发展。特别是在现有网络带宽的条件下，多媒体信息压缩技术已成为视频会议最关键的问题之一。

2. 宽带网络技术

影响视频会议发展的另一个重要因素就是网络带宽问题。多媒体信息的最大特点就是数据量大，即使通过各种压缩技术，要想获得高质量的视频图像，仍然需要较大的带宽。例如，384kb/s 的 ISDN 提供会议中的头肩图像是可以接受的，但不足以提供电视质量的视频。要达到广播级的视频传输质量，带宽应至少为 1.5Mb/s。作为一种新的通信网络，B-ISDN 网的 ATM 带宽非常适合多媒体数据的传输，它能够灵活地传输和交换不同类型(如声音、图像、文本)、不同速率、不同性质(如突发性、连续性、离散性)、不同性能需求(如时延、误码、抖动)、不同连接方式的信息。过去，ATM 由于成熟度不足且交换设备价格昂贵难以推广应用，但经过多年的努力，ITU-T 和 ATM 论坛已经完善了许多标准，各大通信公司生产、安装了大量的 ATM 设备；同时，ATM 接入网也逐步扩充，越来越多的应用已经在 2Mb/s 的速率上运行。

另外，还要解决目前通信中的接入问题，它一直是多媒体信息到用户端的瓶颈。全光网、无源光网络(PON)、光纤到户被公认为理想的接入方式，但就全世界来说，目前仍处于一个过渡时期，因此，数字用户线技术(x digital subscriber line，xDSL)、混合光纤同轴(HFC)、交互式数字视频系统(switched digital video，SDV)仍然是当前高速多媒体接入网络的发展方向。

正在迅速发展的 IP 网络是面向非连接的网络，因而不适合传输实时的多媒体信息，但 TCP/IP 协议对多媒体数据的传输并没有根本性的限制。目前世界各个主要的标准化组织、产业联盟、各大公司都在对 IP 网络上的传输协议进行改进，并已初步取得成效，如 RTP/RTCP、RSVP、IPv6 等协议，为在 IP 网络上大力发展诸如视频会议之类的多媒体业务打下了良好的基础。据预测，在不远的将来，IP 网上的视频会议业务将会大大超过电路交换网上的视频会议业务。

3. 分布式处理技术

视频会议不单是点对点通信，更主要的是一点对多点、多点对多点的实时同步通信。视频会议系统要求不同媒体、不同位置的终端收发同步协调，多点控制单元(MCU)有效地统一控制，使与会终端数据共享，共享工作对象、工作结果、数据资料、有效协调各种媒体的同步，使系统更具有接近人类的信息交流和处理方式。

4. 芯片技术

视频会议系统对终端设备的要求较高，要求接收来自于传声器的音频输入、摄像机的视频输入、接收来自于网络的信息流数据等，同时进行数据处理、音频编/解码、视频编/解码等，并将各种媒体信息复用成信息流之后传输到其他终端。在此过程中要求能与用户进行友好的交流，实现同步控制。目前，视频会议终端有基于 PC 的软件编/解码解决方案、基于媒体处理器的解决方案和基于专用芯片组的解决方案三种。不管采用何种方案，高性能的芯片是实现这些视频会议方案所必需的基础。

8.3.3　视频会议的发展趋势

视频会议作为交互式多媒体通信的先驱，顺应了三网合一的发展趋势，经过多年的努力，视频会议行业的发展已取得了长足的进步。跨平台应用、低廉的价格、良好的视频成像和语音功能等特点，都将使未来视频会议系统的市场规模得以进一步扩大。随着新技术的逐步深入和应用，视频会议出现了一些新的发展趋势。

1. 基于软交换思想的媒体和信令分离技术

在传统交换网络中，数据信息和控制信令一起传送，由交换机集中处理。而下一代通信网络的核心构件是软交换，其思想是采用数据信息与信令分离的架构。数据信息由分布于各地的媒体网关处理，信令则由软交换集中处理。相应地，传统的 MCU 也被分离为完成信令处理的 MC 和进行信息处理的 MP 两部分。MC 处于网络中心，可以采用 H.248 协议远程控制 MP。MP 则根据各地的带宽、业务流量分布等信息合理的分配信息数据的流向，从而实现无人值守的视频会议系统，减少会议系统的维护成本和维护复杂度。

2. 分布式组网技术

分布式组网技术与信令分离技术相关。在典型的多级视频会议系统中，最常见的是采用 MCU 进行级联。这种方式的优点是简单易行，缺点是如果某个下层网络的 MCU 出现故障，则整个下层网络均无法参加会议。但是如果将信令和数据分离，那么对于数据量小且对可靠性要求高的信令，可以由最高级中心进行集中处理；对数据量大但对可靠性要求低的数据信息则可以交给各低级中心进行分布处理。这样既可以提高可靠性又能减少对带宽的要求，从而实现了对资源的优化利用。

3. 新型视频压缩技术 H.264/AVC

H.264/AVC 具有高精度、多模式的运动估计和分层编码等优点。在相同的图像质量下，采用 H.264/AVC 技术压缩后，数据量只有 MPEG-2 的 1/8，MPEG-4 的 1/3。因此可以预计，H.264 必将会在视频会议系统中得到广泛的应用。

4. 交换式组播技术

传统的视频会议设备大多只能单向接收，采用交互式组播技术则可以将本地会场开放或上传给其他会场观看，从而实现极具真实感的双向会场。

8.4　视频点播系统

8.4.1　概述

视频点播系统(VOD)是视频点播技术的简称，也称为交互式电视点播，即根据用户的需要播放相应的视频节目。它从根本上改变了用户过去的被动式看电视的不足。当用户打开电视，可以不看广告、不为某个节目赶时间、随时直接点播希望收看的内容。用户不仅可以自由调用节目，还可以对节目进行编辑和处理，获得与节目相关的详细信息，系统甚至可以向用户推荐节目。这是信息技术带给用户的梦想，它通过多媒体网络将视频节目按照个人的意愿输送到千家万户。VOD 向用户提供的服务远远不止这些，它还可以实现网络漫游、收发电子邮件、家庭购物、旅游指南、股票交易等其他功能。可以这样说，这一技术的出现使用户可以按照自己的要求来安排工作和娱乐时间，极大地提高了人们的生活质量和工作效率。

VOD 起源于 20 世纪 90 年代末，是一项随着娱乐业的发展而兴起的技术。它是一种综合了计算机、通信、电视等技术，利用网络和视频技术的优势，为用户提供不受时空限制的浏览和播放多媒体信息的人机交互应用系统。

VOD 技术不仅可以应用在电信宽带网络中，也可以应用在小区局域网、有线电视的宽带网络、企业内部信息网、互联网中。在如今的智能小区建设过程中，计算机网络布线已成为必不可少的环节，小区用户可以通过计算机、电视机＋机顶盒(set top box，STB)等方式实现 VOD 应用。

8.4.2　VOD 系统的组成

图 8-1 所示为 VOD 系统结构。通常，VOD 系统主要由三部分组成：服务端系统、网络系统和客户端系统。

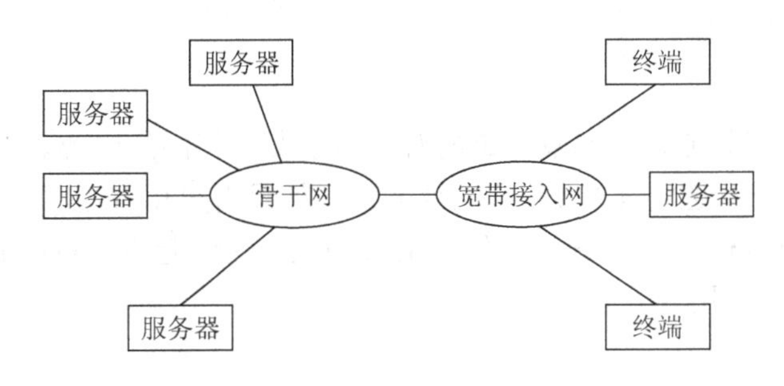

图 8-1　VOD 系统结构

1. 服务端系统

服务端系统主要由视频服务器、档案管理服务器、内部通信子系统和网络接口组成。视频服务器主要由存储设备、调整缓存和控制管理单元组成，其目的是实现对媒体数据的压缩和存储，并且能够按照请求进行媒体信息的检索和传输。档案管理服务器主要承担用户信息管理、计费、影视材料的整理和安全保密等工作。内部通信子系统主要完成服务器间信息的传输、后台影视材料和数据的交换。网络接口主要实现与外部网络的数据交换并提供用户访问的接口。

对于交互式的 VOD 系统而言，服务端系统还需要实现对用户实时请求的处理、访问许可控制、盒式磁带录像机(video cassette recorder，VCR)功能(如快进、暂停、快退等)的模拟。

2. 网络系统

网络系统包括具有交换功能的骨干传输网络和宽带接入的本地网络两部分，VOD 业务接入点的设备将这两部分连接起来。业务接入点主要完成按用户的指令建立一条从视频服务器到用户的宽带通道。网络系统负责视频信息流的传输，所以是影响连续媒体网络服务系统性能极为关键的部分。同时，媒体服务系统的网络部分投资巨大，因此在设计时不仅要考虑当前的媒体应用对高带宽的要求，还要考虑到将来发展的需要和向后的兼容性。目前，可用于建立这种服务系统的网络物理介质主要是双绞线、有线电视(CATV)的同轴电缆、光纤，采用的网络技术主要是快速以太网、光纤分布式数据接口网络(FDDI)和异步传输模式技术(ATM)。

3. 客户端系统

只有利用终端系统，用户才能与某种服务进行互操作。VOD 的客户端可以有多种，在计算机系统中，VOD 的客户端系统由带有显示设备的 PC＋电缆调制解调器(cable modem，CM)实现；在电视系统中，由 TV＋STB 实现。

8.4.3 VOD 的分类

根据不同的应用场景和功能需求，主要有三种 VOD 系统：准点播电视(near video on demand，NVOD)、真实点播电视(true video-on-demand，TVOD)和交互式点播电视(interactive video-on-demand，IVOD)。

1. NVOD

NVOD 是多个视频流依次间隔一定的时间启动发送相同的内容。例如，12 个视频流每隔 10min 启动一个发送同样的 2h 的电视节目。如果用户想看这个节目可能需要等待，但最长不会超过 10min，他们会选择距他们最近的某个时间起点进行收看。在这种方式下，一个视频流可能被多个用户共享。

2. TVOD

TVOD 真正支持即点即放。当用户提出请求时，视频服务器会立即传送用户所需的视频内容。如果有另一个用户提出同样的请求，视频服务器会立即为他再启动另一个传输同样内容的视频流。不过，一旦视频流开始播放，就要连续不断地播放下去，直到结束。在这种方式下，每个视频流只为一个用户服务，实现的费用十分昂贵。

3. IVOD

IVOD 相比前两种方式有很大的改进。它不仅可以支持即点即放，而且还可以让用户对视频流进行交互式的控制，如实现节目的播放、暂停、快进、快退等。

8.4.4 VOD 的服务方式

为了利用有限的节目通道以满足更多用户的需求，视频点播设计了三种服务方式。

1. 单点播放方式

在单点播放方式下，用户独占一个节目通道，并对节目具有完全的控制。由于通道数是有限的，用户必须首先申请这种服务，当获得允许后，系统分配通道，用户在节目清单中选择节目，然后开始播放节目。在播放过程中，用户独占节目通道，并可以进行快进、快退、暂停等交互式操作。这种服务方式具有快速响应、交互性好的特点，具有良好的 Qos，但费用较高。

2. 多点播放方式

多点播放方式是几个用户共享一个节目通道，但节目只能线性播放，即从头播放到尾，用户不能进行控制。这种方式相当于预约播放方式。VOD 系统拥有者可决定播放的时间表，如半小时播放一次，用户可在某个时间段内预约某个节目，系统会在规定时间内给予答复。这个时间可在用户选择的时间段之前一定时间内答复，具体做法取决于用户感觉及预约效率(即尽量满足多个用户的需求)。

用户预约时，首先在已经预约的节目单中选择，不满意时再在总节目单中选择。系统根据现有的通道数、用户预约数及时间段统一安排，给予用户答复。当不能满足用户要求时，还可给予用户建议，建议在什么时间段可以满足要求。当节目播放时，预约并得到允许的用户完整地接收，但这些用户只能在特定的时间段内从头看到尾，在节目播放过程中不能进行交互式控制。这种服务方式具有预约节目的特点，属简单的交互电视，能够提供中等的 Qos，有较多的用户，且收费中等。

3. 广播方式

在广播方式下，节目通道相当于一个有线电视频道，由 VOD 系统所有者安排节目及时间，所有装有机顶盒设备的用户都可接收节目，在节目播放期间不能进行控制。为使用户看到完整的节目，每个节目可循环播放。这种服务方式类似于广播，不具有交互性、提供的 Qos 较差，但有最多的用户，且收费较低。

8.4.5 视频服务器

1. 视频服务器功能

视频服务器是 VOD 系统中的重要单元，它是一个存储信息和检索资料的服务系统。其主要功能如下。

(1) 大容量视频存储。

(2) 节目检索和服务。服务器接收所有用户的全部信号，以便对服务器进行控制，其控制处理能力要根据应用的不同进行设计，对于交互较少的影片点播，只需较少的控制处理能力；对于交互式较多的交互式学习、交互式购物、交互式视频游戏等，就需要高性能的计算平台。

(3) 快速的传送通道。服务器有一个高速、宽带的下行通道与编码路由器相连，将服务数据传送给各个用户。同时，服务器还接收来自用户的访问请求。

(4) 提供对信源、音乐、交互式游戏和其他软件的随机即时访问。

(5) 提供顺序、批量的对在线媒介的访问。

(6) 将资料分布到适当的存储设备、存储器或物理介质上，以扩大观众数量，获得最大收益。

(7) 提供扩展冗余，当某些部件发生故障时，不必使网络停机，就能使服务器恢复正常运行状态。

可以看到，视频服务器和普通服务器有很大的差异。普通服务器面向计算，研究的主要问题集中在调整计算性能和数据可靠性等方面；视频服务器则面向资源，其主要技术问题是资源问题。它有效地提供大量的实时数据，涉及对视频服务器外存储容量、内存储容量、存储设备 I/O、网络 I/O、CPU 运算等多种资源的合理调度和设计。

2. 视频服务器的结构

VOD 不同的应用规模对视频服务器的要求是不同的，因此视频服务器有着不同的体系结构，它可以小到一台计算机，大到若干设备组成的计算机网络。典型的视频服务器可以归纳为以下几类。

(1) 基于 PC 和工作站的视频服务器。这些服务器由一些高性能的 PC 改装而成，通过运行相应的软件完成视频服务器的功能，处理能力有限。这种视频服务器硬件投资少，不需专门设计，一般适用于较小范围的应用，如练歌房、酒店等。

(2) 通用体系结构视频服务器。这种方式利用通用的并行计算机实现视频服务器的功能，主要面向商业应用，如商业计算、事务处理和图形生成等。虽然这些计算机不是针对视频点播服务的，但通过对它们进行进一步的开发，配备视频卡、视频播放软件等，这些计算机就可以作为视频服务器使用。这类服务器的扩展性能较高，适用于小型酒店、居民小区到城域范围的较大规模应用。

(3) 专用体系结构服务器。这类视频服务器可以提供全面的流媒体服务解决方案，其设计就是为视频流媒体服务定制的，因此在应用上最具吸引力。针对不同的网络应用和系统需求，这类视频服务器可以提供很好的视频流服务，还可以提供多种接入方式和流媒体应用软件。这类服务器具有很好的扩展性，不仅适用于较大范围的应用，而且完全适用于分布式网络。

(4) 通用可扩展结构。通用可扩展结构由一个或几个 CPU 组成单个节点，每个节点是一个功能处理单元，多个节点之间使用路由器进行互连，每个路由器组成一个具有某种拓扑的无阻塞网络，且按照某种规则具有可扩展性。这类视频服务器通常都有一个可扩展网络，且包含多种拓扑结构，具有非常好的可扩展性。

3. 视频服务器的服务策略

VOD 系统有两种方法为用户提供服务，服务器“推”模式和客户机“拉”模式，从而实现客户机和服务器之间视频数据的请求和发送。

(1) 服务器“推”模式。大多数的 VOD 系统采用这种模式，当建立起一个交互后，视频服务器以受控制的速率发送数据给客户，客户接受并且缓存接收到的数据以供播放。一旦视频会话开始，视频服务器就持续发送数据给客户，直到客户发送请求来停止。

(2) 客户机“拉”模式。在这种模式下，客户以周期的方式发送请求给服务器，服务器收到请求后，从存储器中检索数据并发送给客户，此时数据流是由客户驱动的。两种模式对比如图 8-2 所示。

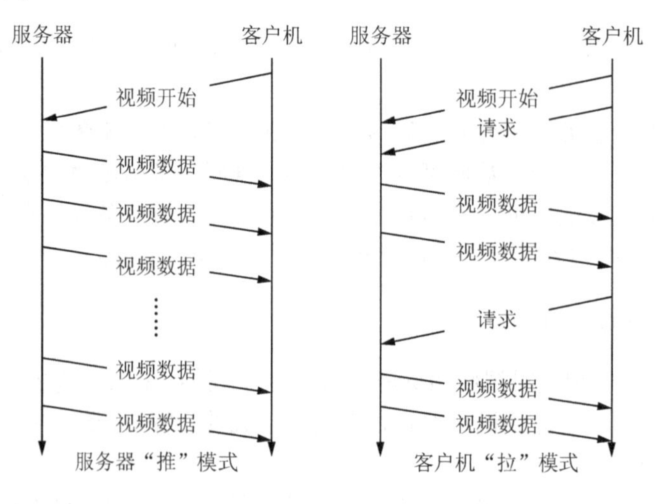

图 8-2　两种服务模式

8.4.6 用户点播终端

VOD 系统中用户点播终端可以是计算机，也可以是电视机＋机顶盒。在 ADSL 和 HFC 传输方式下，用户终端通常是电视机＋机顶盒。机顶盒是接在电视机上的一个装置，其基本功能是接收 ADSL 或 HFC 的下行数据，经解调、纠错、解压缩等操作后将其恢复为 AV 信号，并将用户点播要求的上行信号传送到播控服务器。目前，机顶盒的功能已经从一个多频率的调谐器和解码器演变成为一个可以访问和接收包括新闻、电影等大量多媒体信息的控制终端。

机顶盒的发展趋势是逐步集成电视和计算机的功能，成为一个多功能服务的工作平台，用户通过机顶盒即可实现 VOD、数字电视广播、Internet 访问、远程教学、电子商务等丰富的多媒体信息服务；同时也可采用 Web 方式实现上述业务的用户接入。

1. 机顶盒的功能

交互式电视中的机顶盒既是用户选择节目的选择器，也是保障用户终端正常运行的控制器。按照这个要求，机顶盒应具有以下功能。

(1) 能按照用户室内设备、CATV 网络、节目资源的状态，利用用户电视屏幕显示服务公司和信息提供者发出的消息和菜单。

(2) 将用户的选择信息传送到服务中心或信息提供者。

(3) 能向用户提供基本的终端控制功能，如在选择收看视频点播节目时，能进行暂停、快进等 VCR 所具有的功能，以及电源的开关、选择 VOD 或标准电视操作。

(4) 具有双向通信能力，能实现电视购物、远程教学和 VOD 等。

(5) 能与家庭中的计算机相连。

(6) 能进行信号传送、调制和解调，能处理 ATM 协议。

(7) 能监控公用设备，进行信号传输性能的遥测和反馈。

2. 机顶盒的硬件结构

机顶盒的硬件结构由信号处理、控制和接口等几个部分组成。图 8-3 所示为一个开放式机顶盒的硬件设计结构。

1) 系统控制子系统

系统控制子系统中运行着一个实时操作系统，用以管理机顶盒的操作和资源。系统 ROM 中包含有自举代码和基本的操作系统服务程序，RAM 则由操作系统、应用服务程序和数据所共享。

2) 视频控制子系统

视频控制子系统对压缩的视频流进行解码。目前视频的压缩主要采用 MPEG 标准。MPEG-1 采用 1.5Mb/s 的数据率达到稍高于家用录像系统(video home system，VHS)(分辨率为 352×240)的质量。MPEG-2 在数据率为 3~10Mb/s 时可达到 CCIR-601 的质量，若提高到 60Mb/s 可达到 HDTV 质量。

随着微处理器性能的不断提高，解码可完全由软件来实现。机顶盒在解码前，只需要根据视频流的不同压缩标准，从服务器下载不同的解码程序。这样就可以适应各种类型的编码视频流。

3) 音频控制子系统

音频控制子系统通过对音频数据流的解码，产生与视频同步的音频输出，或游戏等其他服务程序的背景音乐。作为可扩展的功能，音频子系统还可以用于实现高保真的音响服务。

音频控制子系统包括解码和合成两部分。解码部分可以采用可编程 DSP 结构，用于广泛支持 G.711、G.722、G.728 等音频编码标准。音频和视频的解码硬件也可以结合在一起。

4) 图形控制子系统

图形控制子系统用于产生菜单等服务程序所需的图形界面。此外，它还用于视频游戏等应用中的二维或三维图形加速显示。图形控制子系统的输出，通过覆盖控制器与视频信号叠加在一起，经过编码，输出到普通的电视机上。

5) 网络接口子系统

网络接口子系统将机顶盒连接到网络上，处理有关网络协议，接收输入信息流，并返回用户的控制命令。

网络接口子系统中可以采用可编程数字调谐器和调制解调器，以适应不同电视系统的结构特点。安全管理可以通过一个解密卡的方式，以此作为可选件，插在机顶盒的扩展槽中。

6) 外围设备控制子系统

外围设备控制子系统使用户可以将多种外围设备连接到机顶盒上。其中，最基本的外围设备接口是红外线遥控器。根据用户的需要，机顶盒还可以提供更多的接口，如游戏操纵杆、键盘、鼠标、打印机、磁盘驱动器等。

随着电子技术的发展，机顶盒的硬件结构将高度的集成化，势必会使其成本大幅降低，但带来的一个问题是难以扩展和升级。当引入软件处理模型时，开放性问题就能够得到真正的解决。

3. 机顶盒的软件结构

机顶盒的软件设计可以采用一个层次型的结构，其优点在于使底层的硬件对上层软件透明，增加和替换硬件不用修改高层的软件，上层软件修改时不必了解硬件的结构。这样升级和扩展将会变得十分方便。图 8-4 给出了一个机顶盒软件结构的分层模型。

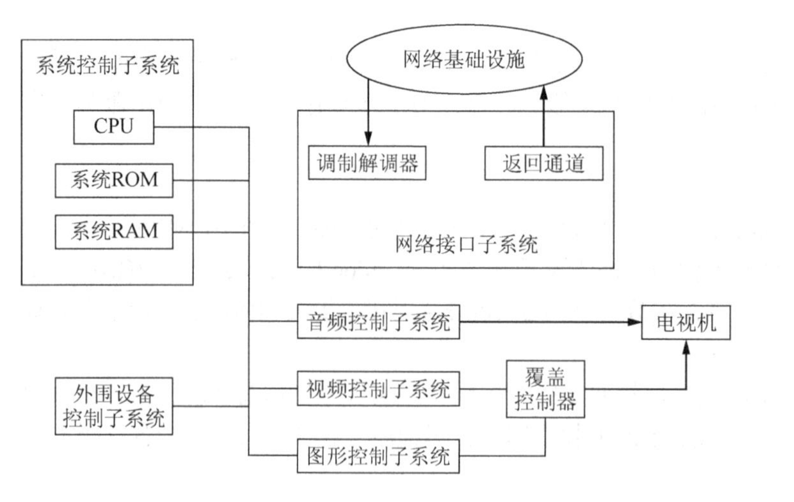

图 8-3　机顶盒的硬件结构

应用层
中间层
内核层
硬件抽象层

图 8-4　机顶盒的软件结构

8.5 网络电视

8.5.1 概述

网络电视(IPTV)指利用电信宽带网或广电有线网，通过采用互联网协议向用户提供多种交互式数字媒体服务。用户在家里就可以通过计算机、电视机或手机接收各种网络电视节目。IPTV 集通信技术、多媒体技术、互联网技术等多种技术于一体，它突破电信网和有线电视网终端的瓶颈，是电信部门和广电部门都欲大力发展的业务增长点。

IPTV 可以提供的视频发送方式有三种：现场直播、定时广播和视频点播。它采用更为高效的视频压缩编码技术，支持实时传输的标准协议，如实时传输协议(RTP)、实时传输控制协议(RTCP)、实时流协议等。其主要特点如下。

(1)用户可以得到高质量(接近 DVD)的数字媒体服务。

(2)用户有着极为广泛的自由度，可自由地选择宽带 IP 网上各网站提供的视频节目。

(3)实现媒体提供者和媒体消费者的实质性互动。IPTV 采用的播放平台是新一代家庭数字媒体终端的典型代表，它能根据用户的选择配置多种多媒体服务功能，包括数字电视节目、可视 IP 电话、DVD 播放、电子邮件、电子商务等功能。

(4)为网络运营商和节目提供商提供了广阔的市场。

8.5.2 IPTV 的基本结构

组成 IPTV 的平台在结构上分为四层：用户接入层、业务承载层、业务应用层和运营支撑层，其平台结构如图 8-5 所示。

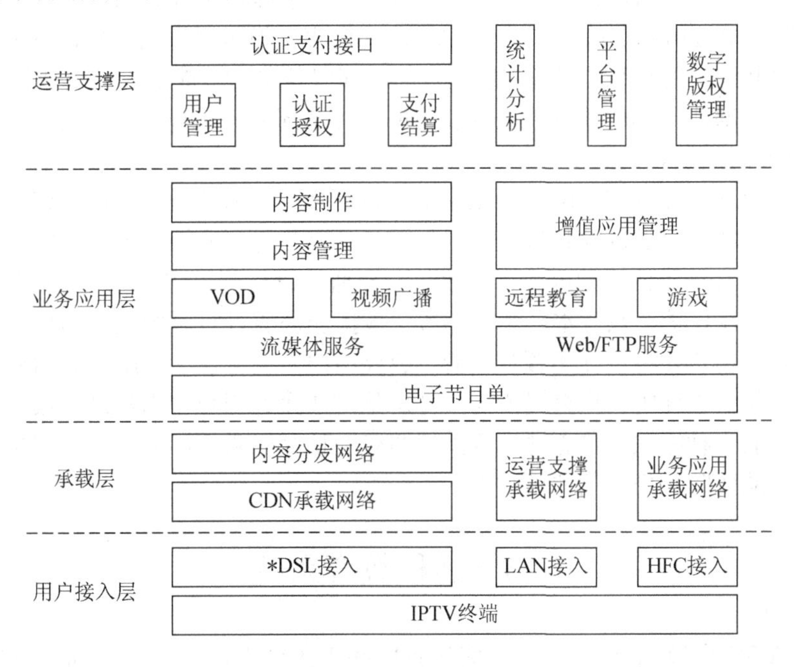

图 8-5 IPTV 平台总体结构

用户接入层通过终端设备完成用户向 IP 业务的接入，可以采用如 ADSL、HFC 或手机等接入方式。承载层涉及运营和业务的承载网络，还有内容分发的承载网络，IPTV 对承载网有很高的要求，承载网络可以是 IP 网、有线电视网或移动网。业务应用层使用户通过节目清单享受多种多媒体服务，涉及多种网络增值业务。运营支撑层完成运营商对业务和用户的管理，如接入认证授权、计费结算、平台管理和数字版权的管理等。

8.5.3 IPTV 的相关技术

IPTV 的发展与视频编/解码技术、通信技术、流媒体技术、用户授权认证和管理技术、数字版权技术等息息相关。

视频编/解码技术是网络电视发展的基本条件。高效的视频压缩是在互联网环境下传输视频信息的基本保证。IPTV 主要采用的视频编/解码标准是 MPEG-4、H.264 及音/视频编码标准(audio video coding standard，AVS)。

流媒体技术采用流式传输方式使音/视频等信息在互联网上传输。流媒体的使用与单纯的下载相比，不仅使播放时的启动延时大大缩短，而且降低了对缓存容量的要求。流媒体技术使用户可以在互联网上获得类似广播电视的视频效果，是 IPTV 中的关键技术。流媒体系统由前端的视频编码器和发布服务器，以及客户端的播放器组成。目前，在网络上使用的流技术有 Real Networks 公司的 Real Media、Microsoft 公司的 ASF、Apple 公司的 Quick Time。

内容分发网络(content delivery network，CDN)技术可以降低对服务器和带宽资源的无谓消耗，提高视频的服务品质。内容分发技术使互联网具有广播电视网的特征，为 IPTV 的发展开辟了道路。CDN 的内容分发借助建立多播、索引、缓存、流分裂等技术，将要传送的多媒体内容发送到距离用户最近的远程服务点。CDN 的内容路由技术是整体网络的负载均衡技术，通过内容路由的重定向机制，可以在多个远程服务点上均衡用户对业务的请求，使用户获得最近内容源的最快反应。CDN 的内容交换可以根据服务内容的可用性、服务器的可用性和用户的背景，在远程服务点的缓存服务器上智能地平衡负载流量。CDN 的性能管理通过内部和外部的监控系统以获得网络各个部分的运行状况信息，从而保证运行网络处于最佳运行状态。

数字版权管理(digital rights management，DRM)技术也是网络电视内容管理的重要方面，数字版权管理类似于授权和认证技术，用户只有获得必要的权限才可以使用相关的出版物。这项技术可以防止视频内容未经授权而被播放或复制。DRM 采用的主要保护技术有数据加密、版权保护、数字水印和签名等。数据加密通过对原始数据的加密处理来保证只有获得授权的用户才可以使用授权内容。版权保护通过将合法使用作品的相关条款进行编码并嵌入到保护文件中，只有当所需条件满足时才允许用户使用作品。数字水印技术是目前使用广泛的一种方法，它通过将著作权拥有人和发行商的特定信息及作品使用条款加入到数据中，从而防止作品的非法传播。

8.6 远程教育系统

远程教育和远程教学是指处于不同地点的知识提供者和学习者之间通过适当的手段进行交互的教育行为。它是随着现代信息技术的发展而产生的一种新型教育方式，是构筑知识经济时代人们终身学习体系的主要手段。它可以使学习者在不同时间、不同地点进行实时、交互、有选择地学习，从而提高了教育的社会效益，使受教育对象扩展到全社会不同群体，并能够发挥各种教育资源的优势，使得学校教育资源迅速辐射，国内外教育资源得以共享。

现代远程教育应当具有以下五个特征。

(1) 教育和学生在地理位置上分开，而非面对面。

(2) 以现代通信技术、计算机网络技术和多媒体技术为基础。

(3) 具有实时交互式的信息交流功能。

(4) 学生可以随时随地上课，不受时空的限制。

(5) 政府行政管理部门对教育机构的资格认证。

远程教育系统的核心技术是基于 IP 网络的流媒体传输技术。它通过基于计算机网络的远程连接和多媒体化的信息交互，改变了传统的面对面课堂式单向教学方式，学生可以不受时空限制地接受教育、更新知识。

8.6.1　系统框架

在现代远程教育系统中，共有四种角色：知识提供者、学习者、教学管理者和技术提供者。知识提供者负责根据教学计划安排教学内容、通过多媒体形式传授知识、解答学生的提问、批改学生提交的作业。学习者通过网络访问远程教育系统、获取所需的知识、接受专业的教育。教学管理者负责教学的组织和管理、指导教学活动、保证教学秩序。技术提供者负责为远程教育提供必要的环境和工具，包括网络环境和应用环境等。图 8-6 所示为远程教育系统的结构框架。

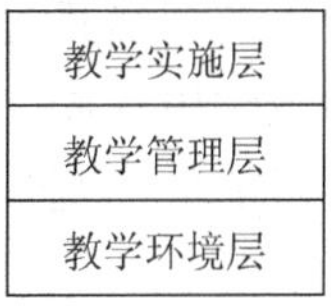

教学实施层
教学管理层
教学环境层

图 8-6　远程教育系统结构框架

在这个结构框架中，教学环境是基础，教学管理是核心，教学实施是目标。在各个层次上，不同角色的人员通过分工协作，共同实现面向特定目标的现代远程教育系统。

(1) 教学环境层。该层主要为远程教育系统提供必要的技术基础和应用环境，包括构成系统的软件和硬件环境、远程网络的接入、远程站点的组织、多媒体信息的运用等。该层的工作由技术提供者负责。

(2) 教学管理层。这个层次主要提供远程教育系统中的教学组织和管理，包括教学计划安排、学生学籍管理、课程考试组织、学生成绩管理、网络教学平台建设、新型教学方法探讨、教学内容和手段改进等。该层的工作由教学管理者负责。

(3) 教学实施层。这个层次主要实现知识的传授和共享。它在网络的支持下，采用多媒体化知识表现形式，通过知识提供者与学习者以多种交互手段共同完成。

8.6.2　实现方案

从技术实现的角度，一个现代远程教育系统可以采用以下三种方案来实现。

1. 基于 Internet 的实现方案

该模式下整个系统由服务器、远端客户和 Internet 组成，如图 8-7 所示。它是一种采用浏览器/服务器模式，综合运用了 Web、FTP、E-mail、BBS 等多种 Internet 服务实现的全新教学模式。教学服务系统可以提供视频点播、虚拟教室、网上课件等多种形式的教学服务，学生只需浏览器就可以利用这些服务，选择自己感兴趣的教学内容。教师和学生之间可以通过多种交互方式进行交流，如通过 E-mail 进行提问和解答、通过 FTP 上传下载文件等。教学管理系统提供学生注册、学籍管理、成绩查询等管理功能。学生通过数字图书馆查阅电子图书资料和文献。这种教学模式可以看作是一种桌面远程教育系统，不受时间和地域的限制，得到了广泛的应用。

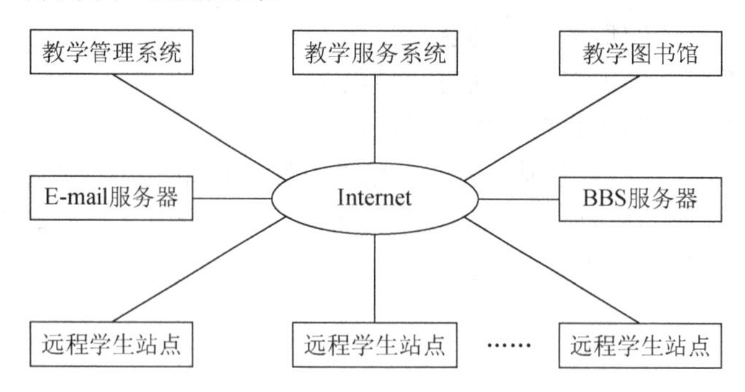

图 8-7　基于 Internet 的桌面远程教育系统

2. 基于电视广播的实现方案

在这种模式下，整个系统由主播教室、通信网络和远程教室组成，如图 8-8 所示。接受远程教育的学生能同时收看一名主讲教师的课程，可以看作是一种教室远程教育系统。这是一种单向广播式的教学模式，缺乏交互性，且学生必须在规定的时间和地点集中收看。由于这种教学模式需要实时传输音/视频信息，因此需要较大的网络带宽，它的通信网络一般采用卫星通信和宽带电信网来实现。

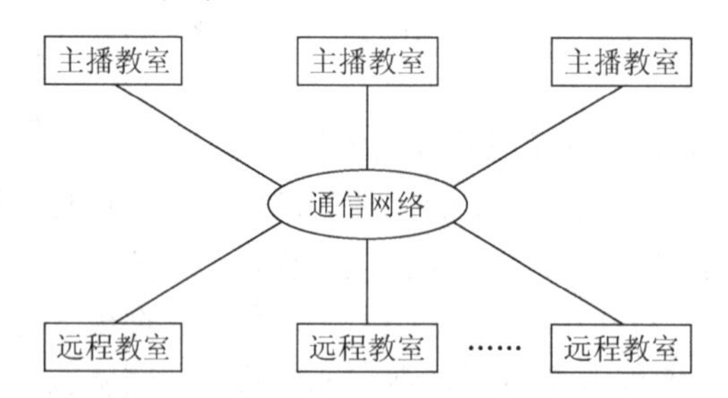

图 8-8　基于电视广播的远程教育系统

3. 基于多媒体会议的实现方案

这是教室远程教育系统的另一种模式。整个系统由主播教室、远程教室和通信网络组成。主播教室中的教师和远程教室中的学生之间通过多媒体会议系统进行教学活动，使之具有双向交互特性。学生可以借助于音频、视频和白板向教师提问，教师现场给予解答，实现了一种互动式的教学模式，提高了教学质量和教学效果。同样，这种教学模式的通信网络也要采用较大带宽的网络来实现，以支持音/视频信息的实时传输。

从现代远程教育系统的系统构成要素来看，计算机网络技术、多媒体技术和教学管理技术缺一不可，且必须通过适当的教学模型将三者有机地结合起来。在远程教育系统中，基于某种教学模型，充分利用多媒体会议、视频点播、虚拟现实等多种多媒体技术手段来生动翔实地表现教学内容，并且通过高速网络不失真地展现在远程终端上。

8.7　远程医疗系统

8.7.1　概述

远程医疗是指医疗专业人员利用网络相互交流医学信息，以达到远程诊断、治疗、研究和培训的目的。远程医疗系统主要包括远程诊断、专家会诊、信息服务、在线监护、远程学习等几部分，在网络的支持下以多媒体形式存储、传输和显示医学信息。

现代医学发展趋于专业化和技术化，专家和设备等优秀医疗资源大多集中在城市，边远农村地区的医疗机构资源非常有限，因而不得不将疑难病患者转到大城市接受治疗，但这样会大大加重患者的负担和费用。如果采用远程医疗系统实现各种不同等级和专业化医院的远程连接，患者就不必远离家乡，只需通过交互式多媒体通信系统，就可以接受专门的治疗。因此，远程医疗系统是实现医疗资源的合理配置和有效利用的重要手段。

远程医疗系统通常采用医院对医院的工作模式，每个医院通过局域网(LAN)将内部的站点和专用设备(如音/视频输入/输出设备、X 光扫描仪、图形数字化仪等)连接起来，这些医院的 LAN 再通过广域网相互连接，就构成了覆盖很大范围的远程医疗专用网，如图 8-9 所示。

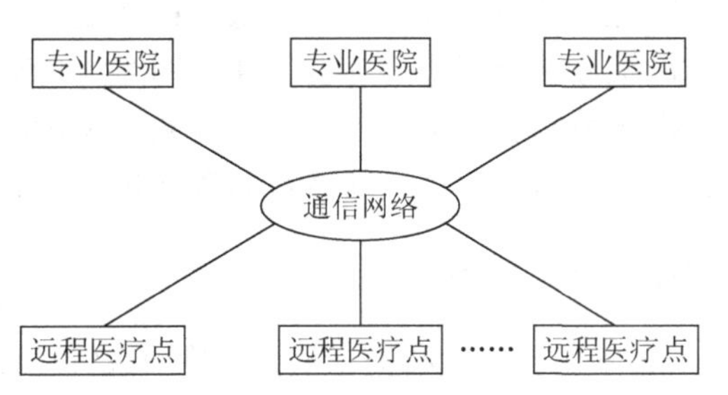

图 8-9　远程医疗系统的构成

远程医疗系统是一种高度集中化、对环境要求很高的实时交互式多媒体应用系统，该系统综合了桌面视频会议、视频服务器、电子邮件和虚拟现实等多种多媒体应用技术于一体，不仅要求通信链路和网络环境具有高带宽、低延迟的传输性能，并且在传输 CT 图、X 光片等数据时，还要严格保证数据传输的正确性，否则就会误导诊断，造成严重的后果。

8.7.2　远程医疗的应用范围

远程医疗被誉为一种崭新的医疗服务手段，它包含了远程会诊、远程医学图像处理服务、远程教育、远程护理、医疗保健咨询系统、远程预约服务等项目。

(1)远程会诊。通过现有多媒体通信网将病人的 X 光片、心电图、CT 影像、超声图像等病历资料进行远距离传输交流，专家对患者的病情进行分析处理后进行交互式实时可视会诊，通过视频设备、传输网络与异地的医生和病人进行面对面的讨论，从而进一步明确诊断，指导确定治疗方案。

(2)远程医疗图像处理服务。远程医疗系统能建立医学图像库，方便采集和传输 X 光片、心电图、CT、超声图像，甚至包括显微镜下的组织细胞图片，并对采集的图像资料进行回放、窗口变化、三维重建、数据计算与分析等处理，保证影像信息无失真地存储、分类检索，提高异地基层医院阅片和诊疗水平。

(3)远程辅导。云集高水平的医学专家，以一点对多点的方式进行专家学术讲座、新技术的发布、疑难手术演示指导，开展一系列的医学再教育、医护人员学历再教育等。远程辅导还可以满足不同网点的要求，随时开展不同的专题学术讲座，不受时间、地点的限制，师生间进行双向交流，使不发达地区的医务人员不脱产即可进修学习，获得最新的医学信息。

(4)远程医疗监护。对远程患者的主要生理参数，如心电、血压、呼吸等进行实时检测，并提供护理指导，使患者足不出户就能享受一流的医疗服务。

(5)预约服务。患者向会诊中心申请预约挂号、预约住院、预约出诊等服务。

(6)信息资料数据库。建立医院和患者的信息资料数据库，完整地保存大量医疗信息，建立信息资料自动检索系统，从而方便患者临床复诊，避免不必要的重复检查，为医务人员提供最新的医疗信息，提高医疗质量和科研水平。

8.8　多媒体监控与报警系统

多媒体监控与报警系统是以计算机为中心，以数字图像处理技术为基础，利用音频压缩、图像压缩等国际标准，综合利用图像传感器、通信网络、自动控制和人工智能等技术进行监控的系统。它是多媒体技术、网络技术、工业控制等技术的综合运用，广泛地应用于银行、机场、博物馆、交通、电力、金库等各种重要场所和机构。

8.8.1　多媒体监控系统的基本组成

图 8-10 所示为远程多媒体监控系统结构示意图。整个系统由监控现场、传输网络和监控中心三部分组成。

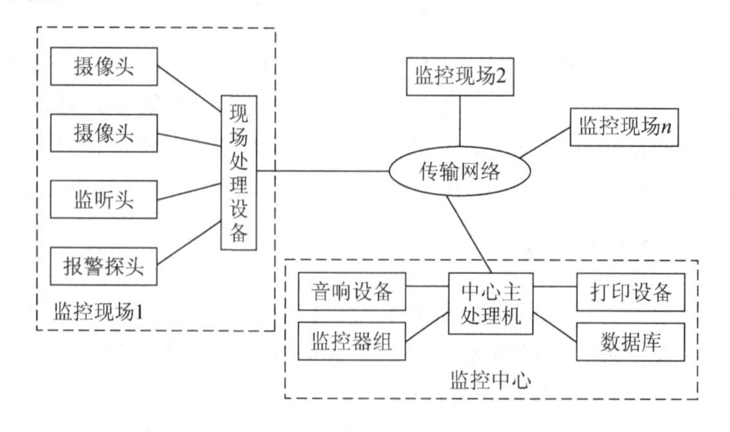

图 8-10　远程多媒体监控系统结构示意

监控现场的核心设备是现场处理设备，其主要功能是将摄像头采集的视频图像信息、监听头采集的音频信息和报警探头采集的信息进行 A/D 转换和压缩编码。根据具体的应用情况，对视频图像所采用的压缩方式可以是 MPEG-1、MPEG-2、MPEG-4 和 H.264。

监控现场的工作方式有以下两种。

(1) 由本地的主机对所设置的不同地点进行实时监控，这种方式适用于近距离监控。摄像头采集的视频信号既可以实时存储到本地的硬盘中，也可以只供观察，一旦有报警触发，自动将高质量的画面记录到硬盘中，这些画面可供工作人员随时回放、搜索、图像调整等。本地端的主机可以无需外加画面分割器，同时监视多个流动画面。

报警探头可根据实际应用需要，配置不同的类型以满足多种监控要求，如门禁、红外、烟雾等。现场处理设备收到报警探头采集的报警信号后，按照用户设置采取一系列措施，如灯光指示、关闭大门、录像、拨打报警电话等。

(2) 由现场处理设备将采集的音频、图像、报警信号通过传输网络传至监控中心，监控现场则将监控中心传来的控制信令提取出来，进行命令格式分析，按照命令内容执行相应的操作。

监控中心将从多个监控现场传送来的数字流信号进行解压缩处理，完成对音频信号、视频信号、报警信号的处理，并且将监控中心的控制信令发送到监控现场，从而完成对监控设备的控制。监控中心还可以与地理信息系统(geographic information system，GIS)和管理信息系统(management information system，MIS)结合，提供更加灵活的管理。

8.8.2　应用实例

现以公安系统的城市报警和监控应用为例进行说明。该系统结构由监控现场、传输网络、远程监控中心和远程客户端四部分组成，如图 8-11 所示。

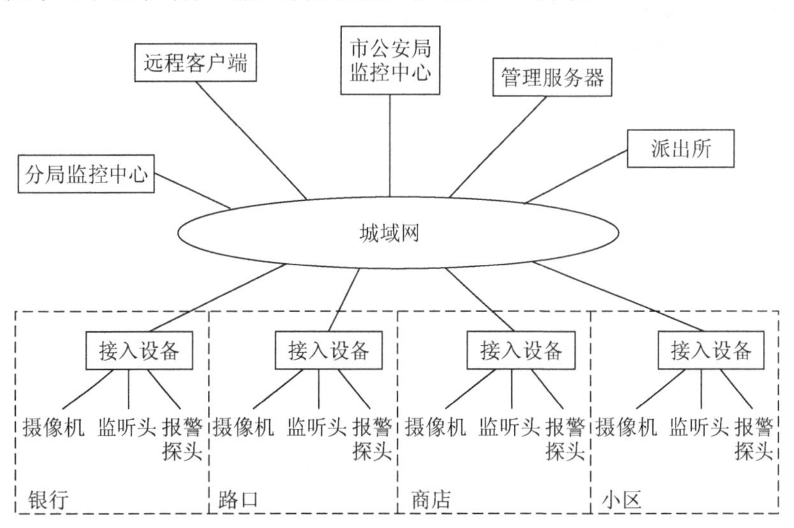

图 8-11　公安系统的远程监控系统结构示意

监控现场完成对监控信号的采集、数字化处理和编码。采集的信号主要是音频信号、视频信号、报警信号。由摄像机、报警探头等设备完成对信号的采集，再将采集的模拟信号交由相应的处理设备进行数字化处理并进行压缩，然后经局域网接入到城域网。监控现场可以是银行、博物馆、路口等重要场所。

在基本硬件基础上，系统的监控功能可以通过软件来实现。可实现的主要功能如下。

(1)视频监控，实现在显示屏幕上多画面分屏显示，完成视频切换和视频冻结。

(2)实现摄像头控制、云台控制、录像内容存盘和遥控开关。

(3)通过网络实现数据库查询和远程遥控。

(4)系统管理，如工作日志、系统定时启动、系统安全设置、锁定/解锁、系统自我保护。

管理服务器完成对各级监控中心、远程客户端的分级、授权管理和对监控现场音/视频信息的传输控制，除此之外，还要完成向专网的转发控制。

远程监控中心可以按照管理需要和不同的权限进行划分。监控现场的监控信号通过城域网到达监控中心，监控中心按照自己的需要选择重点内容进行监控。市公安局、各公安分局、派出所具有各自的监控权限和控制范围，通过在监控中心的电视墙或计算机显示来自监控现场的图像。

远程客户端利用装有接收软件的计算机，按照自己的使用权限监控其授权范围内的监视现场的信号。

习　题

8-1 简述多媒体通信业务的几种类型。

8-2 多媒体视频会议系统的关键技术有哪些？

8-3 VOD 系统中视频服务器的功能是什么？

8-4 网络电视的基本结构是什么？

8-5 简要说明多媒体监控系统的结构。

参考文献

蔡安妮，孙景鳌．2000．多媒体通信技术基础．北京：电子工业出版社．

陈建亚，余浩．2003．软交换与下一代网络．北京：北京邮电大学出版社．

李津生，洪佩琳．2001．下一代 Internet 的网络技术．北京：人民邮电出版社．

李旭，陈霞．2006．多媒体通信原理．北京：机械工业出版社．

林福宗．2009．多媒体技术基础．北京：清华大学出版社．

欧建平，等．2002．网络与多媒体通信技术．北京：人民邮电出版社．

吴炜．2008．多媒体通信．西安：西安电子科技大学出版社．

谢希仁．2003．计算机网络．北京：电子工业出版社．

杨炼．2011．三网融合的关键技术及建设方案．北京：人民邮电出版社．

朱秀昌，宋建新．1998．多媒体网络通信技术及应用．北京：电子工业出版社．